高职高专"十三五"规划教材

矿山安全评价

夏建波　林　友　何丽华　卢　萍　编著

北　京

冶金工业出版社

2022

内 容 提 要

本书从金属与非金属矿山安全评价工作实际出发,系统地介绍了非煤露天和地下矿山安全评价报告编制的基本方法及技巧,以及安全评价基础知识,其主要内容包括:安全评价概述、评价项目概述、危险有害因素辨识与分析、评价单元划分与评价方法选择、定性定量安全评价、安全对策措施、安全评价结论编写、安全评价报告附件及附图以及安全评价过程控制要点。本书在各章节中编排了典型非煤露天及地下矿山安全评价实例,此外还收录了安全评价通则、安全预评价导则、安全验收评价导则及安全评价报告编写提纲等内容。

本书可用作高等职业院校安全技术与管理专业金属与非金属矿开采技术专业的教材,也可供从事非煤矿山安全评价工作的工程技术人员参考。

图书在版编目(CIP)数据

矿山安全评价/夏建波等编著. —北京:冶金工业出版社,2016.8
(2022.2 重印)
高职高专"十三五"规划教材
ISBN 978-7-5024-7300-6

Ⅰ.①矿…　Ⅱ.①夏…　Ⅲ.①矿山安全—安全评价—高等职业教育—教材　Ⅳ.①TD7

中国版本图书馆 CIP 数据核字(2016)第 179814 号

矿山安全评价

出版发行	冶金工业出版社	**电　话**	(010)64027926
地　址	北京市东城区嵩祝院北巷 39 号	**邮　编**	100009
网　址	www.mip1953.com	**电子信箱**	service@mip1953.com

责任编辑　杨盈园　美术编辑　彭子赫　版式设计　葛新霞
责任校对　王永欣　责任印制　李玉山
北京虎彩文化传播有限公司印刷
2016 年 8 月第 1 版,2022 年 2 月第 2 次印刷

787mm×1092mm　1/16;17 印张;408 千字;259 页
定价 40.00 元

投稿电话　(010)64027932　投稿信箱　tougao@cnmip.com.cn
营销中心电话　(010)64044283
冶金工业出版社天猫旗舰店　yjgycbs.tmall.com
(本书如有印装质量问题,本社营销中心负责退换)

前　言

近年来，随着我国工业经济的快速发展，矿产资源需求与日俱增，带动了我国采矿业连续多年实现高增长，但矿山安全生产形势却并不乐观，安全生产事故发生率一直居高不下。随着国家对工矿企业安全生产管理工作的重视，工矿企业对安全技术与管理专业技术人才的需求量也越来越大，目前我国已有多所高等职业院校开设了安全技术与管理专业。随着我国法制化建设的日趋健全和完善，安全生产监督管理体系也逐渐向科学化、规范化、制度化发展，安全评价工作也随之越来越受到重视。安全评价是为企业安全生产提供科学依据、为安全生产监督管理部门提供技术支撑的活动，已成为安全生产管理体系中的一个重要环节。《中华人民共和国安全生产法》第二十九条规定：矿山、金属冶炼建设项目和用于生产、储存、装卸危险物品的建设项目，应当按照国家有关规定进行安全评价。《安全生产许可证条例》以及《非煤矿企业安全生产许可证实施办法》均规定，企业取得安全生产许可证应当依法进行安全评价。

《矿山安全评价》是高职高专类安全专业的主干课程，立足于培养学生掌握非煤矿山企业生产系统安全评价的基本技能和方法。作者在总结前辈编写教材的基础上，结合多年的教学、评价和生产实践经验，以现代高职高专教育理念为先导，构建教材结构，突出实用性和操作性的特点，力求做到在编排上深入浅出，主次得当；在内容选择上体现先进性和系统性；在使用上易学、易懂和易通。

本书初稿于 2010 年 5 月完成，作为讲义已在昆明冶金高等专科学校安全技术与管理专业教学中使用了五年，编写过程中得到了教学和实践经验丰富的教授及行业专家们的审阅和指点，几经修改，终成正稿。

全书共分为 9 章：第 1 章着重介绍安全评价相关概念及安全评价基础知识；第 2 章重点介绍了被评价项目的生产及管理系统的描述方法；第 3 章主要讲述矿山企业常见危险有害因素辨识与分析；第 4 章重点介绍了矿山安全评价单元划分及评价方法选择；第 5 章重点介绍了露天和地下矿山主要评价单元的定性定量安全评价方法以及矿山安全管理单元评价方法；第 6 章主要讲述安全

对策措施的提出方法及要点；第 7 章重点阐述了安全评价报告结论的编写技巧；第 8 章介绍了矿山安全评价报告的附件和附图；第 9 章介绍了安全评价质量控制要点。

本书由昆明冶金高等专科学校矿业学院采矿及安全专业夏建波老师、林友老师担任主要编写任务，何丽华老师和卢萍老师担任次要编写任务。参与本书编写的还有：昆明冶金高等专科学校矿业学院邱阳老师、林吉飞老师、文义明老师和张莉老师，云南国土资源职业学院应用工程学院的冯溪阳老师和刘芳芳老师，云南交通职业技术学院梁诚老师，云南锡业职业技术学院的张惠芬老师，安徽工业职业技术学院资源开发系黄玉焕老师和季惠龙老师，云南云天咨询有限公司的唐云安工程师和王东梅工程师。本书大部分编写人员均为具有丰富实践经验且长期从事矿山安全教学或安全评价的教师及工程技术人员。编写人员的具体分工为：第 1 章由夏建波和林友共同编写；第 2 章由夏建波编写；第 3 章由夏建波、卢萍和张莉共同编写；第 4 章由夏建波和林友共同编写；第 5 章由夏建波、林友、何丽华和卢萍共同编写；第 6 章由夏建波编写；第 7 章由冯溪阳、刘芳芳、黄玉焕、季惠龙和张惠芬共同编写；第 8 章由邱阳、林吉飞、文义明共同编写；第 9 章由卢萍、唐云安和王东梅共同编写；附录由夏建波和梁诚共同编写；夏建波和林友负责全书统稿。

本书主要作为高等职业院校安全技术与管理专业的教学用书，建议讲授学时为 60 学时。也可供从事安全评价的工程技术人员、安全生产管理人员参考。

在编写过程中，得到各级领导、兄弟院校、出版社和矿山企业的大力支持。昆明冶金高等专科学校叶加冕教授、王育军教授及况世华教授对书稿进行了认真细致的审阅，提出了许多中肯的意见和建议，在此表示衷心的感谢！

由于作者水平所限，难免存在不完善和错漏之处，敬请读者谅解和指正。

作者

2016 年 5 月

目　录

1 安全评价概述

学习目标：

（1）能编制矿山企业安全评价报告封面及著录项，格式正确。

（2）能根据被评价矿山企业特征及评价目的编制安全评价报告前言。

（3）能根据被评价矿山企业特征及不同的评价类别，完成安全评价报告正文章节构建。

（4）能根据评价目的，收集齐全的被评价矿山项目相关资料，并能对资料进行分类整理及汇总。

（5）能根据评价目的及评价原始资料编制安全评价报告第 1 章（评价目的与依据）。

1.1 安全评价相关概念

1.1.1 安全评价

安全评价（safety assessment）也称危险性评价或风险评价，它是安全系统工程的重要内容，以实现系统安全为目的，应用安全系统工程原理和工程技术方法，辨识与分析工程、系统、生产经营活动中固有或潜在的危险、有害因素，预测发生事故或造成职业危害的可能性及其严重程度，从而提出科学、合理、可行的安全对策措施及建议，作出评价结论的活动。安全评价可针对一个特定对象，也可针对一定区域范围。安全评价应贯穿于工程、系统的设计、建设、运行和退役整个生命周期的各个阶段。

1.1.2 安全评价机构

安全评价机构（safety assessment organization）是指依法取得安全评价相应的资质，按照资质证书规定的业务范围开展安全评价活动的社会中介服务组织。分为甲级资质和乙级资质安全评价机构。

1.1.3 安全评价师

安全评价师（safety assessment engineer）是指采用安全系统工程的方法和手段，对建设项目和生产经营单位存在的生产安全风险进行安全评价的专业人员。分为一级、二级和三级安全评价师。

1.1.4　安全管理

安全管理（safety management）就是管理者对安全生产进行的计划、组织、指挥、协调和控制等一系列活动，以保护职工在生产过程中的安全与健康，避免或减少国家和集体财产的损失，为各项事业的顺利发展提供安全保障。

1.1.5　安全生产

安全生产（safety production）是安全与生产的统一，其宗旨是安全促进生产，生产必须安全。它是指在生产经营活动中，为了避免造成人员伤害和财产损失的事故而采取相应的事故预防和控制措施，以保证从业人员的人身安全，保证生产经营活动得以顺利进行的相关活动。

1.1.6　安全生产管理

安全生产管理（safety production management）是管理的重要组成部分，是安全科学的一个分支。所谓安全生产管理，是对人们在生产过程中的安全问题，运用有效的资源，发挥人们的智慧，通过人们的努力，进行有关决策、计划、组织和控制等活动，实现生产过程中人与机器设备、物料、环境的和谐，达到安全生产的目标。

安全生产管理的目标是减少和控制危害及事故，尽量避免生产过程中由于事故所造成的人身伤害、财产损失、环境污染以及其他损失。安全生产管理包括安全生产法制管理、行政管理、监督检查、工艺技术管理、设备设施管理、作业环境和条件管理等。

安全生产管理的基本对象是企业的员工，涉及企业中的所有人员、设备设施、物料、环境、财务、信息等各个方面。安全生产管理的内容包括安全生产管理机构、安全生产管理人员、安全生产责任制、安全生产管理规章制度、安全生产策划、安全教育培训和安全生产档案等。

1.1.7　事故

1.1.7.1　事故定义

在生产过程中，事故（accident）是指造成人员死亡、伤害、职业病、财产损失或其他损失的意外事件。从事故的定义可以看出，事故是意外事件，是人们不希望发生的；同时该事件产生了违背人们意愿的后果。意外事件的发生可能造成事故，也可能并未造成任何损失。对于没有造成人员死亡、伤害、职业病、财产损失或其他损失的意外事件可称之为"未遂事件"或"未遂过失"。因此，意外事件包括事故事件，也包括未遂事件。

1.1.7.2　事故类型及等级

A　事故类型

按照事故发生的领域或行业将事故分为9类，即工矿企业事故、火灾事故、道路交通事故、铁路运输事故、水上交通事故、航空飞行事故、农业机械事故、渔业船舶事故及其他事故。

B 按照事故伤亡人数分级

按照事故伤亡人数分为：特别重大事故、重大事故、较大事故及一般伤亡事故 4 个级别。其对应的死亡程度见表 1-1。

表 1-1 按事故伤亡人数进行事故等级分类

事故等级	伤亡人数
特别重大事故	死亡 30 人及以上或者 100 人以上重伤的事故
重大事故	死亡 10~29 人或者 50 人以上 100 人以下重伤的事故
较大事故	死亡 3~9 人或者 10 人以上 50 人以下重伤的事故
一般伤亡事故	死亡 1~2 人或者 10 人以下重伤

C 按照事故经济损失程度分级

按照事故经济损失程度分为：特别重大经济损失事故、重大经济损失事故、较大经济损失事故及一般事故 4 个级别，见表 1-2。

表 1-2 按事故经济损失程度进行事故等级分类

事故等级	直接经济损失/万元
特别重大经济损失事故	≥10000
重大经济损失事故	5000~10000
较大经济损失事故	1000~5000
一般经济损失事故	<1000

1.1.7.3 企业职工伤亡事故分类标准

我国在工伤事故统计中，按照《企业职工伤亡事故分类标准》（GB 6441—1986）将企业工伤事故分为 20 类，分别为物体打击、车辆伤害、机械伤害、起重伤害、触电、淹溺、灼烫、火灾、高处坠落、坍塌、冒顶片帮、透水、放炮、火药爆炸、瓦斯爆炸、锅炉爆炸、容器爆炸、其他爆炸、中毒和窒息及其他伤害，详见本书 3.1.3.2。

1.1.8 事故隐患

事故隐患（accident potential）是指作业场所、设备及设施的不安全状态，人的不安全行为和管理上的缺陷，是引发安全事故的直接原因。

1.1.9 危险

危险（risk）又称风险，常指危害或危害因素。广义的危险，是指一种环境或状态，它是指超出人的控制之外的某种潜在的环境条件，即指有遭到损失的可能性。狭义的危险，是指一个系统存在的不安全的可能性及其程度。

根据系统安全工程的观点，危险是指系统中存在导致发生不期望后果的可能性超过了人们的承受程度。从危险的概念可以看出，危险是人们对事物的具体认识，必须指明具体对象，如危险环境、危险条件、危险状态、危险物质、危险场所、危险人员、危险因素等。

风险是危险、危害事故发生的可能性与危险、危害事故严重程度的综合度量。衡量风险大小的指标是风险率 R，它等于事故发生的概率 P 与事故损失严重程度 S 的乘积，即：

$$R = PS$$

由于概率值难于取得，常用频率代替概率，这时上式可表示为：

$$风险率 = \frac{事故次数}{单位时间} \times \frac{事故损失}{事故次数} = \frac{事故损失}{单位时间}$$

单位时间可以是系统的运行周期，也可以是一年或几年；事故损失可以表示为死亡人数、事故次数、损失工作日数或经济损失等；风险率是二者之商，可以定量表示为百万工时死亡事故率、百万工时总事故率等，对于财产损失可以表示为千人经济损失率等。

1.1.10　危险源

从安全生产角度解释，危险源（dangerous source）是指可能造成人员伤害或死亡、职业病、财产损失、作业环境破坏或其他损失的根源或状态。从这个意义上讲，危险源可以是一次事故、一种环境、一种状态的载体，也可以是可能产生不期望后果的人或物。液化石油气在生产、储存、运输和使用过程中，可能发生泄漏，从而引起中毒、火灾或爆炸事故，因此，充装了液化石油气的储罐是危险源；原油储罐的呼吸阀已经损坏，当储罐储存了原油后，有可能因呼吸阀损坏而发生事故，因此，损坏的原油储罐呼吸阀是危险源；一个携带了 SARS 病毒的人，可能造成与其有过接触的人患上 SARS，因此，携带 SARS 的人是危险源。

危险源由三个要素构成：潜在危险性、存在条件和触发因素。

1.1.11　重大危险源

为了对危险源进行分级管理，防止重大事故发生，提出了重大危险源（major hazard installations）的概念。广义上说，可能导致重大事故发生的危险源就是重大危险源。对重大危险源进行辨识，需注意的是：

（1）《危险化学品重大危险源监督管理暂行规定》第七条规定，危险化学品单位应当按照《危险化学品重大危险源辨识》标准，对本单位的危险化学品生产、经营、储存和使用装置、设施或者场所进行重大危险源辨识，并记录辨识过程与结果。

在《危险化学品重大危险源辨识》（GB 18218—2009）中，给出了爆炸品、易燃气体、毒性气体、易燃液体、易于自燃的物质、遇水放出易燃气体的物质、氧化性物质、有机过氧化物和毒性物质九类共 78 种危险化学品的临界量；对于上述 78 种危险化学品以外的其他危险化学品，依据其危险性，按危险性分类及相关说明来确定临界量；若一种危险化学品具有多种危险性，按其中最低的临界量确定。

（2）对其他装置、设施或场所应根据《关于开展重大危险源监督管理工作的指导意见》（安监管协调字 ［2004］ 56 号）中的要求进行辨识。

其他国家和地区的政府部门对重大危险源的定义、规定的临界量是不同的。无论是重大危险源的范围，还是重大危险源的临界量，都是为了防止重大事故发生，在综合考虑了国家的经济实力、人们对安全与健康的承受水平和安全监督管理的需要后给出的。随着人们生活水平的提高和对事故控制能力的增强，对重大危险源的有关规定也会发生改变。

1.1.12 安全、本质安全

安全与危险是相对的概念，它们是人们对生产、生活中是否可能遭受健康损害和人身伤亡的综合认识，按照系统安全工程的认识论，无论是安全还是危险都是相对的。

1.1.12.1 安全

安全（safety or security）是人的身心免受外界（不利）因素影响的存在状态（包括健康状况）及其保障条件。汉语中有"无危则安，无缺则全"；安全的英文为 safety，指健康与平安之意；梵文为 sarva，意为无伤害或完整无损；《韦氏大词典》对安全定义为"没有伤害、损伤或危险，不遭受危害或损害的威胁，或免除了危害、伤害或损失的威胁"。

生产过程中的安全，即安全生产，指的是"不发生工伤事故、职业病、设备或财产损失"。

工程上的安全性，是用概率表示的近似客观量，用以衡量安全的程度。

系统工程中的安全概念，认为世界上没有绝对安全的事物，任何事物中都包含有不安全因素，具有一定的危险性。安全是一个相对的概念，它是一种模糊数学的概念；危险性是对安全性的隶属度；当危险性低于某种程度时，人们就认为是安全的。安全性（S）与危险性（D）互为补数，即 $S=1-D$，安全工作应贯穿于系统整个寿命期间。

1.1.12.2 本质安全

本质安全（intrinsic safety）是指设备、设施或技术工艺含有内在的能够从根本上防止发生事故的功能。具体包括以下两个方面的内容：

（1）失误-安全功能。指操作者即使操作失误，也不会发生事故或伤害，或者说设备、设施和技术工艺本身具有自动防止人的不安全行为的功能。

（2）故障-安全功能。指设备、设施或生产工艺发生故障或损坏时，能暂时维持正常工作或自动转变为安全状态。

上述两种安全功能应该是设备、设施和技术工艺本身固有的，即在它们的规划设计阶段就被纳入其中，而不是事后补偿的。

本质安全是生产中"预防为主"的根本体现，也是安全生产的最高境界。实际上，由于技术、资金和人们对事故的认识等原因，目前还很难做到本质安全，只能作为追求的目标。

1.1.13 系统

系统（system）是由一些相互联系、相互制约的若干组成部分结合而成的、具有特定功能的一个有机整体（集合）。系统具有整体性、相对独立性、结构性、一定的功能、环境适应性、目的性等特征。与此同时，还要从以下几个方面对系统进行理解：系统由部件组成，部件处于运动之中；部件间存在着联系；系统各主量和的贡献大于各主量贡献的和，即整合大于部分之和或常说的 1+1>2；系统的状态是可以转换和控制的。

1.1.14   系统安全

系统安全（system security）是指在系统寿命期间内应用系统安全工程和管理方法，识别系统中的危险源，定性或定量表征其危险性，并采取控制措施使其危险性最小化，从而使系统在规定的性能、时间和成本范围内达到最佳的可接受安全程度。因此，在生产中为了确保系统安全，需要按系统工程的方法，对系统进行深入分析和评价，及时发现固有和潜在的各类危险和危害，提出应采取的解决方案和途径。

1.1.15   安全系统工程

安全系统工程（safety system engineering）是指应用系统工程的基本原理和方法，预先辨识、分析、评价、排除和控制系统中存在的各种危险因素，根据其结果对工艺过程、设备、操作、管理、生产周期和投资等因素进行分析评价和综合处理，使系统可能发生的事故得到控制，并使系统安全性达到最佳状态的一门综合性技术科学。安全系统工程的理论基础是安全科学和系统科学，它是工矿企业劳动安全卫生领域的系统工程；安全系统工程追求的是整个系统的安全和系统全过程的安全。安全系统工程研究内容主要有危险的识别、分析与事故预测；消除、控制导致事故的危险；分析构成安全系统各单元间的关系和相互影响，协调各单元之间的关系，判明各种状况下危险因素的特点及其可能导致的灾害性事故，通过定性和定量分析，对系统的安全性作出预测和评价，取得系统安全的最佳设计，将系统事故降至最低的可接受限度。危险识别、风险评价、风险控制是安全系统工程方法的基本内容，其中危险识别是风险评价和风险控制的基础。

1.1.16   安全控制系统

安全控制系统（safety control system）是由各种相互制约和影响的安全因素所组成的、具有一定安全特征和功能的系统。主要包括安全物质（如工具设备、能源、危险物质、人员、组织机构和环境等）和安全信息（如政策、法规、指令、情报、资料、数据和各种信息等）。从控制论的角度分析系统安全问题可以认识到：系统的不安全状态是系统内在结构、系统输入、环境干扰等因素综合作用的结果；系统的可控性是系统的固有特性，不可能通过改变外部输入来改变系统的可控性，因此在系统设计时必须保证系统的安全可控性；在系统安全可控的前提下，通过采取适当的控制措施，可将系统控制在安全状态；安全控制系统中人是最重要的因素，既是控制的施加者，也是安全保护的主要对象。

1.1.17   安全决策

安全决策（safety decision）就是针对生产活动中需要解决的特定安全问题，根据安全标准、规范和要求，运用现代科学技术知识和安全科学的理论与方法，提出各种安全措施方案，经过分析、论证与评价，从中选择最优方案并予以实施的过程。具体讲就是根据生产经营活动中需要解决的特定安全问题，遵照安全标准和安全操作要求，对系统过去、现在发生的事故进行分析，运用预测技术手段，对系统未来事故变化规律作出合理判断，并对提出的多种合理的安全措施方案，进行论证、评价和判断，从中选定最优方案予以实施的过程。

1.2　安全评价分类

根据工程、系统生命周期和评价的目的，一般将安全评价分为安全预评价、安全验收评价和安全现状评价等 3 类。

1.2.1　安全预评价

安全预评价（safety assessment prior to start）是在建设项目可行性研究阶段、工业园区规划阶段或生产经营活动组织实施之前，根据相关的基础资料，辨识与分析建设项目、工业园区、生产经营活动潜在的危险、有害因素，确定其与安全生产法律法规、规章、标准、规范的符合性，预测发生事故的可能性及其严重程度，提出科学、合理、可行的安全对策措施及建议，做出安全预评价结论的活动。

安全预评价以拟建项目作为研究对象，根据项目可行性研究阶段提供的生产工艺过程、使用和产生的物质、主要设备和操作条件等，识别和分析建设项目建成以后可能存在的危险有害因素。并应用安全系统工程的方法，对系统的危险性和危害性进行定性、定量分析，确定系统的危险危害程度。针对主要危险有害因素及其可能产生的危险危害后果提出消除、预防和降低的对策措施。评价采取措施后的系统是否能满足规定的安全要求，从而得出建设项目应如何设计、管理才能达到安全生产要求的结论。

最后形成的安全预评价报告将作为项目报批的文件之一，同时也是项目最终设计的重要依据文件之一。安全预评价报告要提供给建设单位、设计单位、业主和政府管理部门。设计单位将根据其内容设计安全对策措施，建设单位将其作为施工过程的参考，生产经营单位（业主）将其作为安全管理的参考。在设计阶段必须落实安全预评价所提出的各项措施，切实做到安全设施与主体工程同时设计。

1.2.2　安全验收评价

安全验收评价（safety assessment upon completion）是在建设项目竣工后正式生产运行前或工业园区建设完成后，通过检查建设项目安全设施与主体工程同时设计、同时施工、同时投入生产和使用的情况或工业园区内的安全设施、设备、装置投入生产和使用的情况，检查安全生产管理措施到位情况，检查安全生产规章制度健全情况，检查事故应急救援预案建立情况，查找存在的危险有害因素，审查确定建设项目、工业园区建设满足安全生产法律法规、规章、标准、规范要求的符合性，从整体上确定建设项目、工业园区的运行状况和安全管理情况，预测发生事故或造成职业危害的可能性和严重程度，提出科学、合理、可行的安全对策措施及建议，做出安全验收评价结论的活动。

安全验收评价是为安全验收进行的技术准备，最终形成的安全验收评价报告将作为建设项目"三同时"安全验收审查的依据（即建设单位向政府安全生产监督管理机构申请建设项目安全验收审批的依据）。在安全验收评价过程中，应再次检查安全预评价中提出的安全对策措施的可行性，检查这些对策措施确保安全生产的有效性以及在设计、施工和运行中的落实情况，包括各项安全措施的落实情况、施工过程中的安全设施施工和监理情况、安全设施的调试、运行和检测情况，以及各项安全管理制度的落实情况等。

1.2.3　安全现状评价

安全现状评价（safety assessment in operation）是针对生产经营活动中、工业园区内的事故风险、安全管理等情况，辨识与分析其存在的危险、有害因素，审查确定其与安全生产法律法规、规章、标准、规范要求的符合性，预测发生事故或造成职业危害的可能性及其严重程度，提出科学、合理、可行的安全对策措施建议，做出安全现状评价结论的活动。

安全现状评价既适用于对一个生产经营单位或一个工业园区的评价，也适用于某一特定的生产方式、生产工艺、生产装置或作业场所的评价。

评价形成的安全现状评价报告应作为生产经营单位安全生产管理的依据，在安全评价报告中的整改意见，生产经营单位应逐步落实，安全评价报告中提出的安全管理模式、各项安全管理制度，生产经营单位应逐步建立并实施。

1.3　安全评价的目的及意义

1.3.1　安全评价的目的

安全评价的目的是查找、分析和预测工程、系统中存在的危险有害因素及可能导致的事故的严重程度，提出合理可行的安全对策措施，指导危险源监控和事故预防，以达到最低事故率、最少损失和最优的安全投资效益。安全评价要达到的目的包括以下4个方面：

（1）促进实现本质安全化生产。通过安全评价，系统地从工程、系统设计、建设、运行等过程对事故和事故隐患进行科学分析，针对事故和事故隐患发生的各种可能致因因素和条件，提出消除危险源和降低风险的安全技术措施方案，特别是从设计上采取相应措施，提高生产过程的本质安全化水平，做到即使发生误操作或设备故障，系统存在的危险因素也不会因此导致重大事故发生。

（2）实现全过程安全控制。在设计之前进行安全评价，可避免选用不安全的工艺流程和危险的原材料以及不合适的设备、设施，或提出必要的降低或消除危险的有效方法。设计之后进行的评价，可查出设计中的缺陷和不足，及早采取改进和预防措施。系统建成以后运行阶段进行的系统安全评价，可了解系统的现实危险性，为进一步采取降低危险性的措施提供依据。

（3）建立系统安全的最优方案，为决策者提供依据。通过安全评价，分析系统存在的危险源及其存在部位、数目，预测事故的概率和事故严重程度，提出应采取的安全对策措施等，为决策者选择系统安全最优方案和管理决策提供依据。

（4）为实现安全技术、安全管理的标准化和科学化创造条件。通过对设备、设施或系统在生产过程中的安全性是否符合有关技术标准、规范、相关规定的评价，对照技术标准、规范找出存在的问题和不足，以实现安全管理的标准化、科学化，为安全技术和安全管理标准的制定提供依据。

1.3.2 安全评价的意义

安全评价的意义在于可有效地预防或减少事故发生，减少财产损失、人员伤亡和伤害。安全评价与日常安全管理和安全监督监察工作不同，安全评价是从技术带来的负效应出发，分析、论证和评估由此产生的损失和伤害的可能性、影响范围、严重程度及应采取的对策措施等。

在现代生产系统中，安全评价作为企业管理的重要组成部分，无论是从降低企业的经济损失、提高企业的生产效率，还是从提高企业的诚信度和全体员工的素质等方面，都具有十分重要的意义。安全评价的意义可以概括为 5 个方面：

（1）安全评价是安全生产管理的一个重要组成部分。"安全第一，预防为主，综合治理"是我国安全生产的基本方针，作为预测、预防事故重要手段的安全评价，在贯彻安全生产方针中起着十分重要的作用，通过安全评价可确认生产经营单位是否具备了安全生产条件，是否在生产过程中贯彻安全生产方针和"以人为本"的管理理念。

（2）有助于政府安全监督管理部门对生产经营单位的安全生产实行宏观控制。建设项目建设前的安全预评价，将有效地提高工程安全设计的质量和投产后的安全可靠程度；建设项目建成后、正式投产前的安全验收评价，是根据国家有关法律法规和标准的要求对设备、设施和系统进行的符合性评价，可以提高安全达标水平；系统运转阶段的安全技术、安全管理、安全教育等方面的安全现状评价，可客观地对生产经营单位安全水平作出结论，使生产经营单位不仅了解可能存在的危险有害因素及其可能导致事故的危险性，而且明确如何改进安全状况，同时也为安全监督管理部门了解生产经营单位安全生产现状、实施宏观控制提供基础资料。

（3）有助于安全投资的合理选择。安全评价不仅能确认系统的危险性，而且还能进一步考虑危险性发展为事故的可能性及事故造成损失的严重程度，进而计算事故造成的危害，即风险率，并以此评估系统危险可能造成负效益的大小，以便合理地选择控制、消除事故发生的措施，确定安全措施投资的多少，从而使安全投入和可能减少的负效益达到合理的平衡。

（4）有助于提高生产经营单位的安全管理水平。安全评价可以促使生产经营单位的安全管理模式的转变，体现在以下三点：

1）将"事后处理"转变为"事先预防"。传统安全管理方法的特点是凭经验进行管理，多为事故发生后再进行处理的"事后过程"。通过安全评价，可以预先识别系统的危险性、危险源及其状态，便于预先采取安全措施对事故进行防范。

2）将"纵向单一管理"转变为"全面系统管理"。安全评价使生产经营单位所有部门都能按照要求认真评价本系统的安全状况，将安全管理范围扩大到生产经营单位各个部门、各个环节，使生产经营单位的安全管理实现全员、全过程、全方位和贯穿整个生产阶段的全面系统管理。

3）将"经验管理"转变为"目标管理"。仅凭经验、主观意志和思想意识进行安全管理，没有统一的标准、目标，而安全评价可以使各部门、全体职工明确各自的安全指标要求，在明确的目标下，统一步调，分头进行，从而使安全管理工作做到科学化、系统化和标准化。

（5）有助于生产经营单位提高经济效益。安全预评价，可减少项目建成后由于达不到安全的要求而引起的调整和返工建设；安全验收评价，可将一些潜在的事故隐患在设施开始运行之初及时消除，避免导致事故；安全现状综合评价，可使生产经营单位较好地了解可能存在的危险并为安全管理提供依据。生产经营单位的安全生产水平的提高无疑可产生经济效益，特别是其带来的社会效益。

另外，安全评价还有助于保险公司对企业灾害实行风险管理。

1.4 安全评价的程序及内容

1.4.1 安全评价的程序

一个完整的评价项目，一般历经签订委托书及评价合同、组建评价小组、编制评价方案、现场勘查和收集资料、按评价内容进行评价、编制评价报告、评价报告评审、评价报告交接等过程，如图 1-1 所示。

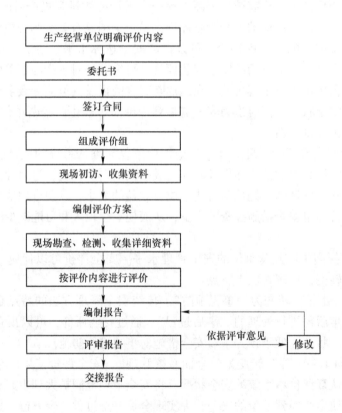

图 1-1 安全评价基本程序

1.4.2 安全评价的内容

安全评价的基本内容如图 1-2 所示。

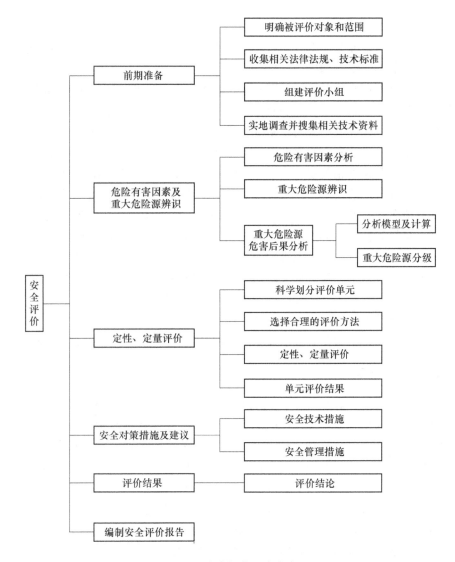

图 1-2 安全评价基本内容

1.5 安全评价的原理

安全评价应用领域宽广，评价的方法和措施众多，评价对象各不相同，究其思维方式却是一致的。将安全评价的思维方式和依据的理论统称为安全评价原理。常用的安全评价原理有相关性原理、类推原理、惯性原理和量变到质变原理等。

1.5.1 相关性原理

相关性是指一个系统，其属性、特征与事故和职业危害存在着因果关联。这是系统因果评价方法的理论基础。

1.5.1.1 系统

安全评价把所有研究对象都称为系统。系统是指由若干相互联系的、为了达到一定目标而具有独立功能的要素所构成的有机整体。

每个系统都有着自身的总目标，而构成系统的所有子系统、单元都为实现这一总目标而实现各自的分目标。系统的整体目标（功能）是由组成系统的各子系统、单元综合发挥作用的结果。因此，不仅系统与子系统，子系统与单元有着密切的关系，而且各子系统之间、各单元之间、各元素之间也都存在着密切的相关关系。所以，在评价过程中只有找出这种相关关系，并建立相关模型，才能正确地对系统的安全性作出评价。

在进行安全评价之前要研究与系统安全有关的系统组成要素，要素之间的相关关系，以及它们在系统各层次的分布情况。例如：要调查、研究构成矿山的所有要素（人、机、物料、管理、环境等），明确它们之间存在的相互影响、相互作用、相互制约的关系和这些关系在系统的不同层次中的不同表现形式等。要对系统作出准确的安全评价，必须对要素之间及要素与系统之间的相关形式和相关程度给出量的概念。这就需要明确哪个要素对系统有影响，是直接影响还是间接影响；哪个要素对系统影响大，大到什么程度，彼此是线性相关，还是指数相关，等等。要做到这一点，就要求在分析大量生产运行数据、事故统计资料的基础上，得出相关的数学模型，以便建立合理的安全评价数学模型。

1.5.1.2 因果关系

原因和结果是揭示客观世界中普遍联系着的事物具有先后相继、彼此制约的一对范畴。有因才有果，这是事物发展变化的规律。事故和导致事故发生的各种原因（危险因素）之间存在着相关关系，表现为依存关系和因果关系。若研究、分析各个系统之间的依存关系和影响程度，就可以探求其变化的特征和规律，并可以预测其未来状态的发展变化趋势。事故的发生是有原因的，而且往往不是由单一原因因素造成的，而是由若干个原因因素耦合在一起导致的。当出现符合事故发生的充分与必要条件时，事故就必然会立即爆发。而每一个原因因素又由若干个二次原因因素构成，以此类推三次原因因素等。消除一次或二次或三次等原因因素，破坏发生事故的充分与必要条件，事故就不会产生，这就是采取技术、管理、教育等方面的安全对策措施的理论依据。在安全评价过程中，借鉴历史、同类系统的数据、典型案例等资料，找出事故发展过程中的相互关系，建立起接近真实系统的数学模型，则评价会取得较好的效果。而且越接近真实系统，评价效果越好，结果越准确。

1.5.2 类推原理

"类推"也称为"类比"。类推推理是人们经常使用的一种逻辑思维方法，常用来作为推出一种新知识的方法。它是根据两个或两类对象之间存在着某些相同或相似的属性，从一个已知对象具有某个属性来推出另一个对象具有此种属性的一种推理过程。它在安全生产、安全评价中，有着特殊的意义和重要的作用。类推评价法是经常使用的一种安全评价方法。它不仅可以由一种现象推算另一现象，还可以依据已掌握的实际统计资料，采用科学的估计推算方法来推算得到基本符合实际的所需资料，以弥补调查统计资料的不足，供分析研究用。其基本模式：若 A，B 表示两个不同对象，A 有属性 P_1，P_2，…，P_m，P_n，B 有属性 P_1，P_2，…，P_m，则推断 B 也有 A 的属性 P_n。

A 有属性 P_1，P_2，…，P_m，P_n

B 有属性 P_1，P_2，…，P_m

所以，B 也有属性 P_n（$n>m$）。

为保证类比推理结论的可靠性，注意以下几点：（1）要尽量多地列举两个或两类对象所共有或共缺的属性；（2）两个类比对象所共有或共缺的属性越接近本质，则推出的结论越可靠；（3）两个类比对象共有或共缺的对象与类推的属性之间具有本质和必然的联系，则推出结论的可靠性就高。

类推评价法可做定量类推算和定性类推算。常用的类推方法如下：

（1）平衡推算法。平衡推算法是根据相互依存的平衡关系来推算所缺的有关指标的方法。例如：利用海因里希关于重伤、死亡、轻伤及无伤害事故比例 1∶29∶300 的规律，在已知重伤死亡数据的情况下，可推算出轻伤和无伤害事故数据；利用事故的直接经济损失与间接经济损失的比例为 1∶4 的关系，从直接经济损失推算间接经济损失和事故总经济损失；利用爆炸破坏情况推算离爆炸中心多远处的冲击波超压（Δp，单位为 MPa）或爆炸坑（漏斗）的大小，来推算爆炸物的 TNT 当量。

（2）代替推算法。代替推算法是利用具有密切联系（或相似）的有关资料、数据，来代替所缺资料、数据的方法。例如：对新建装置的安全预评价，可使用与其类似的已有装置资料、数据对其进行评价；在职业卫生评价中，人们常常类比同类或类似装置的工业卫生检测数据进行评价。

（3）因素推算法。因素推算法是根据指标之间的联系，从已知因素的数据推算有关未知指标数据的方法。

（4）抽样推算法。抽样推算法是根据抽样或典型调查资料推算系统总体特征的方法。这种方法是数理统计分析中常用的方法，是以部分样本代表整个样本空间来对总体进行统计分析的一种方法。

（5）比例推算法。比例推算法是根据社会经济现象的内在联系，用某一时期、地区、部门或单位的实际比例，推算另一类似时期、地区、部门或单位有关指标的方法。例如：控制图法的控制中心线的确定，是根据上一个统计期间的平均事故率来确定的。国外各行业安全指标的确定，通常也都是根据前几年的年度事故平均数值来确定的。

（6）概率推算法。概率是指某一事件发生的可能性大小。事故的发生是一种随机事件，任何随机事件，在一定条件下是否发生是没有规律的，但其发生概率是一客观存在的定值。因此，根据有限的实际统计资料，采用概率论和数理统计方法可求出随机事件出现各种状态的概率。可以用概率值来预测未来系统发生事故可能性的大小，以此来衡量系统危险性的大小、安全程度的高低。美国原子能委员会《核电站风险报告》采用的方法主要是概率推算法。

1.5.3 惯性原理

任何事物在其发展过程中，从过去到现在以及延伸至将来，都具有一定的延续性，这种延续性称为惯性。利用惯性可以研究事物或评价系统的未来发展趋势。例如，从一个单位过去的安全生产状况、事故统计资料，可以找出安全生产及事故发展变化趋势，推测其未来安全状态。

利用惯性原理进行评价时应注意的问题如下：

（1）惯性的大小。惯性越大，影响越大；反之，则影响越小。例如，一个生产经营单位如果疏于管理、违章作业、违章指挥、违反劳动纪律严重，事故就多，若任其发展则会越演越烈，而且有加速的态势，惯性越来越大。对此，必须立即采取相应对策措施，破坏这种格局，亦即中止或使这种不良惯性改向，才能防止事故的发生。

（2）惯性的趋势。一个系统的惯性是这个系统内各个内部因素之间互相联系、互相影响、互相作用，按照一定的规律发展变化的一种状态趋势。因此，只有当系统是稳定的，受外部环境和内部因素影响产生的变化较小时，其内在联系和基本特征才可能延续下去，该系统所表现的惯性发展结果才基本符合实际。但是，绝对稳定的系统是没有的，因为事物发展的惯性在受外力作用时，可使其加速或减速甚至改变方向。这样就需要对一个系统的评价进行修正，即在系统主要方面不变，而其他方面有所偏离时，就应根据其偏离程度对所出现的偏离现象进行修正。

1.5.4　量变到质变原理

任何一个事物在发展变化过程中都存在着从量变到质变的规律。同样，在一个系统中，许多有关安全的因素也都一一存在着从量变到质变的过程。在评价一个系统的安全时，也都离不开从量变到质变的原理。例如，许多定量评价方法中，有关危险等级的划分无不一一应用着量变到质变的原理。道化学公司《火灾、爆炸危险指数评价法（第 7 版）》中，关于按 F&EI（火灾、爆炸指数）划分的危险等级，从 1～159，经过了 ≤60，61～96，97～127，128～158，≥159 的量变到质变的变化过程，即分别为"最轻"级、"较轻"级、"中等"级、"很大"级、"非常大"级。而在评价结论中，"中等"级及其以下的级别是"可以接受的"（在提出对策措施时可不考虑），而"很大"级、"非常大"级则是"不能接受的"（应考虑对策措施）。因此，在安全评价时，考虑各种危险、有害因素对人体的危害，以及采用的评价方法进行等级划分等，均需要应用量变到质变的原理。

上述原理是人们经过长期研究和实践总结出来的。在实际评价工作中，应综合应用这些基本原理指导安全评价，并创造出各种评价方法，进一步在各个领域中加以运用。掌握评价基本原理可以建立正确的思维方式，对于评价人员开拓思路、合理选择和灵活运用评价方法都是十分必要的。由于世界上没有一成不变的事物，评价对象的发展不是过去状态的简单延续，评价的事件也不会是自己类似事件的机械再现，相似不等于相同。因此，在评价过程中，还应对客观情况进行具体分析，以提高评价结果的准确程度。

1.5.5　木桶原理

木桶原理（或水桶定律）是由美国管理学家彼得提出的。说的是由多块木板构成的水桶，木桶结构如图 1-3 所示，其价值在于其盛水量的多少，但决定水桶盛水量多少的关键因素不是其最长的板块，而是其最短的板块。这就是说任何一个组织，可能面临的一个共同问题，即构成组织的各个部分往往是优劣不齐的，而劣势部分往往决定整个组织的水平。

若仅仅作为一个形象化的比喻，"水桶定律"可谓是极为巧妙和别致的。但随着它被应用得越来越频繁，应用场合及范围也越来越广泛，已基本由一个单纯的比喻上升到了理论的高度。这由许多块木板组成的"水桶"不仅可象征一个企业、一个部门、一个班组，也可象征一个矿山的管理系统或矿山生产系统，而"水桶"的最大容量则象征着矿山管理系统的完善性或矿山生产系统的安全性。

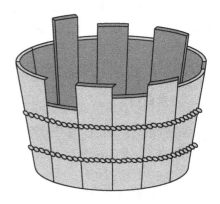

图1-3　水桶结构图

对一个矿山企业来说，最短的那块"板"其实也就是漏洞的同义词，必须立即想办法补上。

如果把矿山企业的管理水平比做三长两短的一只木桶，而把企业的生产系统安全性比做桶里装的水，那影响这家矿山企业的生产系统安全性高低的决定性因素就是最短的那块板。生产系统的板就是系统中各种安全设施。要保证整个系统的安全生产，必须找到短板并进行相应的整改。

运用木桶原理，无论是提高企业管理水平，还是提高生产系统的安全性，都需要做好以下几点：

（1）补短板。最短那块木板的高低决定盛水的多少，只有将它补高，木桶才能盛满水。如果某个设备、设施是"最短的一块"，就应该考虑尽快把它补起来；如果存在着"一块最短的木板"，就一定要及早将它找出并"固强补弱"，即先巩固优势再弥补弱势。也就是说，要想提高木桶的整体效应，首要的不是继续增加那些较长的木板的长度，而是要先下工夫补齐最短的那块木板的长度，消除这块短板形成的"制约因素"，在此基础上再巩固强化"高板"，实现整体功能的最大限度发挥。

（2）消缝隙。一个木桶上木板间若有缝隙，则即便木板再高，水也会透过缝隙流掉。每一个人都是一块木板，都有特长和不足，这就要求成员要有大局意识和整体意识，不能有本位主义。只有取长补短、各尽其用，才能发挥所有木板的最大效益。因此，每一名成员都要善于包容别人的缺点，发挥自己的优点，搞好相互间团结，严格落实组织生活制度，开展积极的批评与自我批评，努力做到协调同步、做好补位衔接。只有这样，工作才不会"挂空挡"，才能消除缝隙，增强"紧密度"，形成一个团结而有战斗力的强大集体。

（3）紧铁箍。木桶之所以能盛水，是因为有铁箍将有序排列的木板箍紧。如果没有了铁箍的约束，木板也只能是散落的个体，发挥不了整体的效能。同样，只有用严格的法规制度来约束集体成员，才能形成整体合力，增强凝聚力战斗力，才能让班子成为一个坚固的"木桶"，迎接各种困难和挑战。

（4）强"拎手"。装满水的木桶能否发挥效能，还取决于是否具有结实耐用的"拎手"。这"拎手"好比集体的带路人。集体好不好，关键在领导；班子行不行，就看前两名。他们关系融洽与否、工作配合好坏，直接影响班子的凝聚力、战斗力，影响部队建设的长远发展。

（5）固根底。水桶能否盛满水、盛住水，最终取决于是否有一个结实的桶底。桶底坚决不能破，不能有漏洞。安全稳定对于一个集体来说，就像是一只木桶的底，没有牢固完好的桶底，出了问题，就会功亏一篑。因此，必须做好抓经常、打基础的工作，注重从源头抓起，从安全教育、安全训练、安全制度、安全环境、安全设施、安全责任等方面把部队建设的基础打牢，掌握工作的主动权。

1.5.6 浴盆曲线

实践证明大多数设备的故障率都是时间的函数，典型故障曲线称之为浴盆曲线（失效率曲线，bathtub curve），曲线的形状呈两头高，中间低，具有明显的阶段性，可划分为三个阶段：早期故障期，偶然故障期和严重故障期，浴盆曲线如图 1-4 所示。浴盆曲线是指产品从投入到报废为止的整个寿命周期内，其可靠性的变化呈现一定的规律。如果取产品的失效率作为产品的可靠性特征值，它是以使用时间为横坐标，以失效率为纵坐标的一条曲线。因该曲线两头高，中间低，有些像浴盆，所以称为"浴盆曲线"。失效率随使用时间变化分为三个阶段：早期失效期、偶然失效期和耗损失效期：

（1）第一阶段是早期失效期：表明产品在开始使用时，失效率很高，但随着产品工作时间的增加，失效率迅速降低，这一阶段失效的原因大多是由于设计、原材料和制造过程中的缺陷造成的。

为了缩短这一阶段的时间，产品应在投入运行前进行试运转，以便及早发现、修正和排除故障；或通过试验进行筛选，剔除不合格品。

（2）第二阶段是偶然失效期，也称为随机失效期：这一阶段的特点是失效率较低，且较稳定，往往可近似看作常数，产品可靠性指标所描述的就是这个时期，这一时期是产品的良好使用阶段，偶然失效主要原因是质量缺陷、材料弱点、环境和使用不当等因素引起。

（3）第三阶段是耗损失效期：该阶段的失效率随时间的延长而急速增加，主要由磨损、疲劳、老化和耗损等原因造成。

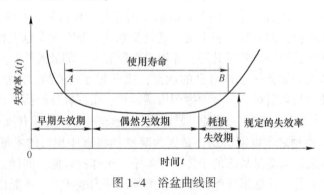

图 1-4　浴盆曲线图

1.6　安全评价的原则

要做好安全评价工作，必须以被评价项目的真实情况为基础，用严肃的科学态度，认真负责的精神，全面、仔细、深入地开展和完成评价任务。在工作中必须自始至终遵循合法性、科学性、公正性和针对性原则。

1.6.1 合法性

安全评价是国家以法规形式确定下来的一种安全管理制度。安全评价机构和评价人员必须由国家安全生产监督管理部门予以资格核准和资格注册，只有取得了资质的单位才能依法进行安全评价工作。政策、法规、标准是安全评价的重要依据。所以，承担安全评价工作的单位必须在国家安全生产监督管理部门的指导、监督下严格执行国家及地方颁布的有关安全生产的方针、政策、法规和标准等。

1.6.2 科学性

安全评价涉及许多学科，影响因素复杂多变。为保证安全评价能准确地反映被评价项目的客观实际和结论的正确性，在开展安全评价的全过程中，必须依据科学的方法、程序，以严谨的科学态度全面、准确、客观地进行工作，提出科学的对策措施，作出科学的结论。

1.6.3 公正性

评价结论是评价项目的决策依据、设计依据、能否安全运行的依据，也是国家安全生产监督管理部门在进行安全监督管理的执法依据。因此，对于安全评价的每一项工作都要做到客观和公正。既要防止受评价人员主观因素的影响，又要排除外界因素的干扰，避免出现不合理、不公正。

安全评价有时会涉及一些部门、集团、个人的某些利益，因此在评价时必须以国家和劳动者的总体利益为重，要充分考虑劳动者在劳动过程中的安全与健康，要依据有关标准法规和经济技术的可行性提出明确的要求和建议。评价结论和建议不能模棱两可、含糊其辞。

1.6.4 针对性

进行安全评价时，首先应针对被评价项目的实际情况和特征，收集有关资料，对系统进行全面的分析。其次，要对众多的危险危害因素及单元进行筛选，针对主要的危险危害因素及重要单元应进行重点评价。并辅以重大事故后果和典型案例进行分析评价。由于各类评价方法都有特定适用范围和使用条件，要有针对性地选用评价方法。最后要从实际的经济技术条件出发，提出有针对性的、操作性强的对策措施，对被评价项目作出客观、公正的评价结论。

1.7 安全评价的依据

安全评价工作不仅具有较复杂的技术性，而且还有很强的政策性。因此，要做好这项工作，必须依据国家有关安全生产的法律、法规和技术标准、委托单位的技术与管理资料以及现场勘查情况等进行工作。非煤矿山安全评价主要依据相关法律法规、规范与标准、项目技术文件及其他相关资料而进行。

1.7.1 法律法规

金属非金属矿山安全评价依据的主要法律有《中华人民共和国安全生产法》、《中华人民共和国矿山安全法》、《中华人民共和国劳动法》、《中华人民共和国劳动合同法》、《中华人民共和国职业病防治法》、《中华人民共和国消防法》、《中华人民共和国矿产资源法》等；依据的主要法规有《中华人民共和国矿山安全法实施条例》、《中华人民共和国矿产资源法实施细则》、《安全生产许可证条例》、《非煤矿矿山企业安全生产许可证实施办法》以及各地方法规等。

1.7.2 规范和标准

金属非金属矿山安全评价依据的主要规程、规范和标准有《安全评价通则》、《安全预评价导则》、《安全验收评价导则》、《矿山安全术语》、《爆破安全规程》、《金属非金属矿山安全规程》、《工业企业总平面布置设计规范》、《危险化学品重大危险源辨识》、《企业职工伤亡事故分类标准》、《生产过程危险和有害因素分类与代码》、《金属非金属矿山排土场安全生产规则》等。

需注意的是以上这些标准在实际运用中，需根据评价项目类别（安全预评价、安全验收评价或安全现状评价）及矿山开采方式（露天开采或地下开采）等选择适宜的标准。此外，标准会实时更新，应使用最新版本的标准。

1.7.3 项目技术文件

矿山安全评价参考的主要技术文件有：矿山地质报告、项目可行性研究报告、项目初步设计（安全设施设计）及矿山企业合法证照（如矿山采矿许可证、企业营业执照、项目立项审批书）等。

1.7.4 其他资料

被评价企业安全管理资料、现场勘查记录、现场监测采集数据、安全卫生设施及运行效果、安全卫生、消防管理机构情况等反映现实状况的各种资料和数据都是安全评价的重要依据。

1.8 安全评价报告格式及内容

根据《安全评价通则》（AQ 8001—2007）的要求，安全评价报告应采用A4幅面，左侧装订，其内容主要包括：

（1）封面。封面的内容应包括：1）委托单位名称；2）评价项目名称；3）标题；4）安全评价机构名称；5）安全评价机构资质证书编号；6）评价报告完成时间。

标题应统一写为"安全××评价报告"，其中××应根据评价项目的类别填写为：预、验收或现状。例1-1为大理白族自治州弥渡二郎矿业有限公司二郎铜矿安全现状评价报告的封面。

（2）安全评价资质证书副本影印件。应将承担评价项目的安全评价机构资质证书副本扫描后彩色打印，装订在封面的后面，用以证明评价机构具备承担该评价项目的资格。

（3）著录项。著录项也称扉页，一般分为两页布置。第一页署明安全评价机构的法定代表人、技术负责人、评价项目负责人等主要责任者姓名，下方为报告编制完成的日期及安全评价机构公章用章区；第二页为评价人员、各类技术专家以及其他有关责任者名单，评价人员和技术专家均应亲笔签名。例 1-2、例 1-3 为大理白族自治州弥渡二郎矿业有限公司二郎铜矿安全现状评价报告的著录项。

（4）前言。前言是一本评价报告的"开场白"，也是整个安全评价项目的总廓和缩影，前言的主要内容应包括矿山企业进行安全评价的法律依据、评价项目性质及来源、评价项目的主要工作过程和致谢等内容。例 1-4 为大理白族自治州弥渡二郎矿业有限公司二郎铜矿安全现状评价报告前言。

（5）目录。

（6）正文。安全评价报告的正文一般分为 7 个章节，见表 1-3。

表 1-3 非煤矿山安全评价报告正文内容

报 告 章 节	内 容
第 1 章 评价目的与依据	见本章例 1-5
第 2 章 评价项目概述	见本书第 2 章
第 3 章 危险有害因素辨识与分析	见本书第 3 章
第 4 章 评价单元划分与评价方法选择	见本书第 4 章
第 5 章 各单元定性定量评价	见本书第 5 章
第 6 章 安全对策措施	见本书第 6 章
第 7 章 安全评价结论	见本书第 7 章

（7）附件和附图。安全评价报告的附件及附图是评价报告的重要组成部分，是对评价内容及评价结论的重要支撑。金属与非金属矿山安全评价报告一般应附的附件见表 8-1，附图见表 8-2。

1.9　安全评价资料收集

不同类型的评价项目，所需收集的资料有所不同。

安全预评价所需资料主要是项目可行性研究报告；安全验收评价所需资料主要是项目初步设计（安全设施设计）和项目建成后现场资料，同时要求下列资料：可类比的安全卫生技术资料、监测数据，适用的法规、标准、规范、安全卫生设施及其运行效果，安全卫生的管理及其运行情况，安全、卫生、消防组织机构情况等。

安全现状评价所需资料要比预评价和验收评价复杂得多，它重点要求企业提供反映现实运行状况的各种资料与数据，而这类资料、数据往往由生产一线的车间人员、设备管理部门、安全、卫生、消防管理部门、技术检测部门等分别掌握，有些甚至还需要财务部门提供。

金属与非金属矿山不同类型的评价项目所需收集的资料详见表 1-4。

表 1-4 安全评价资料收集

资料类别	资料名称	预评价	验收评价	现状评价
法律法规及规程规范	矿山安全评价相关法律、法规、规程、规范、标准	√	√	√
企业证照	采矿许可证	改扩建矿山√	√	√
	营业执照		√	√
	立项批准文件		√	
	安全生产许可证			√
项目技术文件	可行性研究报告	√		
	初步设计（安全设施设计）		√	√
	安全设施设计批准文件		√	√
	安全预评价报告		√	
	矿山建设、监理相关资料		√	
	安全检验、检测和测定的数据资料		√	√
安全管理资料	矿山安全管理机构设置及人员配置文件		√	√
	矿山主要负责人、安全管理人员从业资格证		√	√
	矿山特种作业人员从业资格证		√	√
	矿山安全管理规章制度		√	√
	矿山安全生产责任制度		√	√
	安全管理记录、台账		√	√
	安全专项投资及其使用情况		√	√
	安全生产事故统计资料			√
图纸资料	反映总平面布置的图纸	√	√	√
	反映生产工艺及各生产系统的图纸	√	√	√
	反映安全设施设置、运行的图纸	√	√	√
现场生产资料	反映总平面布置及周边环境的图像资料		√	√
	反映生产工艺及各生产系统现状的图像资料		√	√
	反映安全设施设置、运行的图像资料		√	√
	实测数据		√	√

1.10 实 例

例 1-1 《大理白族自治州弥渡二郎矿业有限公司二郎铜矿安全现状评价报告》封面

编号：YNYTAP（现状）2015-067

大理白族自治州弥渡二郎矿业有限公司
二郎铜矿

安全现状评价报告

云南云天咨询有限公司

APJ-（国）-480

2015 年 12 月

例 1-2　《大理白族自治州弥渡二郎矿业有限公司二郎铜矿安全现状评价报告》著录项 1

大理白族自治州弥渡二郎矿业有限公司二郎铜矿

安全现状评价报告

法定代表人：（签字）

技术负责人：（签字）

评价项目负责人：（签字）

2015 年 12 月

例 1-3 《大理白族自治州弥渡二郎矿业有限公司二郎铜矿安全现状评价报告》著录项 2

评 价 人 员

	姓　名	资格证书号	从业登记编号	签　字
项目负责人	王＊＊			
项目组成人员	李＊＊			
	陈＊＊			
报告编制人	王＊＊			
	李＊＊			
报告审核人	张＊＊			
过程控制负责人	何＊＊			
技术负责人	刘＊＊			

技术专家

姓名　　　　　　　　　签字

例1-4　《大理白族自治州弥渡二郎矿业有限公司二郎铜矿安全现状评价报告》前言

前　言

随着我国法制化的日趋健全和完善，安全生产监督管理体系也逐步向科学化、规范化、制度化发展，安全评价作为现代先进安全生产管理模式的主要内容之一越来越受到重视。"安全第一、预防为主、综合治理"是我们党和国家始终不渝的安全生产方针。安全评价不仅能有效地提高企业和生产设备的本质安全程度，而且可以为各级安全生产监督管理部门的决策和监督检查提供有力的技术支撑。根据《中华人民共和国安全生产法》、《中华人民共和国矿山安全法》和《非煤矿矿山企业安全生产许可证实施办法》（国家安全生产监督管理总局令【2015】第78号修订）的有关规定，非煤矿山企业取得安全生产许可证必须依法进行安全评价。

大理白族自治州弥渡二郎矿业有限公司成立于2009年4月，为一家股份有限责任公司，企业以矿产勘查、铜矿采选为主要经营业务，下有弥渡二郎铜矿一家地下矿山。二郎铜矿于2015年11月25日委托云南云天咨询有限公司对其矿山进行安全现状评价，为其矿山安全生产许可证延期提供技术支撑。

在接受大理白族自治州弥渡二郎矿业有限公司安全评价工作的委托之后，云南云天咨询有限公司遵照相关规定和公司作业指导书，组建安全评价组，在认真分析项目风险，收集法律法规、部门规章、地方性法规及规范性文件、国家标准、行业标准、规程及规范，在企业提供相关资料的基础上，于2015年11月26日通过现场实地勘察、收集有关资料，对二郎铜矿矿山开采的安全设施、生产系统、辅助系统和安全管理状况进行了全面了解、检查和分析，针对矿山开采过程中存在的各种危险、有害因素进行定性、定量分析，确定其危险程度，并按照《非煤矿山安全评价导则》和《安全评价通则》（AQ 8001—2007）的要求，评价二郎铜矿开采的安全生产设施、设备的合法性、可行性和有效性，提出合理可行的安全对策措施建议，于2015年12月27日编制完成安全现状评价报告，从而为二郎铜矿开采的安全管理实现系统化、标准化和科学化奠定基础，并为安全管理和安全监督提供参考依据。

在对该企业进行安全评价的过程中，大理白族自治州安全生产监督管理局、弥渡县安全生产监督管理局给予了大力支持和帮助，大理白族自治州弥渡二郎矿业有限公司有关领导和技术人员也给予了积极的支持和配合，同时在报告中还引用了一些专家学者的研究成果和技术资料，在此一并致以由衷的感谢！

例 1-5 《大理白族自治州弥渡二郎矿业有限公司二郎铜矿安全现状评价报告》第1章

1 评价目的与依据

1.1 评价目的

（1）为大理白族自治州弥渡二郎矿业有限公司二郎铜矿向安全监督管理部门申请办理安全生产许可证提供安全现状评价报告。

（2）通过安全评价，该企业可进一步全面了解和掌握企业安全生产条件和安全生产管理状况，通过完善安全措施，提高企业本质安全程度，预防事故发生，保障人员的生命安全及企业的财产安全。

（3）为实现企业安全技术、安全管理的标准化和科学化创造条件，并为安全生产监督管理部门提供安全监管依据。

1.2 评价依据

1.2.1 国家法律、法规

（1）《中华人民共和国安全生产法》（中华人民共和国主席令第 13 号）。

（2）《中华人民共和国矿山安全法》（中华人民共和国主席令【2009】第 18 号修改）。

（3）《中华人民共和国劳动法》（中华人民共和国主席令第 28 号令）。

（4）《中华人民共和国劳动合同法》（中华人民共和国主席令【2012】73 号）。

（5）《中华人民共和国消防法》（中华人民共和国主席令第 6 号）。

（6）《中华人民共和国职业病防治法》（中华人民共和国主席令第 52 号）。

（7）《中华人民共和国环境保护法》（中华人民共和国主席令第 9 号）。

（8）《中华人民共和国道路交通安全法》（中华人民共和国主席令第 47 号）。

（9）《中华人民共和国突发事件应对法》（中华人民共和国主席令第 69 号）。

（10）《中华人民共和国特种设备安全法》（中华人民共和国主席令第 4 号）。

（11）《中华人民共和国矿产资源法》（中华人民共和国主席令【1997】第 74 号）。

（12）《中华人民共和国矿产资源法实施细则》（国务院令第 152 号）。

（13）《民用爆炸物品安全管理条例》（国务院令第 653 号修正）。

（14）《安全生产许可证条例》（中华人民共和国国务院令【2003】397 号，2014年第二次修改）。

（15）《工伤保险条例》（中华人民共和国国务院令第 375 号）。

（16）《国务院关于修改〈工伤保险条例〉的决定》（中华人民共和国国务院令第586 号）。

（17）《中华人民共和国劳动合同法实施条例》（中华人民共和国国务院令第 535 号）。

（18）《中华人民共和国矿山安全法实施条例》（中华人民共和国劳动部令【1996】4 号）。

（19）《公路安全保护条例》（中华人民共和国国务院令第 593 号）。

（20）《电力设施保护条例》（2011 年 1 月 8 日第二次修订）。

（21）《建设工程安全生产管理条例》（中华人民共和国国务院令第 393 号）。

（22）《特种设备安全监察条例》（国务院令第 549 号）。

（23）《地质灾害防治条例》（中华人民共和国国务院令第 394 号）。

（24）《生产安全事故报告和调查处理条例》（国务院 493 号令）。

（25）《国务院关于进一步加强企业安全生产工作的通知》（国发【2010】23 号）。

（26）《国务院安委会办公室关于贯彻落实<国务院关于进一步加强企业安全生产工作的通知>精神进一步加强非煤矿山安全生产工作的实施意见》（国务院安委办【2010】17 号）。

（27）其他相关法律法规。

1.2.2　部门规章及规范性文件

（1）《非煤矿矿山企业安全生产许可证实施办法》（国家安全生产监督管理总局令【2015】第 78 号修订）。

（2）《建设项目安全设施"三同时"监督管理办法》（国家安全生产监督管理总局令【2015】第 77 号修订）。

（3）《国家安监总局办公厅关于印发生产经营单位生产安全事故应急预案评审指南（试行）的通知》（安监总管应急【2009】73 号）。

（4）《关于印发<金属非金属矿山企业职业安全健康管理体系实施指南>的通知》（安监管技装字【2003】97 号）。

（5）《金属非金属矿山建设项目安全设施目录（试行）》（国家安全生产监督管理总局令【2015】第 75 号）。

（6）《关于开展重大危险源监督管理工作的指导意见》（国家安全生产监督管理局安监管协调字【2004】56 号）。

（7）《国家安全监管总局关于废止和修改非煤矿矿山领域九部规章的决定》（国家安全生产监督管理总局令【2015】第 78 号）。

（8）《国家安全监管总局关于废止和修改劳动防护用品和安全培训等领域十部规章的决定》（国家安全生产监督管理总局令【2015】第 80 号）。

（9）《特种作业人员安全技术培训考核管理规定》（国家安全生产监督管理总局令【2015】第 80 号修订）。

（10）《生产经营单位安全培训规定》（国家安全生产监督管理总局令【2015】第 80 号修订）。

（11）《安全生产培训管理办法》（国家安全生产监督管理总局令【2015】第 80 号修订）。

（12）《企业安全生产风险抵押金管理暂行办法》（财建【2006】369 号）。

（13）《财政部安全监管总局关于印发<企业安全生产费用提取和使用管理办法>的通知》（财企【2012】16 号）。

（14）《生产安全事故应急预案管理办法》（国家安全生产监督管理总局令第 17 号）。

（15）《工业场所职业卫生监督管理规定》（国家安全生产监督管理总局【2012】第 47 号）。

（16）《国家安全监管总局关于进一步加强中小型金属非金属矿山（尾矿库）安全基础工作改善安全生产条件的指导意见》（安监总管一【2009】44 号）。

（17）《关于加强非煤矿山安全整治工作的意见》（安监管管字【2002】29 号）。

（18）《关于加强金属非金属矿山安全基础管理的指导意见》（安监总管一【2007】214 号）。

（19）《非煤矿山安全评价导则》（国家安全生产监督管理局安监管技装字【2003】93 号）。

（20）《国家安全监管总局国家煤矿安监局关于印发煤矿金属非金属矿山"六打六治"打非治违专项行动方案的通知》（安监总办【2014】100 号）。

（21）《非煤矿山企业安全生产十条规定》（国家安全生产监督管理总局令第 67 号）。

（22）《关于严防十类非煤矿山生产安全事故的通知》（安监总管一【2014】48 号）。

（23）《安全生产事故隐患排查治理暂行规定》（国家安全监管总局令第 16 号）。

（24）《企业安全生产应急管理九条规定》（国家安全生产监督管理总局 74 号令）。

（25）《用人单位职业病危害防治八条规定》（国家安全生产监督管理总局 76 号令）。

（26）《职业病危害项目申报办法》（国家安全生产监督管理总局 48 号令）。

（27）《国家安全监管总局关于修改<生产安全事故报告和调查处理条例><罚款处罚暂行规定>部分条款的决定》（国家安监总局令【2015】第 77 号修订）。

（28）《金属非金属矿山禁止使用的设备及工艺目录》（第二批）（安监总管一【2015】13 号）。

（29）《非煤矿山外包工程安全管理暂行办法》（国家安全生产监督管理总局令【2015】第 78 号修订）。

（30）其他相关部门规章。

1.2.3　地方性法规及规范文件

（1）《云南省实施<中华人民共和国矿山安全法>办法（修正）》（云南省人大常委会，1997 年 12 月 3 日修正）。

（2）《云南省安全生产条例》（云南省人大常委会，2008 年 1 月 1 日施行）。

（3）《云南省人民政府关于促进非煤矿山转型升级的实施意见》（云政发【2015】38 号）。

（4）《云南省人民政府关于加强非煤矿山和尾矿库安全生产工作的实施意见》（云政发【2008】234 号）。

（5）《云南省安全生产监督管理局关于调整下放非煤矿山安全生产行政许可审批权限的通知》（云安监管【2012】178 号）。

（6）《关于进一步加强非煤矿山和尾矿库安全生产行政许可证的通知》（云安监管【2009】35 号）。

（7）《云南省安全生产监督管理局关于金属非金属矿山安全标准化工作的实施意见》（云安监管【2010】2 号）。

（8）《云南省人民政府贯彻落实国务院关于进一步加强企业安全生产工作通知的实施意见》（云政发【2010】157 号）。

（9）《云南省人民政府关于进一步加强安全生产工作的决定》（云政发【2011】229 号）。

（10）《云南省安全生产应急管理特别规定》（2012 年 5 月 25 日）。

（11）《云南省安全生产监督管理局关于做好生产经营单位应急预案备案管理工作的通知》（云安监管【2010】32 号）。

（12）《云南省安全生产监督管理局关于印发云南省 2009 年非煤矿山专项整治方案的通知》（2009 年 3 月 13 日）。

（13）其他地方性法规。

1.2.4　标准规范

（1）《安全评价通则》（AQ 8001—2007）。

（2）《矿山安全术语》（GB/T 15259—2008）。

（3）《工业企业厂界噪声标准》（GB 12348—2008）。

（4）《工业企业总平面设计规范》（GB 50187—2012）。

（5）《金属非金属矿山排土场安全生产规则》（AQ 2005—2005）。

（6）《工业企业噪声控制设计规范》（GB/T 50087—2013）。

（7）《金属非金属矿山安全规程》（GB 16423—2006）。

（8）《爆破安全规程》（GB 6722—2014）。

（9）《企业职工伤亡事故分类》（GB 6441—1986）。

（10）《矿山电力设计规范》（GB 50070—2009）。

（11）《用电安全导则》（GB/T 13869—2008）。

（12）《20kV 及以下变电所设计规范》（GB 50053—2013）。

（13）《供配电系统设计规范》（GB 50052—2009）。

（14）《低压配电设计规范》（GB 50054—2011）。

（15）《矿用一般型电气设备》（GB 12173—2008）。

（16）《电气装置安装工程低压电器施工及验收规范》（GB 50254—2014）。

（17）《工业企业设计卫生标准》（GB Z1—2010）。

（18）《工作场所有害因素职业接触限值》第 1 部分：化学有害因素（GB Z2.1—2007）和《工作场所有害因素职业接触限值》第 2 部分：物理因素（GB Z2.2—2007）。

（19）《生产过程安全卫生要求总则》（GB/T 12801—2008）。

（20）《生产设备安全卫生设计总则》（GB 5083—1999）。

（21）《厂矿道路设计规范》（GB J22—1987）。

（22）《工业企业厂内铁路、道路运输安全规程》（GB 4387—2008）。

（23）《安全标志及其使用导则》（GB 2894—2008）。

（24）《安全色》（GB 2893—2008）。

（25）《矿山安全标志》（GB 14161—2008）。

（26）《高处作业分级》（GB/T 3608—2008）。

（27）《机械安全防止上下肢触及危险区的安全距离》（GB 23821—2009）。

（28）《机械安全避免人体各部位挤压的最小间距》（GB 12265.3—1997）。

（29）《机械安全防护装置固定式和活动式防护装置设计与制造一般要求》（GB/T 8196—2003）。

（30）《职业性接触毒物危害程度分级》（GB Z230—2010）。

（31）《生产性粉尘作业危害程度分级》（GB 5817—2009）。

（32）《个体防护装备选用规范》（GB/T 11651—2008）。

（33）《一般工业固体废物贮存、处置场污染控制标准》（GB 18599—2001）。

（34）《固定的空气压缩机安全规则和操作规程》（GB 10892—2005）。

（35）《压力容器使用管理规则》（TSG R5002—2013）。

（36）《压力容器定期检验规则》（TSG R7001—2013）。

（37）《危险化学品重大危险源》（GB 18218—2009）。

（38）《生产过程危险和有害因素分类与代码》（GB/T 13861—2009）。

（39）《建筑灭火器配置设计规范》（GB 50140—2005）。

（40）《建筑物防雷设计规范》（GB 50057—2010）。

（41）《建筑设计防火规范》（GB 50016—2014）。

（42）《建筑抗震设计规范》（GB 50011—2010）。

（43）《生产经营单位生产安全事故应急预案编制导则》（GB/T 29639—2013）。

（44）《金属非金属地下矿山通风技术规范通风管理》（AQ 2013.4—2008）。

（45）《金属非金属地下矿山通风技术规范局部通风》（AQ 2013.2—2008）。

（46）《金属非金属矿山安全标准化规范》（AQ 2007—2006）。

（47）《金属非金属地下矿山监测监控系统建设规范》（AQ 2031—2011）。

（48）《金属非金属地下矿山人员定位系统建设规范》（AQ 2032—2011）。

（49）《金属非金属地下矿山通信联络系统建设规范》（AQ 2036—2011）。

（50）《金属非金属地下矿山紧急避险系统建设规范》（AQ 2033—2011）。

（51）《金属非金属地下矿山压风自救系统建设规范》（AQ 2034—2011）。

（52）《金属非金属地下矿山供水施救系统建设规范》（AQ 2035—2011）。

（53）《视频安防监控系统工程设计规范》（GB 50395—2007）。

（54）其他有关的国家及行业标准、规范。

1.2.5　项目合法文件

（1）安全现状评价的委托书。

（2）采矿许可证。

（3）营业执照。

（4）原安全生产许可证。

1.2.6　项目技术资料

（1）《大理白族自治州弥渡二郎矿业有限公司二郎铜矿资源储量核实报告》（报告编制单位，2013 年 12 月）。

（2）《大理白族自治州弥渡二郎矿业有限公司二郎铜矿安全设施设计》（报告编制单位，2014 年 3 月）。

（3）大理白族自治州弥渡二郎矿业有限公司二郎铜矿提供的矿山开采现状图纸。

（4）评价小组于 2015 年 11 月到大理白族自治州弥渡二郎矿业有限公司二郎铜矿进行现场调查收集的相关图、文资料。

1.3　评价范围与内容

评价范围为大理白族自治州弥渡二郎矿业有限公司下属的二郎铜矿的矿山开采现状，本次安全评价不涉及消防、职业卫生和环境保护等方面，企业应执行国家相关法律、法规、标准和规范要求。

根据评价委托及相关规定，二郎铜矿安全评价报告的评价具体内容包括：

（1）矿山安全管理系统评价。

（2）矿山总平面布置、开拓及井巷、地下采矿及掘进、提升运输、通风防尘、凿岩爆破、供配电、供气、供排水、废石场、爆破器材库等场所及主要设备、设施和装置评价。

（3）矿山重大危险、有害因素的危险度评价。

1.4　评价程序

依据《非煤矿山安全评价导则》第 5 条规定，本次安全评价的程序包括：前期准备；危险、有害因素识别与分析；划分评价单元；选择评价方法，进行定性、定量评价；提出安全对策措施及建议；作出安全评价结论；编制安全评价报告；安全评价报告评审等。具体评价程序如例图 1-1 所示。

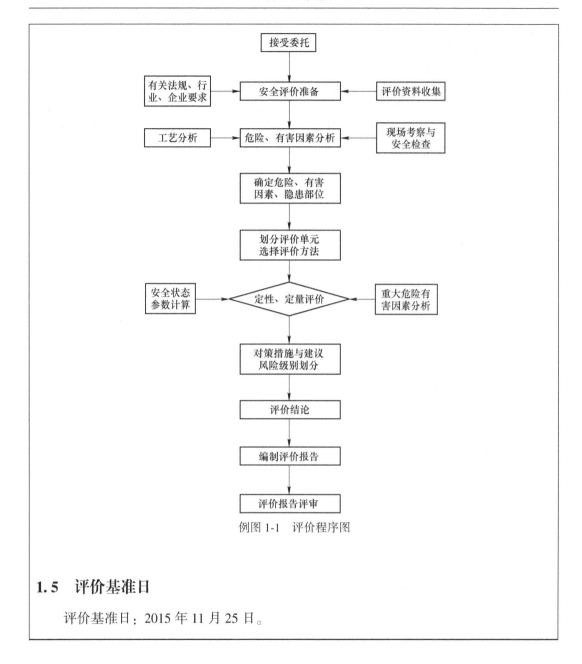

例图 1-1 评价程序图

1.5 评价基准日

评价基准日：2015 年 11 月 25 日。

 复习思考题

1-1 什么是安全？什么是本质安全？

1-2 什么是危险？什么是事故？

1-3 重大危险源的定义？

1-4 什么是安全评价？安全评价分为哪几类？

1-5 安全评价的目的和意义是什么？

1-6 安全评价有哪些内容？

1-7 矿山安全评价的主要依据有哪些？

1-8 矿山安全现状评价要收集哪些资料？

1-9 安全评价应遵循哪些原则？

1-10 矿山安全评价报告的内容有哪些，报告正文包括哪些章节内容？

1-11 实作题：根据被评价矿山原始资料（由指导教师根据教学需要收集并提供给学生，建议用露天矿山），编制该矿山安全现状评价报告封面、著录项、前言及报告"第1章　评价目的与依据"章节。

2 评价项目概述

学习目标：

（1）能根据被评价矿山项目的合法证照及现场调查资料编写该项目评价报告的"企业基本情况"。

（2）能根据被评价矿山项目的现场调查资料及地质报告或设计说明书等编写该项目评价报告的"矿区概况"。

（3）能根据被评价矿山项目的现场调查资料及地质报告或设计说明书等编写该项目评价报告的"地质概况"。

（4）能根据被评价矿山项目的生产现场资料编写该项目评价报告的"矿山生产工艺系统"。

（5）能根据被评价矿山项目的管理现状编写该项目评价报告的"安全生产管理系统"。

在对金属与非金属矿山进行安全评价时，首先必须掌握被评价矿山项目的详细情况。金属与非金属矿山安全评价报告的"第 2 章　评价项目概述"主要用于描述被评价矿山项目的具体情况。安全现状评价可分为 5 个部分进行描述：企业基本情况、矿区概况、地质概况、矿山生产工艺系统和安全生产管理系统。安全预评价可分为 4 个部分进行描述：建设单位概况、自然环境概况、地质概况和建设方案概况。安全验收评价报告可分为 6 个部分进行描述：建设单位概况、自然环境概况、地质概况、建设概况、施工及监理概况和试运行概况。各类安全评价报告的评价项目概述编写的主要内容见表 2-1。

表 2-1　各类安全评价报告的评价项目概述编写的主要内容

评价类型	评价项目概述编写的主要内容	备　注
安全预评价	建设单位概况 自然环境概况 地质概况 建设方案概况	具体内容参考本书附录 4
安全验收评价	建设单位概况 自然环境概况 地质概况 建设概况 施工及监理概况 试运行概况	具体内容参考本书附录 5

评价类型	评价项目概述编写的主要内容	备　注
安全现状评价	企业基本情况 矿区概况 地质概况 矿山生产工艺系统 安全生产管理系统	见本章 2.1~2.5 节

安全预评价报告的建设项目概述编写的主要内容可参考本书附录 4；安全验收评价报告的建设项目概述编写的主要内容可参考本书附录 5。

2.1　企业基本情况

重点介绍被评价矿山历史沿革、经济类型、隶属关系等基本情况；介绍被评价矿山采矿许可证、营业执照及安全生产许可证的基本信息；介绍矿山近年编制地质报告、矿山设计、安全评价及标准化工作的简况。

2.2　矿　区　概　况

重点介绍被评价矿山的行政区划、交通地理位置、矿区自然地理及经济概况、矿区周边环境等。

2.3　地　质　概　况

分别介绍矿区地质、矿床地质、资源占有情况、矿床开采技术条件等内容：

（1）矿区地质。首先应简要介绍矿区在大地构造中的位置、出露地层、脉岩和区域构造等区域地质情况，再详细介绍矿区地层、地质构造、岩浆岩及变质作用等矿区地质情况。

（2）矿床地质。重点介绍矿体地质特征、矿石质量特征、夹石（层）分布规律及岩性特征、顶底板围岩、矿床共伴生矿产、矿床成因及矿石加工技术性能等。

（3）资源占有情况。重点介绍矿区探明资源（储）量、近年开发资源（储）量及现保有资源（储）量等。

（4）开采技术条件。分别介绍矿床的水文地质、工程地质及环境地质：

1）水文地质：介绍区域水文地质，矿区水文地质类型、水文地质条件及其特征，矿坑涌水量预测等；

2）工程地质：介绍矿区工程地质岩组、岩体结构特征、工程地质特征、工程地质条件复杂程度、可能出现的工程地质问题等；

3）环境地质：介绍矿区地震历史数据及抗震设防烈度、矿区及周边环境、矿区地质灾害情况等。

2.4 矿山生产工艺系统

矿山安全评价开采工艺描述一般按照先总体再局部、先主体工艺再公辅系统的顺序进行详细描述，此部分内容是评价报告第2章的重点。在编写安全现状评价报告或安全验收评价报告时，工艺描述应同时穿插能反映生产现场情况的图片资料；在编写安全预评价报告时可穿插能反映生产系统的设计图纸以及拟建主要设施、场地等的位置图片。安全验收评价报告除了要描述清楚项目建成后的实际情况，还要分析矿山主体工程及安全设施的实际建设情况与初步设计或安全设施设计之间的区别。

2.4.1 露天矿开采工艺系统的描述方法

露天矿山开采工艺系统可分成12个方面进行描述，可根据具体情况进行增减。以非煤露天矿山安全现状评价为例，其生产工艺系统的描述要点如下：

（1）矿山生产概述。重点描述矿山现有生产规模、产品方案、工作制度及施工组织管理方式等内容。

（2）总平面布置及周边环境。总平面布置应描述清矿区总图布置情况，重点介绍露天采场、爆破警界范围、办公室、值班室、生活区、压气站、机修车间、汽修车间、油库、综合仓库、高位水池、排土场以及矿区主干运输公路等布置情况。

周边环境应介绍露天开采可能影响范围及其附近是否有重要建筑、设施等的分布。特别要描述清村庄、其他矿权、铁路、高等级公路、石油天然气输送管道、高压输电线路等重要设施与矿权的方位关系及距离。还必须描述清楚开采区周边是否有国家划定的自然保护区、重要风景区、国家重点保护的不能移动的历史文物和名胜古迹，有无重要城镇、城市等。

（3）露天采场。详细描述各露天采场的境界尺寸、台阶要素、边坡要素、工作面要素。

（4）开拓系统。重点介绍矿床开拓方式、主要开拓工程的布置以及开拓坑线的技术参数。

（5）采剥方法。介绍矿床的采剥方式、采剥顺序、工作线的布置及推进方向、采区的设置情况等。

（6）穿孔爆破工艺。详细介绍露天采场生产（可分剥离和采矿两种情况）所使用的穿孔、爆破工艺，包括穿孔设备型号及台（套）、孔网参数（底盘抵抗线、孔间距、排间距、炮孔倾角、孔深及超深等）、炸药单耗及装药量、爆破器材、起爆网络、爆破施工及安全、盲炮处理等情况。

（7）铲装运输工艺。描述工作面矿岩的铲装设备及铲装工艺、运输设备及运输工艺、工作面调车及入换方式、车铲比、铲装作业安全管理等。

（8）采场排水。介绍采场内、外部的防排水系统及排水方式、排水设备设施、排水能力等。

（9）供水供气。供水系统应重点介绍高位水池位置、高程、容积、供水距离、供水管网、工作面及路面防尘等。

供气系统应介绍压气站位置及建筑结构、压气设备型号及台（套）、供气管网及压气设备安全设施等。

（10）供电。介绍供电电源、用电负荷、供电方案、总降压变电所及配电站、电气设备及安全设施等。

（11）爆破器材库。爆破器材库应重点描述以下 4 个方面的内容：

1）库区位置及周边环境；

2）库房结构，包括库房的组成、各分库及看守室之间的间距、库房照明、通风、采光、防火、防盗及防爆系统；

3）库房内部存放情况；

4）爆破器材的安全管理。

（12）排土。重点介绍排土场位置、排土场容积、年受土量、已排废土石量、排废设备及工艺、排土场堆置要素、防洪排水及防滚石等安全设施。

2.4.2　地下矿开采工艺系统的描述方法

地下矿山开采工艺可分为 12 个方面进行描述，可根据具体情况进行增减。以非煤地下矿山安全现状评价报告为例，其生产工艺系统的描述要点如下：

（1）矿山生产概述。重点描述矿山现有生产规模、产品方案、工作制度及施工组织管理方式等。

（2）总平面布置及周边环境。总平面布置应描述清矿区总图布置情况，重点描述矿山各主要坑口位置及标高、地表移动（塌陷）范围、办公室、值班室、生活区、压气站、机修车间、汽修车间、油库、综合仓库、高位水池、废石场以及矿区主干运输公路等的位置。

周边环境应介绍本矿地下开采可能影响范围及其附近是否有重要设施等的分布。特别要描述清楚村庄、其他矿权、铁路、高等级公路、石油天然气输送管道、高压输电线路等重要设施与矿权的方位关系及距离。还必须描述清楚周边是否有国家划定的自然保护区、重要风景区、国家重点保护的不能移动的历史文物和名胜古迹，有无重要城镇、城市等。

（3）开拓系统。重点介绍矿床开拓方式、主要开拓工程及安全出口、各中段布置情况及中段间联系、主要开拓井巷断面及支护情况、采空区分布及其与主要开拓工程之间的相对位置关系。

（4）井巷掘进与支护。重点介绍井巷掘进的凿岩设备、炮孔布置、装药方法、炸药类型、装药及联线工艺、起爆网络及起爆方式、局部通风、装岩工作；介绍巷道支护材料及支护工艺参数；介绍主要巷道的管缆架设及辅轨情况等。

（5）采矿方法。重点介绍矿山采用的采矿方法及其采场结构参数、采准与切割方法、矿房及矿柱回采工艺和采空区处理、矿床开采顺序等。对于采用充填采矿方法的矿山，还要介绍充填材料、充填料制备及输送、充填系统计量和控制等。采矿方法的回采工艺是重点，应将采场回采凿岩设备、炮孔布置、装药方法、炸药类型、装药及联线工艺、起爆网络及起爆方式、局部通风方法及时间、安全检查、出矿工艺等详细进行描述。

（6）矿井通风。重点介绍矿井通风方式、通风设备及位置、矿井风量和风压、风流风量控制措施、局部通风方式和设备、防尘装置及设施等。

矿井通风方式需重点描述主通风线路及局部通风线路；通风设备应描述主扇型号及台（套）、局扇的型号及台（套）、电机功率等主要技术参数及控制系统；通风构筑物应重点介绍风门、风窗、风墙等构筑物的位置及其控制系统。

（7）提升运输系统。描述矿井的提升系统及各中段运输系统。重点介绍矿石及废石的运输线路、运输设备，人员、材料及设备的运输线路及方式，斜井或竖井提升系统的提升设备、提升系统技术参数、防跑车或防坠安全技术装备及安全技术措施等。

（8）矿井排水系统。介绍矿井涌水量、防排水方案、排水设备型号及台（套）、排水设施和排水管线、防突水预防措施等。

（9）供水供气。供水系统应重点介绍高位水池位置、高程、容积、供水距离、供水管网、工作面及路面防尘等。

供气系统应介绍压气站位置及建筑结构、压气设备型号及台（套）、供气管网及压气设备安全设施等。

（10）供电。重点介绍供电电源、用电负荷、供电方案、总降压变电所及配电站、电气设备及安全设施等。

（11）爆破器材库。爆破器材库应重点描述以下4个方面的内容：

1）库区位置及周边环境；

2）库房结构，包括库房的组成、各分库及看守室之间的间距、库房照明、通风、采光、防火、防盗系统及防爆系统；

3）库房内部存放情况；

4）爆破器材的管理。

（12）废石排放。重点介绍废石场位置、废石场容积、年排废量、已堆放废石量、排废设备及工艺、废石场堆置要素、防洪排水及防滚石等安全设施。

2.5 安全生产管理系统

2.5.1 矿山安全管理系统构成

2.5.1.1 安全生产管理机构

安全生产管理机构指的是生产经营单位专门负责安全生产监督管理的内设机构，其工作人员都是专职安全生产管理人员。其作用是落实国家有关安全生产法律法规，组织生产经营单位内部各种安全检查活动，负责日常安全检查、安全生产教育和培训，及时排查和整改各种事故隐患，监督安全生产责任制的落实等。它是生产经营单位安全生产的重要组织保证。

《安全生产法》第二十一条对生产经营单位安全生产管理机构的设置和安全生产管理人员的配备原则做出了明确规定："矿山、金属冶炼、建筑施工、道路运输单位和危险物品的生产、经营、储存单位，应当设置安全生产管理机构或者配备专职安全生产管理人员。前款规定以外的其他生产经营单位，从业人员超过100人的，应当设置安全生产管理机构或者配备专职安全生产管理人员；从业人员在100人以下的，应当配备专职或者兼职的安全生产管理人员。"因此，矿山企业应按《安全生产法》的要求设置安全生产管理机构或者配备专职安全生产管理人员。

2.5.1.2　安全管理人员

安全管理人员是企业安全管理机构中的专职安全生产管理人员。《安全生产法》第二十四条规定：生产经营单位的主要负责人和安全生产管理人员必须具备与本单位所从事的生产经营活动相应的安全生产知识和管理能力。危险物品的生产、经营、储存单位以及矿山、金属冶炼、建筑施工、道路运输单位的主要负责人和安全生产管理人员，应当由主管的负有安全生产监督管理职责的部门对其安全生产知识和管理能力考核合格。矿山企业应当有注册安全工程师从事安全生产管理工作。

《国家安全监管总局关于加强金属非金属矿山安全基础管理的指导意见》（安监总管一〔2007〕214 号）规定：地下矿山专职安全管理人员不少于 3 人，露天矿山不少于 2 人，小型露天采石场不少于 1 人。矿山每班必须确保都有专职安全检查人员。

安全生产管理人员应当恪尽职守，依法履行以下职责：（1）组织或者参与拟订本单位安全生产规章制度、操作规程和生产安全事故应急救援预案。（2）组织或者参与本单位安全生产教育和培训，如实记录安全生产教育和培训情况。（3）督促落实本单位重大危险源的安全管理措施。（4）组织或者参与本单位应急救援演练。（5）检查本单位的安全生产状况，及时排查生产安全事故隐患，提出改进安全生产管理的建议。（6）制止和纠正违章指挥、强令冒险作业、违反操作规程的行为。（7）督促落实本单位安全生产整改措施。

2.5.1.3　安全生产责任制

安全生产责任制是按照"安全第一，预防为主，综合治理"的安全生产方针和"管生产同时必须管安全"的原则，将各级负责人员、各职能部门及其工作人员和各岗位生产人员在安全生产方面应做的事情和应负的责任加以明确规定的一种制度。它是生产经营单位岗位责任制和经济责任制度的重要组成部分，是生产经营单位各项安全生产规章制度的核心，同时也是生产经营单位最基本的安全管理制度。制定安全生产责任制，是我国安全生产方针和有关安全生产法规及政策的具体要求。《矿山安全法》第二十条规定："矿山企业必须建立、健全安全生产责任制。"对预防事故和减少损失、进行事故调查和处理、建立和谐社会等均具有重要作用。

建立安全生产责任制，一方面是增强生产经营单位各级负责人员、各职能部门及其工作人员和各岗位生产人员对安全生产的责任感。《安全生产法》第十九条规定：生产经营单位应当建立相应的机制，加强对安全生产责任制落实情况的监督考核，保证安全生产责任制的落实；另一方面建立安全生产责任制明确生产经营单位中各级负责人员、各职能部门及其工作人员和各岗位生产人员在安全生产中应履行的职责和应承担的责任，以充分调动各级人员和各部门在安全生产方面的积极性和主观能动性，确保安全生产。

《非煤矿矿山企业安全生产许可证实施办法》（国家安全生产监督管理总局令 20 号）第六条规定：非煤矿矿山企业取得安全生产许可证，应建立健全主要负责人、分管负责人、安全生产管理人员、职能部门、岗位安全生产责任制。

建立一个完善的安全生产责任制的总要求是：横向到边、纵向到底，并由生产经营单位的主要负责人组织建立。

纵向方面，即从上到下所有类型人员的安全生产职责。在建立责任制时，可首先将本单位从主要负责人一直到岗位工人分成相应的层级；然后结合本单位的实际工作，对不同层级的人员在安全生产中应承担的职责做出规定。在纵向方面至少应包括下列几类人员：(1) 生产经营单位主要负责人。(2) 生产经营单位其他负责人。(3) 生产经营单位各职能部门负责人及其工作人员。(4) 班组长。(5) 岗位工人。

横向方面，即各职能部门（包括党、政、工、团）的安全生产职责。在建立责任制时，可按照本单位职能部门的设置（如安全、设备、计划、技术、生产、基建、人事、财务、设计、档案、培训、党办、宣传、工会、团委等部门），分别对其在安全生产中应承担的职责做出规定。

综上所述，矿山企业最少应建立：矿长岗位责任制、分管安全生产副矿长及安全科科长岗位责任制、各生产班组长岗位责任制、各工种从业人员（如凿岩工、爆破工、放矿工、运输工、通风工、爆破器材库管员等）岗位责任制。

2.5.1.4 安全生产管理制度

为了加强安全生产管理，明确安全生产责任，防止和减少生产安全事故，保障员工和企业财产安全。企业必须遵守《安全生产法》和其他有关安全生产的法律、法规，加强安全生产管理，建立、健全安全生产责任制和安全生产规章制度，改善安全生产条件，推进安全生产标准化建设，提高安全生产水平，确保安全生产。

《非煤矿矿山企业安全生产许可证实施办法》（国家安全生产监督管理总局令20号）第六条规定：非煤矿矿山企业取得安全生产许可证，应当制定安全检查制度、职业危害预防制度、安全教育培训制度、生产安全事故管理制度、重大危险源监控和重大隐患整改制度、设备安全管理制度、安全生产档案管理制度、安全生产奖惩制度等规章制度。

针对金属非金属矿山企业，《国家安全监管总局关于加强金属非金属矿山安全基础管理的指导意见》（安监总管一〔2007〕214号）规定：应重点健全和完善14项安全管理制度：(1) 安全生产责任制度。(2) 安全目标管理制度。(3) 安全例会制度。(4) 安全检查制度。(5) 安全教育培训制度。(6) 设备管理制度。(7) 危险源管理制度。(8) 事故隐患排查与整改制度。(9) 安全技术措施审批制度。(10) 劳动防护用品管理制度。(11) 事故管理制度。(12) 应急管理制度。(13) 安全奖惩制度。(14) 安全生产档案管理制度等。

2.5.1.5 安全生产管理档案

企业应制定有安全生产档案管理制度，并按制度要求制定相应的管理档案，如安全教育培训档案、安全奖惩档案、事故隐患及整改记录档案、安全生产会议记录、安全检查记录、特种设备安全技术档案、设备设施检查记录、劳动防护用品发放记录等。

2.5.1.6 作业安全规程和各工种操作规程

《非煤矿矿山企业安全生产许可证实施办法》（国家安全生产监督管理总局令20号）

第六条规定：非煤矿矿山企业取得安全生产许可证，应当制定作业安全规程和各工种操作规程。

露天矿山应根据实际生产情况制定穿孔、爆破、铲装、运输、排土、供排水、压气、供电等作业安全规程以及对应的各工程安全操作规程；地下矿山应根据实际生产情况制定凿岩、爆破、装岩、放矿、支护、架线、提升运输、顶板管理、通风、排废、供水、排水、压气、供电、爆破器材运输及储存管理等作业安全规程以及对应的各工程安全操作规程。

2.5.1.7　安全生产安全教育培训

《安全生产法》第二十四条规定："生产经营单位的主要负责人和安全生产管理人员必须具备与本单位所从事的生产经营活动相应的安全生产知识和管理能力。危险物品的生产、经营、储存单位以及矿山、金属冶炼、建筑施工、道路运输单位的主要负责人和安全生产管理人员，应当由主管的负有安全生产监督管理职责的部门对其安全生产知识和管理能力考核合格。危险物品的生产、储存单位以及矿山、金属冶炼单位应当有注册安全工程师从事安全生产管理工作。"第二十五条规定："生产经营单位应当对从业人员进行安全生产教育和培训，保证从业人员具备必要的安全生产知识，熟悉有关的安全生产规章制度和安全操作规程，掌握本岗位的安全操作技能，了解事故应急处理措施，知悉自身在安全生产方面的权利和义务。未经安全生产教育和培训合格的从业人员，不得上岗作业。"第二十六条规定："生产经营单位采用新工艺、新技术、新材料或者使用新设备，必须了解、掌握其安全技术特性，采取有效的安全防护措施，并对从业人员进行专门的安全生产教育和培训。"第二十七条规定："生产经营单位的特种作业人员必须按照国家有关规定经专门的安全作业培训，取得相应资格，方可上岗作业。"

《生产经营单位安全培训规定》（国家安全生产监督管理总局令3号）第四条规定："生产经营单位应当进行安全培训的从业人员包括主要负责人、安全生产管理人员、特种作业人员和其他从业人员。"根据安监管人字〔2004〕123号文规定，各级领导、安全管理和职能部门人员必须经过培训、考核、取得资格证后，方能履行安全管理职能；生产作业人员需经"三级"安全教育、岗前培训后方可上岗作业。未经安全生产教育和培训合格的从业人员，不得上岗作业。

根据《生产经营单位安全培训规定》要求提出安全教育培训对象和内容如下：

（1）对新从业人员，应进行厂、车间、班组三级安全生产教育培训：

1）厂级安全生产教育培训内容主要是：本单位安全生产情况及安全生产基本知识；本单位安全生产规章制度和劳动纪律；从业人员安全生产权利和义务；有关事故案例等。

2）车间级安全生产教育培训内容主要是：本车间作业场所和工作岗位存在的危险因素；安全生产状况和规章制度；所从事工种的安全职责、操作技能及强制性标准；所从事工种可能遭受的职业伤害和伤亡事故；防范措施及事故应急措施、安全设备设施、个人防护用品的使用和维护；自救互救、急救方法、疏散和现场紧急情况的处理；事故案例；其他需要培训的内容等。

3）班组级安全生产教育培训内容主要是：岗位安全操作规程；岗位之间工作衔接配合的安全与职业卫生事项；有关事故案例等。

（2）人员培训时间：

1）生产经营单位新上岗的从业人员，岗前安全培训时间不得少于24学时。煤矿、非煤矿山、危险化学品、烟花爆竹、金属冶炼等生产经营单位新上岗的从业人员安全培训时间不得少于72学时，每年再培训的时间不得少于20学时。

2）调整工作岗位或离岗一年以上重新上岗的从业人员、从业人员调整工作岗位或离岗一年以上重新上岗时，应进行相应的车间级（工段、区、队）和班组级的安全培训。

3）实施新工艺、新技术或使用新设备、新材料时应对从业人员进行有针对性的安全生产教育培训。

要确立终身教育的观念和全员培训的目标，对在岗的从业人员应进行经常性的安全生产教育培训，其内容主要是：安全生产新知识、新技术；安全生产法律法规；作业场所和工作岗位存在的危险因素、防范措施及事故应急措施事故案例等。

根据以上要求：非煤矿山矿长需持矿长资格证上岗；主管安全生产的副矿长或安全生产科科长需持安全生产管理人员资格证上岗；安全员需持安全员证上岗；特种作业人员，如爆破工、通风工、电工、焊工、企业机动车辆驾驶员、起重机司机、尾矿库工等需持特种作业证上岗。

2.5.1.8 安全生产资金投入

企业应建立安全生产投入长效机制，加强安全生产费用管理，保障企业安全生产资金投入，维护企业、职工以及社会公共利益。《安全生产法》第二十条规定："生产经营单位应当具备的安全生产条件所必需的资金投入，由生产经营单位的决策机构、主要负责人或者个人经营的投资人予以保证，并对由于安全生产所必需的资金投入不足导致的后果承担责任。有关生产经营单位应当按照规定提取和使用安全生产费用，专门用于改善安全生产条件。"

其中安全生产费用是指企业按照规定标准提取在成本中列支，专门用于完善和改进企业或者项目安全生产条件的资金。《安全生产法》第四十四条规定："生产经营单位应当安排用于配备劳动防护用品、进行安全生产培训的经费。"第四十八条规定："生产经营单位必须依法参加工伤保险，为从业人员缴纳保险费。"

安全生产费用按照"企业提取、政府监管、确保需要、规范使用"的原则进行管理。非煤矿山依据开采的原矿产量按月提取。各类矿山原矿单位产量安全费用提取标准如下：

（1）石油，每吨原油17元。

（2）天然气、煤层气（地面开采），每千立方米原气5元。

（3）金属矿山，其中露天矿山每吨5元，地下矿山每吨10元。

（4）核工业矿山，每吨25元。

（5）非金属矿山，其中露天矿山每吨2元，地下矿山每吨4元。

（6）小型露天采石场，即年采剥总量50万吨以下，且最大开采高度不超过50m，产品用于建筑、铺路的山坡型露天采石场，每吨1元。

2.5.1.9 事故应急救援预案

应急救援预案是指针对可能发生的事故，为迅速、有序地开展应急行动而预先制定的行动方案。《安全生产法》第七十八条规定："生产经营单位应当制定本单位生产安全事故应急救援预案，与所在地县级以上地方人民政府组织制定的生产安全事故应急救援预案相衔接，并定期组织演练。"危险物品的生产、经营、储存单位以及矿山、金属冶炼、城市轨道交通运营、建筑施工单位应当建立应急救援组织；生产经营规模较小的，可以不建立应急救援组织，但应当指定兼职的应急救援人员。危险物品的生产、经营、储存、运输单位以及矿山、金属冶炼、城市轨道交通运营、建筑施工单位应当配备必要的应急救援器材、设备和物资，并进行经常性维护、保养，保证正常运转。

生产经营单位应当制定本单位的应急预案演练计划，根据本单位的事故预防重点，每年至少组织一次综合应急预案演练或者专项应急预案演练，每半年至少组织一次现场处置方案演练。应急预案演练结束后，应急预案演练组织单位应当对应急预案演练效果进行评估，撰写应急预案演练评估报告，分析存在的问题，并对应急预案提出修订意见。生产经营单位制定的应急预案应当至少每三年修订一次，预案修订情况应有记录并归档。

2.5.1.10　职业危害防范和个体劳动防护

根据《职业病防治法》第十八条规定："建设项目的职业病防护设施所需费用应当纳入建设项目工程预算，并与主体工程同时设计，同时施工，同时投入生产和使用。职业病危害严重的建设项目的防护设施设计，应当经安全生产监督管理部门审查，符合国家职业卫生标准和卫生要求的，方可施工。"

《劳动法》第六章第五十三条明确要求："劳动安全卫生设施必须符合国家规定的标准。新建、改建、扩建工程的劳动安全卫生设施必须与主体工程同时设计、同时施工、同时投入生产和使用。"

《安全生产许可证条例》第六条及《非煤矿矿山企业安全生产许可证实施办法》第六条均规定，企业取得安全生产许可证，应当"有职业危害防治措施，并为从业人员配备符合国家标准或者行业标准的劳动防护用品。"

《安全生产法》第四十二条规定："生产经营单位必须为从业人员提供符合国家标准或者行业标准的劳动防护用品，并监督、教育从业人员按照使用规则佩戴、使用。"《中华人民共和国矿山安全法》第二十八条规定："矿山企业必须向职工发放保障安全生产所需的劳动防护用品。"

2.5.1.11　安全警示标志

安全警示标志的作用是警示，在有危险因素的生产经营场所和有关设施、设备上，设置安全警示标志，提醒从业人员注意危险，防止事故发生。

《安全生产法》第三十二条规定："生产经营单位应当在有较大危险因素的生产经营场所和有关设施、设备上，设置明显的安全警示标志。"

根据《安全标志及其使用导则》（GB 2894—2008），企业应在机械设备、供配电设施、废石场、井口、爆破器材库、地表移动范围、油库等危险场所设置安全警示、标示牌。

2.5.2　矿山安全管理系统描述

在编写非煤矿山安全评价报告时，安全生产管理系统主要从以下12个方面逐一描述：

（1）安全生产管理机构。介绍矿山是否按安全生产相关法律法规要求建立了安全生产管理机构或配备了专职安全生产管理人员。若设置有安全生产管理机构，则需进一步介绍机构设置时间、机构组成、各级管理人员姓名及主要职务等。

（2）人员资质。介绍企业负责人、安全生产负责人、安全员、特种作业人员及其持证情况。

（3）安全生产岗位职责。介绍矿长岗位责任制、分管安全生产副矿长或安全科科长岗位责任制、各生产班组长岗位责任制、各工种从业人员（如凿岩工、爆破工、放矿工、运输工、通风工、爆破器材库管员等）岗位责任制的制定情况。

（4）安全生产管理制度。介绍矿山企业是否制定了安全检查制度、职业危害预防制度、安全教育培训制度、生产安全事故管理制度、重大危险源监控和重大隐患整改制度、设备安全管理制度、安全生产档案管理制度及安全生产奖惩制度等规章制度。

（5）作业操作规程。露天矿山介绍是否制定了穿孔、爆破、铲装、运输、排土、供排水、压气、供电等作业安全规程以及对应的各工程安全操作规程；地下矿山介绍是否制定了凿岩、爆破、装岩、放矿、支护、架线、提升运输、顶板管理、通风、排废、供水、排水、压气、供电、爆破器材运输及储存管理等作业安全规程以及对应的各工程安全操作规程。

（6）安全生产管理档案。介绍企业是否有安全生产管理档案制度，是否有相应的安全生产管理档案，如安全例会记录、安全检查记录等。

（7）安全生产管理资金投入。介绍企业在安全生产方面的资金投入情况，如：用于配备劳动防护用品的经费；对企业职工及管理人员进行安全生产培训的经费；为从业人员缴纳工伤社会保险的费用；安全设施设计费用；安全设施、设备按时更新（换）、技术改造的费用；应急救援制作及演练费用；缴纳安全生产风险抵押金等。

（8）安全生产教育培训。介绍企业各层管理人员、生产工人、特种作业人员等的安全生产教育培训情况。

（9）职业危害防范和个体劳动防护。介绍企业是否制定了职业危害防范制度，是否有按规定对从业人员进行职业健康检查、配备并监督从业人员佩戴劳动防护用品等。

（10）安全警示、标志。介绍企业是否按《安全生产法》的要求在有较大危险因素的生产经营场所和有关设施、设备上设置明显的安全警示标志，如机械设备、供配电设施、废石场、井口、爆破器材库、地表移动范围、油库等危险场所设置安全警示、标示牌。

（11）日常安全管理。介绍企业日常安全生产管理工作的执行情况、各种安全生产责任制、规章制度的落实情况等。

（12）事故应急救援。介绍企业是否针对主要危险因素制作了事故应急救援预案，预案是否备案并定期演练，现有救援力量，与附近其他救援队之间签订的救援服务协议等。

2.6　实　例

例 2-1　《大理白族自治州弥渡二郎矿业有限公司二郎铜矿安全现状评价报告》第2章

第 2 章　评价项目概述

2.1　企业基本情况

大理白族自治州弥渡二郎矿业有限公司成立于 2009 年 4 月，企业性质为股份有限责任公司，注册资金壹千万元。企业以矿产勘查、铜矿采选为主要经营业务，下有弥渡二郎铜矿一家地下矿山。企业所取的合法证照如下：

（1）企业营业执照。

企业名称：大理白族自治州弥渡二郎矿业有限公司

注　册　号：532925100000926

住　　　所：弥渡县密祉乡石麟村委会罗自莫山

法定代表人：＊＊＊

经营范围：矿山勘察，铜矿采选。（以上经营范围中涉及国家法律，行政法规规定的专项审批，按审批的项目和时限开展经营活动）＊＊＊

发证机关：大理白族自治州弥渡县工商行政管理局

（2）采矿许可证。

采矿许可证证号：c5300002010023120056692

采矿权人：大理白族自治州弥渡二郎矿业有限公司

地　　　址：弥渡县密祉乡石麟村委会罗自莫山

矿山名称：大理白族自治州弥渡二郎矿业有限公司二郎铜矿

经济类型：有限责任公司

开采矿种：铜矿

开采方式：地下开采

生产规模：3 万吨/年

矿区面积：0.12km²

有效期限：自 2010 年 2 月 23 日～2023 年 2 月 23 日

发证机关：云南省国土资源厅

开采深度：1980～1800m

矿区范围拐点坐标见例表 2-1。

例表 2-1　矿区范围坐标表

拐点号	坐　标		开采标高	面积
	X	Y		
矿 1	2781650.00	34356150.00	开采标高	面积
矿 2	2781650.00	34356450.00	（1980～1800m）	（0.12km²）
矿 3	2782050.00	34356450.00		
矿 4	2782050.00	34356150.00		

（3）安全生产许可证。

证　　　号：（大）FM安许证字【2012】29号

单位名称：大理白族自治州弥渡二郎矿业有限公司二郎铜矿

发证机关：大理白族自治州安全生产监督管理局

有 效 期：2012年12月5日至2015年12月4日

二郎铜矿于2013年12月由＊＊＊＊（报告编制单位）编制了《大理白族自治州弥渡二郎矿业有限公司二郎铜矿资源储量核实报告》；于2014年3月由＊＊＊＊（报告编制单位）编制了《大理白族自治州弥渡二郎矿业有限公司二郎铜矿安全设施设计》。2015年10月矿山自行对矿山采掘工程进行了实测。

2.2　矿　区　概　况

2.2.1　矿区交通位置

大理白族自治州弥渡二郎矿业有限公司二郎铜矿位于弥渡县城161°方向，平距约22km，行政区划属弥渡县密祉乡。矿区由4个拐点坐标圈定，面积0.12km²，开采标高1980～1800m。

昆明–临沧公路穿过矿区南部，于昆–临公路主道的苴力南2km处有支线直达二郎铜矿。矿区向北至下关市公路里程91km，向东至昆明公路里程387km。至广通–大理铁路弥渡站仅32km，交通较为方便（见例图2-1）。

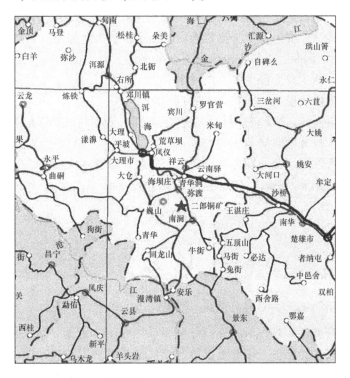

例图2-1　矿区交通位置图

2.2.2　矿区自然地理及经济概况

矿区地处二郎山北段，属中高山侵蚀、溶蚀地貌。地势北高南低，最高处为二郎山山脊，海拔 2053.3m；最低点为二郎大箐，海拔 1750m，相对高差 303.3m。矿区范围内海拔 1977~1826m，相对高差 151m。

矿区地处北回归线以北，属亚热带高原季风气候，干湿季节分明，全年无霜冻期，平均全年日照 1613.1 小时，最高温度 32℃，月最高气温 22.4℃，月最低气温 9.7℃，平均 17.6℃。平均年风速达 2.0m/s，最大风速 3.0m/s。年最大降水量 1368.4mm，最小 901.7mm，平均年降水量 1043.3mm，年最大蒸发量 1465.8mm，最小 1223.6mm，平均 1345.1mm，年平均相对湿度 86%。蒸发量明显超过降雨量。1~5 月份为枯水期，6~10 月份为丰水期，11~12 月份为平水期，丰水期占年降水量的 70% 左右。主要山脉、水系走向近东西向，主要河流为二郎河，由东往西流经矿区西侧汇入南涧坝子，宏观上属红河水系。矿区南侧的二郎河，流量达 130~460m³/s。

矿区周边居住有汉族，少量彝族和白族。经济以农业为主，主要农作物为玉米，次为稻谷、薯、豆类。经济作物有橡胶、香蕉、菠萝等，自然经济条件较为落后。

2.3　地　质　概　况

2.3.1　区域地质

二郎铜矿区处于洱海-红河断裂带与兰坪-思茅拗陷带接触部位之兰坪-思茅拗陷带东界边缘。大地构造位置上，位于滇西板块与扬子板块接合部位。

区域上洱海-红河断裂以东主要出露三叠系上统罗家大山组砂、页岩，云南驿组页岩夹砂岩；断裂以西主要为侏罗系、白垩系中生代红层，山间盆地中有少量第三系和第四系砂砾岩与松散堆积层。

构造严格受洱海-红河断裂控制，无论地层走向，断裂及褶皱轴向，都基本与区域性断裂方向一致，呈北西向展布。

岩浆活动以海西期、燕山期为主，次为喜山期。岩浆岩从基性到酸性、碱性岩均有出露，以喜山期岩浆岩（$\xi\pi_6$）较为重要，与 Cu、Mo、Au、Ag、Pb、Zn 等矿产关系密切。

2.3.2　矿区地质

2.3.2.1　地层

矿区出露地层简单，主要为白垩系下统南新组下段（K_1n^1）。

白垩系下统南新组下段（K_1n^1）：分布于矿区中部，为铜矿赋矿层位，厚 1041m。上部为紫色厚层状细粒砂岩、泥岩夹砾岩；中部紫色厚层至块状中粗粒砂岩、粉砂岩、泥岩夹灰白色砾岩、长石石英砂岩透镜体，二郎铜矿即定位其中；下部紫色厚层状至块状砾岩夹砂岩及泥岩。本段砾岩中砾石成分复杂，主要有脉石英、燧石、砂泥岩岩屑及板岩、片岩岩屑等，砾径一般 $1\sim5cm$，最大可达 $10cm$，磨圆度较好，胶结物为砂、泥质。这表明，该区有来自古陆的远源物质，也有原地或邻近的近源物质，二者快速堆积，形成厚大的砾岩层。该砾岩层又包含 Cg_2、Cg_1、Ss_2、Ss_1 等 4 个夹层。Cg_2 为浅色复矿砾岩，走向长 $400m$，出露宽度 $15\sim20m$。Cg_1 为紫色复矿砾岩，走向长 $1000m$，出露宽度 $150\sim200m$。Ss_2 为浅色细砂岩，走向上沿长 $100m$，出露宽度 $15\sim25m$。Ss_1 为紫色砂岩，走向上沿长 $300m$，出露宽度 $15\sim30m$。

2.3.2.2　构造

矿区位于马龙塘向斜南段，构造比较简单，矿区及附近主要有北东向、北西向两组断裂构造，现分述如下：

（1）北东向构造主要有 F_5 断裂。位于二郎矿段，长 $0.4km$，破碎带宽 $10m$，为后期平移断裂，错断矿体、地层，断距 $60\sim70m$。

（2）北西向构造主要有龙马塘向斜及 F_4 断裂构造。矿区位于龙马塘向斜南段。向斜轴向北北西向，东翼断失，呈单斜构造层，核部为白垩纪地层，翼部为侏罗纪地层。西翼东倾，岩层产状陡，局部发生倒转。矿化集中于核部白垩系单斜构造层内。F_4 断裂规模较小，长约 $0.5\sim0.6km$，为后期小断裂，主要错移和错失地层。

从以上构造情况来看，该区构造简单，与成矿关系不大。

2.3.2.3　岩浆岩及变质作用

矿区内未见岩浆岩出露。矿区变质作用微弱，变质程度不高。

2.3.3　矿床地质特征

2.3.3.1　矿体特征

二郎铜矿矿区内有三个矿体，均产于南新组下段浅色砾岩、砂岩中，区内浅色砾岩、砂岩含铜普遍较高，一般达 $0.1\%\sim0.5\%$，矿化与层位及岩性有明显的依存关系。矿体总体规模较小，为小而富的矿床。矿体特征如下：

（1）号矿体：地表分布于 $5\sim8$ 线，分布标高 $1975\sim1818m$，由 5 条探槽、11 个坑道和 2 个钻孔控制，长度 $300m$，延深约 $110m$。矿体呈似层状产出，与围岩产状基本一致。单工程厚度最大 $11.50m$，最小 $0.8m$，平均厚 $3.20m$。铜品位（质量分数）最高 4.68%，最低 0.66%，平均品位 Cu 1.47%。矿体在 $0\sim2$ 线间被 F_5 断层错切，东盘上升，西盘下降，相对错位 $70m$ 左右。根据剖面分析，矿体倾角在 $70°\sim80°$，属急倾斜薄至中厚矿体。

（2）号矿体：与（1）号矿体基本平行，位于（1）号矿体东侧。地表分布于 $1\sim2$ 线，有 1 条探槽控制，2 个坑道和 1 个钻孔控制，出露长约 $70m$，分布标高 $1932\sim1763m$，延深约 $160m$。矿体呈透镜状产出，与围岩产状基本一致，在 0 号勘探线与 2 号

勘探线间被 F_5 错切，断层西盘矿体仅有一个平硐控制。矿体平均厚 1.52m，平均品位 Cu 0.82%。根据剖面分析，矿体倾角在 70°~80°，属急倾斜薄矿体。

（3）号矿体：与（1）号矿体基本平行，位于（1）号矿体西侧。地表未出露，有 4 个坑道、1 个钻孔工程控制，长 105m，延深约 85m。呈透镜状产出，与围岩产状基本一致，在 0 号勘探线与 2 号勘探线间被 F_5 断层错切，断层东盘未发现矿体。矿体平均厚 1.49m，平均品位 Cu 0.79%。根据剖面分析，矿体倾角在 70°~80°，属急倾斜薄矿体。

2.3.3.2 矿石质量特征

矿石物质组成：二郎铜矿主要矿石矿物有硫化矿和氧化矿两大类，核实范围以硫化矿为主。按含矿岩石可分为复矿砾岩铜矿石和砂岩铜矿石两种。矿石矿物以辉铜矿、黄铜矿为主，另有方铅矿、黄铁矿、孔雀石、蓝铜矿等，主要脉石矿物有石英、方解石及少量长石等。

矿石结构、构造：矿石结构主要有砾状结构、砂状结构，主要构造有块状构造、砾状构造；总体看来，金属硫化物多呈星点状、粒状及细粒集合体、细脉状分布于砾岩胶结物中，而金属氧化物如孔雀石等则呈斑点状、薄膜状及细脉状分布于砾岩及胶结物中而形成上述组构。

矿石化学成分：矿区的矿石类型可分为复矿砾岩铜矿石和砂岩铜矿石两种，其化学成分及光谱分析结果见例表 2-2、例表 2-3。从矿石的化学分析和光谱分析情况及选矿试验证明，二郎铜矿主要有用组分为 Cu，伴生有益组分有 Ag、Au、Pb、Zn、Co、U 等，但有经济价值并能综合利用的只有 Ag，与铜呈正相关关系。

例表 2-2 矿石分析结果表

名称	SiO_2 $\times 10^{-2}$	Al_2O_3 $\times 10^{-2}$	CaO $\times 10^{-2}$	MgO $\times 10^{-2}$	Fe_2O_3 $\times 10^{-2}$	Cu $\times 10^{-2}$	Mn $\times 10^{-2}$	Pb $\times 10^{-2}$	Zn $\times 10^{-2}$	Ag $\times 10^{-6}$	Au $\times 10^{-6}$
含量	73.35	8.11	2.97	1.66	1.47	1.88	0.057	0.045	0.034	47.47	<0.01

例表 2-3 矿石光谱分析结果表

Pb $\times 10^{-2}$	Zn $\times 10^{-2}$	Co $\times 10^{-2}$	Mn $\times 10^{-2}$	As $\times 10^{-2}$	U $\times 10^{-2}$	Ag $\times 10^{-6}$
0.01~<5	0.01~0.2	0.01~0.35	0~0.01	0.01~0.8	0.001~0.4	10~100

矿石类型：

（1）自然类型：矿体浅部为氧化矿石，中深部以硫化矿石为主，储量核实工作中未划出氧化带、混合带及硫化带的相对位置。

（2）工业类型：按有用矿物赋存的岩石条件可分为复矿砾岩铜矿石和砂岩铜矿石两种类型。

2.3.3.3 矿体围岩

矿体赋存于浅色砂、砾岩中，围岩岩性与含矿体岩体相同，矿体与浅色砾岩、砂岩等围岩无明显界线，呈渐变过渡关系，而与紫色砾岩、砂岩等界线清楚，由此看来，矿体与围岩在岩石性质、矿物成分、化学成分及有用元素含量等方面是不相同的。

2.3.3.4　矿床共伴生矿产

二郎铜矿床除主要元素铜外，伴生可综合利用的矿产仅有银。经过选矿试验，在产出的铜精矿中，银的品位为 $453.97×10^{-6}$，回收率达 82.79%，可以综合利用。

2.3.3.5　矿床成因

二郎铜矿床为沉积改造矿床较宜，归属于砂岩型铜矿。矿区内见有卤水成矿的一些标志。

2.3.3.6　矿石加工技术性能

该矿浅部以氧化矿为主，2008 年 10 月，矿山委托牟定铜矿选厂进行小型浮选试验。入选品位铜 1.87%、银 47.47g/t。获得产率 6.75%，含铜 20.71%，银 $453.97×10^{-6}$，回收率铜 73.92%，银 62.79%。尾矿含铜 0.529%、银 19.47g/t。认为矿区矿石选矿性能较好。另据矿山近年来采出的少量矿石运至附近选厂进行试生产结果表明，本区矿石的加工技术性能较好。

2.3.4　矿床开采技术条件

2.3.4.1　水文地质

A　地表水文特征

矿床处于二郎河与二郎箐的分水岭地带，属红河上游支流水系，当地侵蚀基准面以二郎箐为基准面，标高 1750m。矿区地势北高南低，山沟发育，地形有利于地表水和地下水的排泄。矿区探获的铜矿资源储量主要分布在 1763m 标高以上，高于当地侵蚀基准面。

矿区属亚热带高原季风气候，平均年降水量 1043.3mm，平均年蒸发量 1345.1mm，年平均相对湿度 86%。

矿区地表无大的水体，区内水系发育，主要有二郎河。二郎河位于矿区南侧，距离为 0.2km，由东向西流，水流量较小，对矿床充水无影响。

B　隔、含水层

矿区出露地层主要为白垩系下统南新组下段（K_1n^1）及白垩系下统景星组（K_1j），地下水类型主要为碎屑岩裂隙水。白垩系下统南新组下段（K_1n^1）为中厚层状砂岩、砾岩夹粉砂岩、泥岩，砂岩、砾岩为硅质、钙泥质充填式和孔隙式胶结，岩石坚硬，节理裂隙发育，面裂隙率一般 2%~5%，常见泉水流量为 0.22~1.00L/s，地下径流模数个别大于 $1L/(s·km)^2$。白垩系下统景星组下段（K_1j^1）主要为紫红、灰白色厚层状细粒石英砂岩夹粉砂岩及泥岩，岩相变化大，局部呈互层状，岩石裂隙率一般 0.3%~1.0%，泉水流量一般 0.1~1.0L/s，地下径流模数一般 0.54~1.0L/$(s·km)^2$。

C　构造富水性

矿区含水层为白垩系下统南新组下段（K_1n^1），岩石结构致密，含水性弱，矿区施工的探矿槽中，无集水、涌水现象，说明岩层和岩体富水性微弱。

矿区内褶皱和断裂构造不够发育，仅有较大的裂隙向北陡倾，且被岩（脉）所充填，富水性差。

D　地表水对矿床充水影响

矿区地表无大的水体，而大气降水又迅速被地表径流所排泄，地表残坡积风化层厚度小，虽含水性较好，尚不会影响矿床充水，因而地表水对矿床充水基本无影响。

E　矿床充水因素

该矿床充水水源主要来自于大气降水和极少量的地下水。由于该区地层和含矿层顶底板富水性均极微弱，可视为隔水层，第四系含水层无法对矿床充水，且矿床分布的斜坡地形地带，大气降水因坡度大主要形成地表径流，仅少量补给地下水。

矿床水文地质条件简单，对井下开采无较大影响。

2.3.4.2　工程地质

二郎铜矿区工程地质岩组为以砂岩、砾岩为主的坚硬岩组，岩性以中—厚层状中—粗粒长石石英砂岩、石英砂岩、含砂砾岩为主，夹少量泥岩及粉砂岩，呈条带状分布。砂岩为钙质、硅质及铁泥质接触式和孔隙式胶结。岩石坚硬，裂隙发育。钙质长石石英砂岩极限抗压强度（湿）为 $418.48 \sim 724.82 kg/cm^2$，软化系数 0.49，坚固系数 $5 \sim 6$；钙质砂岩极限抗压强度（湿）为 $85.03 \sim 152.65MPa$，软化系数 $0.75 \sim 0.89$，坚固系数 $5 \sim 6$；砂岩极限抗压强度（湿）为 $6.69 \sim 21.59MPa$，坚固系数 $3 \sim 4$。据现有坑道揭露矿岩情况看，二郎铜矿开采范围内岩石较稳固，地下开采中不易垮塌，可保证施工安全。

综上所述，矿床工程地质条件为层状岩类为主的简单类型。

2.3.4.3　环境地质

矿区处于抗震设防烈度 8 度区，地震动峰值加速度值为 0.20g，属区域较不稳定区。

矿区内地质构造简单，矿体围岩坚硬，未发生过泥石流、滑坡、崩塌等不良物理地质现象。

矿区采用地下开采，对地表植被的破坏较小，但平硐施工中采出的废渣较多，应当在开采过程中切实做好废渣处理工作，避免雨季时发生泥石流。

自矿山开始建设以来，采矿工程施工过程中不曾诱发滑坡、泥石流等地质灾害问题。

矿区山高坡陡，风化作用较强，岩石风化裂隙较发育，岩层属坚硬层状岩类为主，采矿活动过程中不易引发塌方，采空区不易导致地面塌陷；地表开挖边坡会引起滑坡，矿渣随意堆积会诱发泥石流等，从而对下游农田及居民造成一定危害。

矿区地质环境质量中等。

2.3.5 资源储量

依据《云南省弥渡县二郎铜矿资源储量核实报告》，截至2013年12月31日，矿区保有122b+333类工业矿石量19.85万吨，铜金属量2848t，平均铜品位1.43%，其中122b类铜矿石量8.88万吨，金属量1315t，平均品位1.48%；333类铜矿石量10.97万吨，金属量1533t，平均品位1.40%。伴生333类银9.18t，平均品位46.24g/t，详见例表2-4。

根据矿山近年开采情况，2013年底至今矿山累计采掉矿石量约5万~6万吨，现实际保有矿石量约14万吨。

例表2-4 二郎铜矿资源储量核实汇总表

分类编码	矿石量/万吨	金属量/t	品位/%
122b	8.88	1315	1.48
333	10.97	1533	1.40
合计	19.85	2848	1.43

截至2013年12月31日。

2.4 矿山生产工艺现状

2.4.1 矿山生产概述

二郎铜矿为一生产矿山，根据以往生产统计数据显示，矿山生产规模为3万吨/年。矿山现保有矿石资源储量约为14万吨，预计服务年限4~5年。二郎铜矿产品方案为原矿。坑内开采年工作日300天，每天2班，每班8小时。

目前1930m中段已经采空，1880m中段正在进行采准切割等回采准备工作，1830m、1800m中段正在进行开拓。

矿山现实际使用的采矿方法为浅孔留矿法，采场高50m，走向长50m，分段高10m。

2.4.2 矿区总平面布置及周边环境

矿区位于弥渡县密祉乡石麟村委会罗自莫山的山南侧半山腰上，矿区内北东高南西低。矿区由4个拐点圈定，呈一长方形，南北长400m，东西宽300m。

矿区南面1.5km为石麟村，矿区附近500m范围内无村庄、无其他矿权、无铁路、高等级公路、无石油天然气输送管道、无高压输电线路等重要设施。周边无国家划定的自然保护区、重要风景区、国家重点保护的不能移动的历史文物和名胜古迹，无重要城镇、城市等。

矿山总平面布置详见例图2-2。矿山全貌见例图2-3。

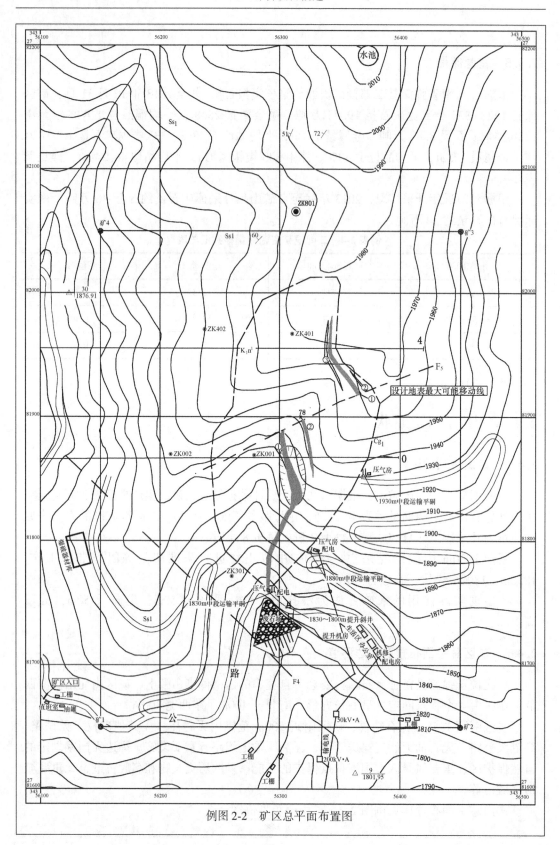

例图 2-2　矿区总平面布置图

例图 2-3　矿山全貌

　　主干矿区公路从矿区的北西向沿矿区西部延伸至矿区南西，再自矿区南端接入矿区，公路为三级弹石公路。在矿区南西约 130m 处，自主干公路有一分支公路向北接至矿山的爆破器材库。在主干公路入矿区处，有另一分支公路向北东接至矿山各主要坑口及采矿工业场地、办公生活区、废石场等。分支公路为矿山自修，路面为土石路面。在矿区西南矿区入口处设有一值班室，如例图 2-4 所示，值班室东侧 15m 处公路边设置有一储油罐，如例图 2-5 所示，值班室北公路对面有一工棚。

例图 2-4　矿区入口道路

　　矿区西侧直线距离 130 余米为爆破器材库；紧邻矿区南边缘箐沟内为废石场；矿区南东侧矿区公路边（废石场东部）为矿山办公生活区。在办公生活区的南部山箐沟东侧有矿山两个变压器，主供电线路自矿区南部接至变压器，经变压后分别供给办公生活区及工业场地、井下使用。

例图 2-5　储油罐

　　矿区内现有主要的坑口 4 个，自北向南分布于 1930～1830m 标高。在 1930m、1880m、1830m 坑口东侧附近均设置有空压机房，1830m 坑口还设置有一配电房，1830～1800m 斜井口前方布置有提升机房。

　　在 1880m 中段上方 0 号勘探线附近，分布有一露天采空区，南北长约 50m，东西宽约 30m，深约 20m，见例图 2-6。

例图 2-6　露天采空区

2.4.3　矿山开拓

　　矿山开拓方式基本与 2014 年昆明冶金高等专科学校编制的开采设计方案吻合。总体为平硐+明斜井开拓。自上而下分为 4 个中段进行开采，中段高程为 1930m、1880m、1830m 及 1800m，其中：1930m、1880m 及 1830m 中段为平硐开拓中段，1800m 中段为明斜井开拓中段。

　　1930m 中段主要用于开采 F_5 断层以北的（1）、（3）号矿体，平硐口位于矿区东侧 0 号勘探线以南 10m 处，自南向北偏西方向掘进约 65m 穿过 F_5 断层，揭露到（1）、（3）号矿体，再分岔分别沿两矿体下盘掘进沿脉运输巷道（距离矿体下盘矿岩接触线约 2m），两沿脉巷道在矿体北端贯通形成环形运输绕道。目前该中段已采空。在（1）、（3）号矿体的两端部分别掘有天井（共 4 条）通往地表。1930m 中段平巷为直墙三心拱形巷道，巷道宽 2.2m，高 2.5m，总体较稳固，穿 F_5 断层处的 10m 采用木架箱支护，坑口采用混凝土支护。

1880m 中段主要用于开采矿区内的（1）、（2）、（3）号矿体，平硐口位于矿区南东侧矿区公路边，硐口标高 1880m，平硐自南向北偏西方向掘进，在距离硐口约 50m 处向西掘有一穿脉巷道穿过了（1）、（2）号矿体。主运输平巷在掘至 F_5 断层附近后转向北东掘进约 30m，在 17m 处掘有一岔巷，两巷道分别转向北穿过 F_5 断层，再沿（1）、（3）号矿体下盘掘进沿脉运输巷道（距离矿体下盘矿岩接触线约 2m），两沿脉巷道在矿体北端贯通形成环形运输绕道。目前该中段正在进行北部采场的开采工作。在（1）、（3）号矿体的两端部分别掘有天井（共 4 条）通往上部 1930m 中段。在 F_5 断层以南地表分布有一露天采空区（经现场实测，空区南北长约 50 余米，东西宽约 30m，最深处近 20m），为一凹陷露天采坑，坑内已堆积有少量的松散土石，未发现明显积水现象。1880m 中段平巷为直墙三心拱形巷道，巷道宽 2.1m，高 2.4m，总体较稳固，穿 F_5 断层处的 20m 采用木架箱支护，坑口采用混凝土支护。

1830m 中段目前正在开拓，平硐口位于（1）号矿体南端下盘，硐口标高 1830m，平硐自南向北掘进，在距离硐口约 65m 处向东掘有一岔巷道至（2）号矿体下盘。两巷道分别沿（1）、（2）号矿体下盘沿脉布置，目前均在向北掘进。1830m 坑口段巷道为直墙拱断面，巷道宽约 2m，高约 2.4m，采用混凝土支护，坑口安有铁门，坑内巷道断面为梯形，高约 2m，下宽约 2.1m，上宽约 1.9m，采用木架箱支护（木材直径 0.15～0.2m，0.8～1.0m/架）。该中段未铺轨，采用人推双轮手推车运输掘进岩石，巷道一侧设有简易排水沟。

1800m 中段采用明斜井开拓，目前处于开拓阶段。1830～1800m 斜井已掘好，斜井口位于 1830m 中段平硐口东南 20m 处，斜井向北掘进，坡度 25°，斜井为三心拱断面，宽 2.4m，高 2.6m，采用混凝土支护，斜井内安设有 15kg/m 钢轨，轨距 600mm，右侧设置有人行混凝土踏步，斜井于 1800m 标高落平后向北西方向掘有石门接近（2）号矿体，并沿（2）号矿体下盘掘有 30m 沿脉运输巷道，目前沿脉运输巷道正在向北掘进，断面为梯形巷道，宽 2.1m，高 2.2m，未支护。在石门的一侧设置有一临时水窝，用于汇集该中段目前的集水（见例图 2-7～例图 2-19）。

例图 2-7　1930m 中段平巷

例图 2-8　1880m 中段平硐口

例图 2-9　1880m 中段平巷

例图 2-10　1830m 坑口工业场地

例图 2-11　1830m 坑口段

例图 2-12　1830m 中段平巷

例图 2-13　提升斜井井口段

例图 2-14　斜井内部

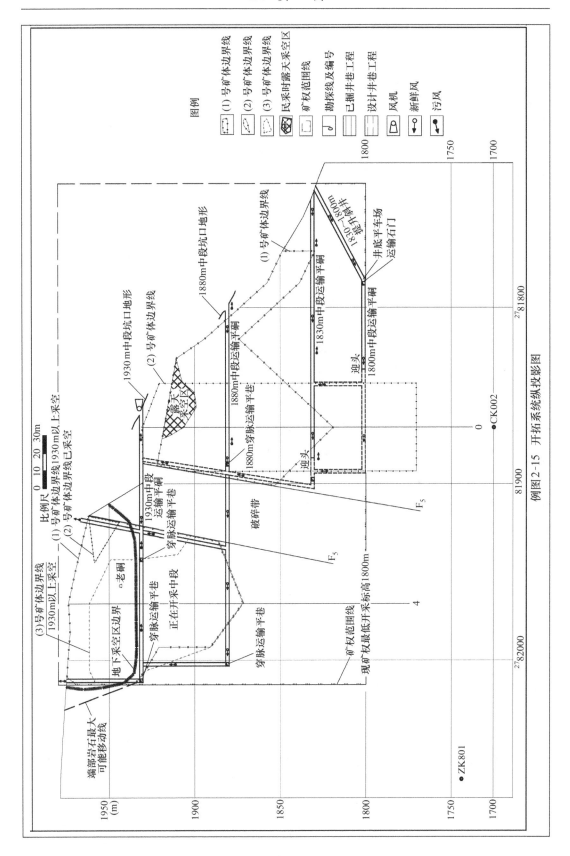

例图 2-15 开拓系统纵投影图

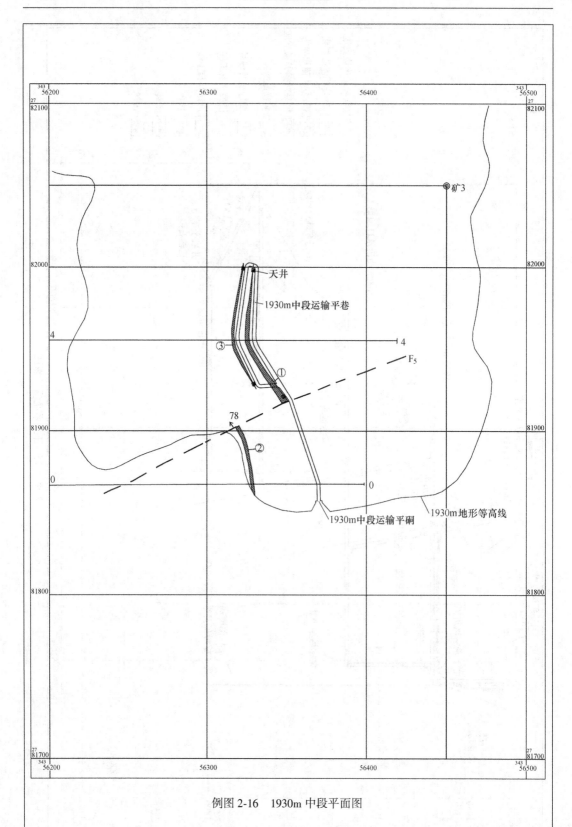

例图 2-16　1930m 中段平面图

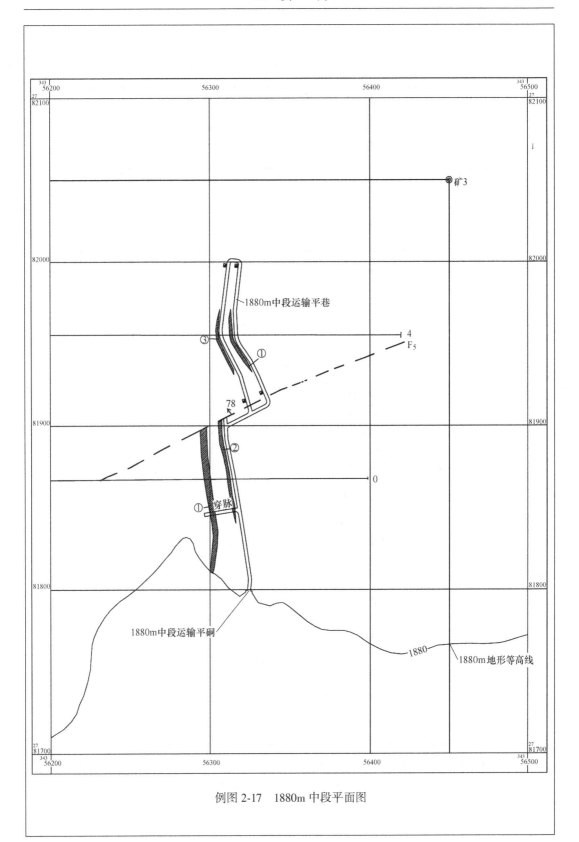

例图 2-17　1880m 中段平面图

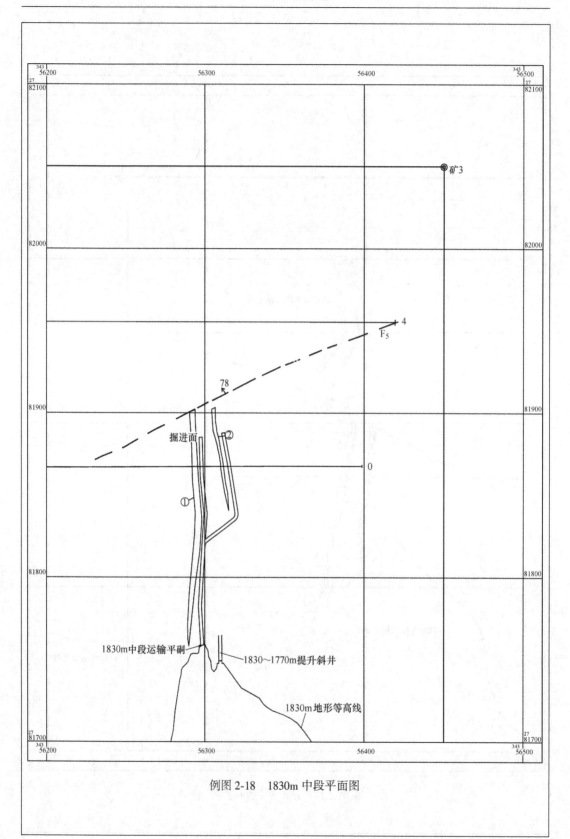

例图 2-18 1830m 中段平面图

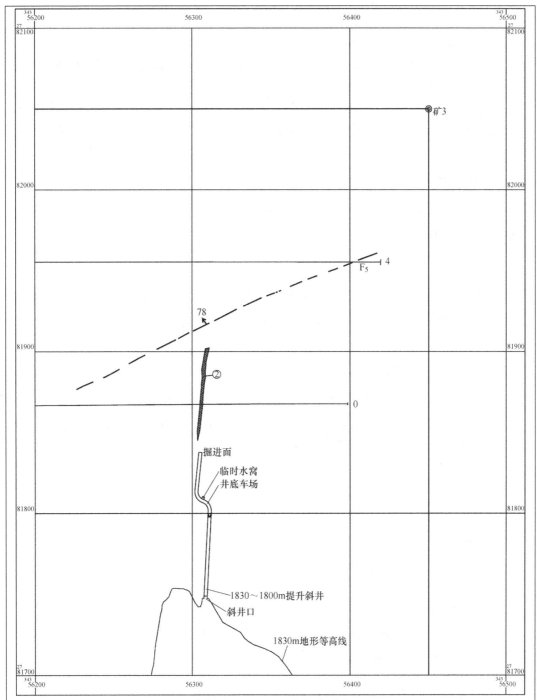

例图 2-19　1800m 中段平面图

2.4.4　巷道掘进

巷道掘进采用爆破掘进，采用 YT-26 浅孔凿岩机凿岩，钻头直径 38mm，孔深一般为 1.8~2.0m。

爆破采用非电导爆管束联微差分段起爆网路起爆，RJ2号岩石型高威力乳化炸药爆破。人工装药、孔底起爆药包起爆。

爆破完后采用JK45-NO1型局部通风机压入式通风，风机安设于距离爆破点20m处，风带直径400mm。

爆破通风完后采用人工清理浮石，然后采用人工装岩、手推0.75m³矿车运输岩碴。根据巷道岩石稳固性情况，采用喷射砼支护或不支护。接长运输轨道后进入下一循环作业。

2.4.5 采矿方法

矿山现采用的采矿方法主要为浅孔留矿法。中段运输平巷布置于矿体下盘脉外（断面2.2m×2.0m）。

2.4.5.1 矿块布置和构成要素

矿块沿矿体走向布置，长50m，采场宽为矿体厚度（0.8~5m）。中段高50m，矿块间柱6m，阶段矿柱高5m（顶柱1m，底柱4m），底部漏斗间距6m，采场联络道垂距为10m。

2.4.5.2 采准切割

中段运输巷道布置在矿体下盘脉外，自中段运输平巷掘联络道通达矿体，再在矿块间柱内布置脉内人行材料通风天井（1.8m×1.8m）通往上中段，在脉内人行材料通风天井中每隔10m高掘进矿房联络道（断面1.8m×1.6m），沿中段运输平巷靠矿体下盘一侧间隔6m开掘漏斗颈（1.5m×1.5m）到拉底层，在拉底水平开掘一条切割平巷并按矿体全厚进行拉底工作和扩漏，底部漏斗口安设放矿漏斗口木闸门（或铁闸门），控制放矿装车。

2.4.5.3 矿块回采

自拉底层向上分层回采，分层高1.8~2m左右（矿体薄时取低分层高，矿体厚度大时取2m分层高）。矿房回采作业有凿岩、爆破、采场通风等几项。

A 凿岩

采用YT-24型凿岩机打水平眼。根据矿体厚度采用之字形或棋盘式布置炮孔，炮孔深度2.0~2.2m（回采分层高度1.8~2m）。

B 爆破

每一循环的炮孔钻凿完成之后，采用人工装药，非电导爆管起爆。矿石合格块度小于300mm，大于300mm的大块在采场中用人工或炸药进行二次破碎。

C 采场通风

新鲜风流由中段运输平巷、矿块一侧人行材料通风天井、矿房联络道到达回采工作面，清洗工作面污风经矿块另一侧人行材料通风天井回到上中段回风平巷再排出地表（最上一个中段采场污风经矿块另一侧人行材料通风天井直接排出地表）。采场通风主要利用矿井的主风压进行机械通风，在爆破后采用 JK55-2NO4 局扇压入式通风，风筒直径 300mm，为软皮管，通风时间一般控制在 15min 左右，即开始放矿。

D　出矿

每循环爆破的矿石，放出爆破矿石量的 1/3，其余 2/3 留在采场中做工作平台。局部放矿后进行撬毛和平场工作，使矿房爆堆保持平整并和顶板保持在 2.0~2.2m 之间的高度，以便下次进行回采作业。

E　矿柱回采

本矿中段长度小，待中段全部采场矿石全部放出回采结束后，再组织矿柱回采。顶柱（上中段底柱）回采一般是在脉外中段运输平巷中向矿房顶柱打孔装药爆破，间柱回采是在矿房联络道中打上向炮孔爆破。爆破时先起爆间柱内的炮孔后再起爆顶柱炮孔，最后起爆底柱炮孔。每次矿柱回采的数量，通常控制在 1 次回采 2 个矿房的矿柱。

2.4.5.4　地压管理

每次局部放矿后应检查采场顶板浮石，平整场地，做好准备后再开始下一个作业循环的凿岩爆破等作业。在采场上下盘围岩局部稳固性较差的地方采用管缝式（或 $\phi20$ 的螺纹钢）锚杆护顶，锚杆长 1.5~2.0m，间距 1.0m。矿体厚度小，也可留矿石（留贫矿）支护顶板围岩。在两矿体之间夹石层薄的采场，也可以留下贫矿或部分矿石支护。

矿块回采完后，应封闭通向采场的各种通道（见例图 2-20~例图 2-27）。

例图 2-20　采场底部结构

例图 2-21　人行天井

2.4.5.5　主要技术经济指标

中段高度：　　　50m

采场长度：　　　50m

采场宽度：　　　矿体厚 0.8~5.0m

采场出矿能力：　60t/d

采切比：　　　　13.9m/kt，52.6m³/kt（以 2.5m 厚、50m 高计算）

采矿回收率：　　89%

矿石贫化率：　　10.5%

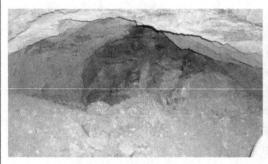

例图 2-22　回采工作面

例图 2-23　采场顶板

例图 2-24　回采凿岩

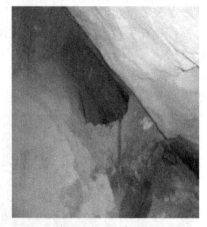

例图 2-25　采空区

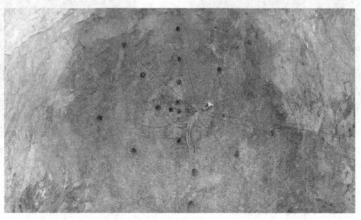

例图 2-26　工作面炮孔布置图

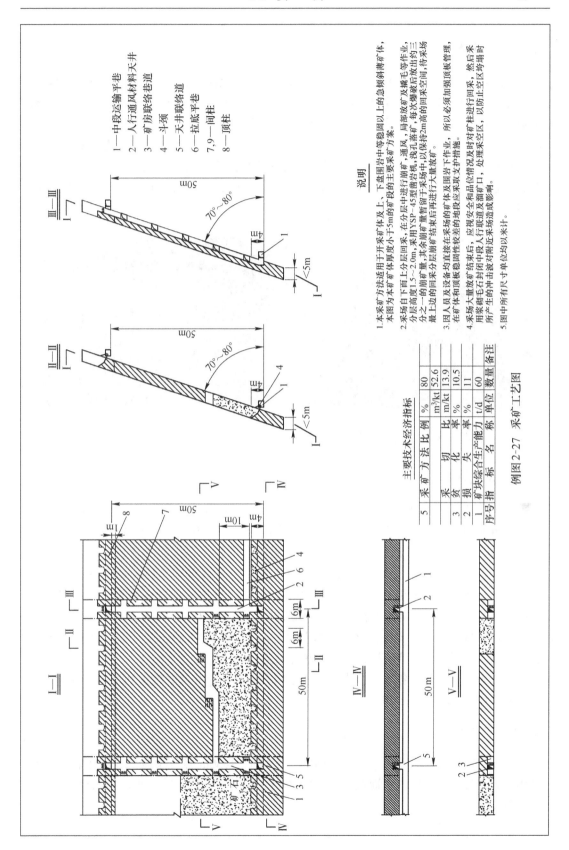

例图 2-27 采矿工艺图

1—中段运输平巷
2—人行通风材料天井
3—矿房联络巷道
4—斗颈
5—天井联络道
6—拉底平巷
7,9—间柱
8—顶柱

主要技术经济指标

序号	指 标 名 称	单位	数量	备注
5	采矿方法比例	%	80	
	切 割 比	m³/kt	52.6	
3	贫 化 率	m/kt	13.9	
	损 失 率	%	10.5	
2	矿块综合生产能力	t/d	11	
1			60	

说 明

1. 本采矿方法适用于开采矿体及以上、下盘围岩中等稳固以上的急倾斜薄矿体,本图为本矿体矿体厚度小于5m的矿段的主要采矿方案。

2. 采场自下而上分层回采,在分层中进行崩矿,通风,局部放矿及撬毛等作业,采用YSP-45型凿岩机,浅孔落矿,每次爆破后放出约三分之一的崩矿量,其余崩矿量暂留于采场内约2m高的回采空间,待采场最上边的采分层崩矿结束后再进行大量放矿。

3. 因人员及设备均直接在采场内的矿体及围岩下作业,在矿体和顶板稳固性较差的地段应采取支护措施,所以必须加强顶板管理。

4. 采场大量放矿结束后,应视安全和品位情况及时对矿柱进行回采,然后采用浆砌毛石封闭中段人行联络巷道及溜矿井口,处理采空区,以防止空区垮落时所产生的冲击波对附近采场造成影响。

5. 图中所有尺寸单位均以米计。

2.4.6　矿井通风

矿山现有一台 K40-8-NO12 型轴流式通风机，如例图 2-28 所示，电机功率 15kW。目前开采 1880m 中段时，风机安设于 1930m 硐口一侧，采用抽出式通风。新鲜风从 1880m 平硐口进入井下，经采场人行通风天井及联络道进入工作面，清洗工作面的污风从另一侧联络道及天井排至 1930m 中段，再抽出地表。总风量 12m³/s，风压 376Pa。

巷道掘进工作面及采场天井均安设有 JK55 型局部通风机，如例图 2-29 所示，爆破后加强通风，方式为压入式，风带直径 400mm。现场检查未发现其他通风建（构）筑物。

例图 2-28　矿井主通风机

例图 2-29　局部通风机

2.4.7　提升运输

采用浅孔留矿法回采，1880m 中段矿石从采场底部漏斗口直接放入 0.75m³ U 型矿车中，再采用人力推车沿轨道运输到地面卸入矿仓，再采用汽车运输至选矿。

1830m 开拓中段掘进废石装入矿车后，采用人推胶轮车运出地表，在坑口临时堆放，再集中采用汽车运至矿区南部废石场卸载，排入废石场。1800m 中段废石装入 0.75m³ U 型矿车中再采用人力推车至斜井井底，再通过斜井提升至地表，在坑口临时堆放，再集中采用汽车运至矿区南部废石场卸载，排入废石场。

设备、材料运输：设备、材料从各中段平硐（或斜井）进入井下，经中段运输平巷及采场人行天井、联络道运送到各采场作业点。

人员坐交通车到达各坑口，步行至各中段，经采场天井及联络道到达各采场作业地点（见例图 2-30～例图 2-35）。

2.4.8　矿井排水

根据目前矿山开采现状，上部 1930m、1880m、1830m 等各中段坑内渗水较少，又采用平硐开拓，少量坑内水通过平硐一侧水沟自流排出坑外。平硐水沟为简易式水沟，纵向坡度 3‰。

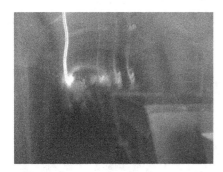
例图 2-30 翻斗式有轨矿车

例图 2-31 轮胎式手推车

例图 2-32 提升机房

例图 2-33 提升机

例图 2-34 斜井防跑车装置

例图 2-35 井底排水泵

1800m 中段采用明斜井开拓，该中段目前日均涌水量 46m³，现矿山在斜井底部井底车场处设置有一容积约 5m³ 水窝及一台 D155-30/2 型离心水泵，井下集水通过水泵从斜井口排出，水管直径 100mm。

2.4.9 供水供气

矿山在矿区北部罗自莫山山顶（2020m 标高）设置有一高位水池，通过 75mm 水管向各中段供凿岩使用。高位水池容积 100m³。

矿山现有 3 台空压机，1 台 L-10/8 型，2 台 W-3/5 移动空压机，供气主管 75mm，采场供气支管为 2 吋软管。矿山在 1830m、1880m 及 1930m 坑口附近均设置有压气房（见例图 2-36 和例图 2-37）。

例图 2-36　1830m 坑口压气房

例图 2-37　1880m 坑口压气房

2.4.10　供电

矿山电源接自弥渡县电力公司，主供电线路从矿区南部接入，经 1 台 200kV·A 变压器变压后供工业场地及井下照明使用，经 1 台 50kV·A 变压器变压后供生活办公使用。井下照明采用 JMB-2000 行灯变压器变压为 12V 低压电压（见例图 2-38～例图 2-41）。

例图 2-38　矿区供电加线

例图 2-39　变压器

2.4.11　爆破器材存放

爆破器材采用库房统一存放，爆破器材库位于矿区西侧 130m 处的矿区公路边。库房距离最近的 1830m 中段硐口直线距离 156m，其南部 120m 为矿区入矿公路，距离矿区入口处的工棚、油罐和值班室直线距离约 105～120m，库房西部及北部 300m 范围内无其他重要设施及建筑。

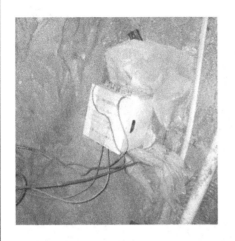

例图 2-40 井下底压变压器图

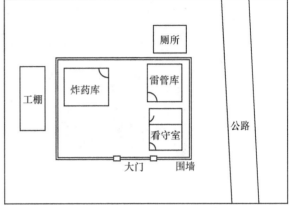

例图 2-41 库区平面布置示意图

库房占地面积约 370m², 外边缘由砖墙围挡, 大门设在南东面, 大门为铁栅栏门。库房由炸药库、雷管库及看守室组成。炸药库位于库区西侧, 属砖混结构。雷管库位于库区东北角, 与其南边看守室连成一体, 属砖混结构。炸药库与雷管库距离 5m 左右, 两库房门均为双门双锁, 内门内开为木门, 外门外开为铁门。门外墙上挂有手持式干粉灭火器。库房采用自然采光, 墙体上部设有通风采光孔。库房顶部设置有铁制简易避雷设施。

炸药库内炸药直接堆放在地面上, 一般堆放六层, 堆与堆之间设置有宽为 0.4m 的通道, 与墙体间距 0.4m。现场检查时, 库房内有炸药 2.4t, 库房内还存放有导爆索 5000m。

雷管库内采用保管柜存放雷管, 现场检查时, 柜内存放有雷管 3000 发。

库房采用双人双锁管理, 库区南东角设置有看守室一间, 两人轮流看守。库房建有出入库及领退记录、爆破物品使用管理规定等 (见例图 2-42~例图 2-47)。

例图 2-42 库区全景

例图 2-43 库房外观

例图 2-44   炸药库门

例图 2-45   看守室

例图 2-46   炸药库内部存放

例图 2-47   雷管保管箱

2.4.12 废石排放

矿区主要运输坑道为脉外坑道，坑内排出的废石主要是开拓过程产生产的掘进废石，废石场位于1830m中段平硐口前方山箐沟内地形相对较平缓处，距1830m中段坑口仅8m。

废石场参数如下：

(1) 堆置标高：1810~1828m。

(2) 阶段高度：18m。

(3) 排土作业平台最小宽度：15m。

(4) 采用2%~3%的上坡堆置。

(5) 总堆置高度：18m。

(6) 总边坡角：39°。

废石场平均长约50m，平均宽约40m，最大纵断面积418m²，平均纵断面积360m²，废石场容积约为1.45万立方米，如例图2-48所示。

根据现场检查，目前废石场下方建有两道简易拦渣坝体，废石场上游西侧设置有截洪沟，沟纵向坡度6%，断面0.36m²。

例图2-48 废石场

2.5 企业安全管理现状

2.5.1 安全生产管理机构

该矿山主要负责人及安全员均通过大理白族自治州安全生产监督管理局组织的安全技术培训并取证，矿长全面负责矿山安全管理工作，安全员负责矿山日常安全管理工作，班组安全员负责当班安全生产管理工作，基本满足企业的安全生产要求。

2.5.2　人员资质

人员资质如下：

（1）矿长薛＊＊于2013年8月参加了大理白族自治州安全生产监督管理局组织的非煤矿山矿长（经理）安全资格培训并取证，证书编号：5144。

（2）主要负责人毛＊＊于2013年8月参加了大理白族自治州安全生产监督管理局组织的非煤矿山生产经营单位负责人安全资格培训并取证，证书编号：安全资证培字第6062号。

（3）刘＊＊持有弥渡县公安局下发的爆破证，证书编号：弥公爆字030号。

（4）朱＊＊持有弥渡县公安局下发的爆破证，证书编号：弥公爆字029号。

（5）薛＊＊持有弥渡县公安局下发的爆破证，证书编号：弥公爆字028号。

（6）张＊＊持有弥渡县公安局下发的爆破证，证书编号：弥公爆字189号。

（7）傅＊＊持有弥渡县公安局下发的爆破证，证书编号：弥公爆字002号。

（8）张＊＊持有弥渡县公安局下发的爆破证，证书编号：弥公爆字005号。

2.5.3　安全生产责任制

企业现已制订的安全生产岗位责任制有：《企业法人安全生产职责》、《矿长岗位职责》、《安全管理人员职责》、《爆破员安全职责》、《班（组）长安全职责》、《班（组）长安全生产责任制》、《工人安全生产职责》、《安全员岗位责任制》、《技术员安全生产责任制》。

2.5.4　安全管理制度

企业现已制订的安全管理制度有：《安全生产检查制度》、《安全生产例会制度》、《安全生产奖惩制度》、《设备、设施安全管理制度》、《劳动防护用品发放使用管理制度》、《安全生产教育培训制度》、《从业人员安全教育培训、考核制度》、《伤亡事故报告、抢救和处理制度》、《重大安全生产事故隐患报告制度》、《交接班制度》、《爆破物品的管理制度》和《防火防爆及工业卫生制度》。

2.5.5　作业操作规程

企业制订的作业操作规程有：《坑道支护工安全操作规程》、《坑下装车工及推车工安全操作规程》、《坑下电工及推车工安全操作规程》、《风机岗位安全操作规程》、《凿岩机岗位安全操作规程》、《采掘工安全操作规程》、《爆破员安全操作规程》、《生产区内十四个不准》和《入坑须知》。

2.5.6　安全生产管理档案

现场检查时未收集到相关安全生产管理档案。

2.5.7　安全生产管理资金投入

安全生产管理资金投入如下：

（1）按国家标准为职工配备了安全帽、安全绳、口罩等劳动保护用品。

（2）定期安排职工安全生产教育和培训。

（3）该企业按国务院公布的《工伤保险条例》为职工购买了工伤保险。

（4）企业按规定交纳了安全生产风险抵押金。

（5）企业按规定提取了安全生产费用。

2.5.8 安全生产教育培训

矿山各主要坑口负责人（矿长）及安全员经过国家有关部门的培训，具备一定的安全生产知识、技术知识以及管理和事故应急处理的能力，持证上岗。

各生产第一线的岗位作业人员，均按规定进行岗前安全生产教育，对在岗人员定期进行安全生产继续教育，增强安全意识，减少矿山安全事故的发生。

2.5.9 职业危害防范和个体劳动防护

该企业为从业人员提供个人劳动防护用品，保障从业人员安全生产和身体健康。

2.5.10 安全警示、标志

本评价小组通过现场检查落实，矿山安全警示、标示牌设置较少，仅在矿区入口处、变压器等进行了设置，但还不够全。

2.5.11 日常安全管理

该企业开展了日常安全管理工作，矿长、安全员进行了一般安全指导及检查工作。按照云南省非煤矿山安全专项整治标准所述的8项档案建立了《爆破物品出入库记录》，安全管理档案还不健全。

2.5.12 事故应急救援

矿山编制有事故应急预案，成立了生产安全事故应急救援小组。生产安全事故应急预案经相关部门组织评审通过，并备案，备案编号为532600-26-2015-13，现场检查，未定期组织演练，未作相关记录。

 复习思考题

2-1 安全现状评价，在描述被评价矿山基本情况时，一般分为哪几个部分进行描述？

2-2 地下矿生产系统需描述哪些内容？

2-3 露天矿生产系统需描述哪些内容？

2-4 在描述地下矿采矿方法时需描述哪些内容？

2-5 在描述露天矿穿孔爆破工艺时需描述哪些内容？

2-6 在描述露天矿排土工艺时需描述哪些内容？

2-7 非煤矿山企业安全生产管理系统由哪些要素构成？

2-8 安全生产法对企业建立安全生产管理机构是怎样规定的？

2-9 非煤矿山应建立哪些安全生产责任制？

2-10 简述露天、地下矿山应分别制定哪些作业安全规程。

2-11 矿山企业应建立哪些安全生产管理档案？

2-12 说说矿山企业应在哪些部位设置安全警示标志？

2-13 实作题：根据被评价矿山项目已收集到的资料（被评价矿山可与第 1 章实作题所涉及矿山为同一个矿山，资料一般包括矿山企业合法证照、地质报告或设计说明书、生产现场资料、安全管理系统资料等），编制该矿山安全现状评价报告"第 2 章　评价项目概述"章节。

3 危险有害因素辨识与分析

学习目标：

（1）能对被评价矿山项目的生产工艺系统进行子系统划分。

（2）能根据被评价矿山项目的各生产子系统特征，初步辨识其可能存在的主要危险、有害因素。

（3）能对被评价矿山项目存在的各主要危险、有害因素的存在部位、原因及可能导致的事故后果等进行初步分析。

（4）能判断被评价矿山项目是否存在重大危险源。

（5）能编制非煤矿山安全评价报告"危险有害因素辨识与分析"章节。

3.1 危险有害因素及其分类

3.1.1 危险有害因素及其特征

危险因素是指能对人造成伤害或对物造成突发性损害的因素。有害因素是指能影响人的身体健康，导致疾病，或对物造成慢性损害的因素。危险因素强调突发性和瞬间作用，而有害因素则强调在一定时间范围内的积累作用。通常情况下，对两者并不加以区分而统称为危险、有害因素，主要指能对人造成伤害、对物造成突发性损坏或影响人的身体健康导致疾病、对物造成慢性损坏的因素。客观存在的危险、有害物质和能量超过临界值的设备、设施和场所，都可能成为危险、有害因素。

危险（或有害）具有以下特征：

（1）普遍性，即危险（或有害）是普遍存在的。

（2）客观性，即危险（或有害）是不以人们的意志为转移。

（3）转化性，即危险（或有害）在特定的条件下是可以转化的。

（4）规律性，即危险（或有害）的发生和后果是有规律的。

3.1.2 危险有害因素的产生

所有危险、有害因素尽管表现形式不同，但从本质上讲，之所以造成危险、危害后果（伤亡事故、损害人身健康和物的损坏等），其原因可归结为：存在能量、有害物质和能量、有害物质失去控制两方面因素的综合作用。

故存在能量、有害物质和失控是危险、危害后果的根本原因，这两方面因素都是危险、有害因素。

3.1.2.1　能量、有害物质

能量、有害物质是危险、有害因素产生的根源，也是最根本的危险、有害因素。一般地说，系统具有的能量越大、存在的有害物质的数量越多，系统的潜在危险性和危害性也越大。另外，只要进行生产活动，就需要相应的能量和物质（包括有害物质），因此所产生的危险、有害因素是客观存在的，是不能完全消除的。能量就是做功的能力，它既可以造福人类，也可以造成人员伤亡和财产损失；一切产生、供给能量的能源和能量的载体在一定条件下，都可能是危险、有害因素。例如，锅炉、爆炸危险物质爆炸时产生的冲击波、温度和压力，高处作业（或吊起的重物等）的势能，带电导体上的电能，行驶车辆（或各类机械运动部件、工件等）的动能，噪声的声能，激光的光能，高温作业及剧烈热反应工艺装置的热能，各类辐射能等，在一定条件下都能造成各类事故。静止的物体棱角、毛刺、地面等之所以能伤害人体，也是人体运动、摔倒时的动能、势能造成的。这些都是由于能量意外释放形成的危险因素。有害物质在一定条件下能损伤人体的生理机能和正常代谢功能，破坏设备和物品的效能，也是最根本的危害因素。例如：作业场所中由于有毒物质、腐蚀性物质、有害粉尘、窒息性气体等有害物质的存在，当它们直接、间接与人体与物体发生接触，能导致人员的死亡、职业病、伤害、财产损失或环境的破坏等，都是危害因素。

3.1.2.2　失控

在生产中，人们通过工艺和工艺装备使能量、物质（包括有害物质）按人们的意愿在系统中流动、转换，进行生产；同时又必须约束和控制这些能量及有害物质，消除、减弱产生不良后果的条件，使之不能发生危险、危害后果。如果发生失控（没有控制、屏蔽措施或控制、屏蔽措施失效），就会发生能量、有害物质的意外释放和泄漏，从而造成人员伤害和财产损失。所以失控也是一类危险、有害因素，它主要体现在设备故障（或缺陷）、人员失误和管理缺陷三个方面，并且三者之间是相互影响的；它们大部分是一些随机出现的现象和状态，很难预测它们在何时、何地、以何种方式出现，是决定危险、危害发生的条件和可能性的主要因素。

（1）故障。故障（含缺陷）是指系统、设备、元件等在运行过程中由于性能（含安全性能）低下而不能实现预定功能（包括安全功能）的现象。在生产过程中故障的发生是不可避免的，迟早都会发生；故障的发生具有随机性、渐近性或突发性，故障的发生是一种随机事件。造成故障发生的原因很复杂（认识程度、设计、制造、磨损、疲劳、老化、检查和维修保养、人员失误、环境和其他系统的影响等），但故障发生的规律是可知的，通过定期检查、维修保养和分析总结可使多数故障在预定期间内得到控制（避免或减少）。掌握故障发生规律和故障率是防止故障发生造成严重后果的重要手段，这需要应用大量统计数据和概率统计的方法进行分析、研究。系统发生故障并导致事故发生的危险、有害因素主要表现在发生故障、误操作时的防护、保险、信号等装置缺乏、缺陷和设备在强度、刚度、稳定性、人机关系上有缺陷两方面。例如，电气设备绝缘损坏、保护装置失效造成漏电伤人，短路保护装置失效又造成交配电系统的破坏；控制系统失灵使化学反应装置压力升高，泄压安全装置故障使压力进一步上升，导致压力容器破裂、有毒物质泄漏散发、爆炸危险气体泄漏爆炸，造成巨大的伤亡和财产损失；管道阀门破裂、通风装置故障使有毒气体浸入作业人员呼吸带；超载限制或起升限位安全装置失效使钢丝绳断裂、重物坠落，围栏缺损、安全带及安全网质量低劣为高处坠落事故提供了条件等，都是故障引起的危险、有害因素。

（2）人员失误。人员失误泛指不安全行为中产生不良后果的行为（职工在劳动过程中，违反劳动纪律、操作程序和方法等具有危险性的做法）。人员失误在一定经济、技术条件下，是引发危险、有害因素的重要因素。人员失误在生产过程中是不可避免的，它具有随机性和偶然性，往往是不可预测的意外行为，但发生人员失误的规律和失误率通过大量的观测、统计和分析是可以预测的。由于不正确态度、技能或知识不足、健康或生理状态不佳和劳动条件（设施条件、工作环境、劳动强度和工作时间）影响造成的不安全行为，各国根据以往的事故分析、统计资料将某些类型的行为各自归纳为不安全行为。《企业职工伤亡事故分类》（GB 6441—1986）附录中将不安全行为归纳为13类：1）操作失误（忽视安全、忽视警告）；2）造成安全装置失效；3）使用不安全设备；4）手代替工具操作；5）物体存放不当；6）冒险进入危险场所；7）攀坐不安全位置；8）在吊物下作业（停留）；9）机器运转时加油（修理、检查、调整、清扫等）；10）有分散注意力行为；11）忽视使用必须使用的个人防护用品或用具；12）不安全装束；13）对易燃易爆等危险品处理错误。如误合开关使检修中的线路或电气设备带电、使检修中的设备意外启动；未经检测或忽视警告标志，不佩戴呼吸器等护具进入缺氧作业、有毒作业场所；注意力不集中、反应釜压力越限时开错阀门使有害气体泄漏；汽车起重机吊装作业时吊臂误触高压线；不按规定穿戴工作服、工作帽使头发或衣袖卷入运动工件；吊索具选用不当、吊重绑挂方式不当，使钢丝绳断裂、吊重失稳坠落等，都是人员失误形成的危险、有害因素。

（3）管理缺陷。职业安全卫生管理是为保证及时、有效地实现目标，在预测、分析的基础上进行的计划、组织、协调、检查等工作，是预防事故、人员失误的有效手段。管理缺陷是影响失控发生的重要因素。

（4）环境因素。温度、湿度、风雨雪、照明、视野、噪声、振动、通风换气和色彩等环境因素都会引起设备故障或人员失误，也是发生失控的间接因素。

3.1.3　危险有害因素及其分类

3.1.3.1　按照导致事故和职业危害的原因分类

根据《生产过程危险和有害因素分类与代码》（GB/T 13861—2009），生产过程中的危险、有害因素分为四类，分别为人的因素、物的因素、环境因素和管理因素四大类。

A　人的因素

人的因素又细分为心理、生理性危险有害因素和行为性危险有害因素两类：

（1）心理、生理性危险和有害因素：1）负荷超限，包括体力负荷超限、听力负荷超限、视力负荷超限和其他负荷超限；2）健康状况异常；3）从事禁忌作业；4）心理异常，包括情绪异常、冒险心理、过度紧张和其他心理异常；5）辨识功能缺陷，包括感知延迟、辨识错误和其他辨识功能缺陷；6）其他心理、生理性危险和有害因素。

（2）行为性危险和有害因素：1）指挥错误，包括指挥失误、违章指挥和其他指挥错误；2）操作错误，包括误操作、违章操作和其他操作错误；3）监护失误；4）其他行为性危险和有害因素。

B　物的因素

物的因素又包括物理性危险有害因素、化学性危险有害因素和生物性危险有害因素。

a　物理性危险和有害因素

（1）设备、设施、工具、附件缺陷，包括强度不够、刚度不够、稳定性差、密封不良、耐腐蚀性差、应力集中、外形缺陷、外露运动件、操纵器缺陷、制动器缺陷、控制器缺陷和设备、设施、工具、附件其他缺陷。

（2）防护缺陷，包括无防护、防护装置及设施缺陷、防护不当、支撑不当、防护距离不够和其他防护缺陷。

（3）电伤害，包括带电部位裸露、漏电、静电和杂散电流、电火花和其他电伤害。

（4）噪声，包括机械性噪声、电磁性噪声、流体动力性噪声和其他噪声。

（5）振动危害，包括机械性振动、电磁性振动、流体动力性振动和其他振动危害。

（6）电离辐射。

（7）非电离辐射，包括紫外辐射、激光辐射、微波辐射、超高频辐射、高频电磁场和工频电场。

（8）运动物伤害，包括抛射物、飞溅物、坠落物、反弹物、土、岩滑动、料堆（垛）滑动、气流卷动和其他运动物伤害。

（9）明火。

（10）高温物体，包括高温气体、高温液体、高温固体和其他高温物体。

（11）低温物体，包括低温气体、低温液体、低温固体和其他低温物体。

（12）信号缺陷，包括无信号设施、信号选用不当、信号位置不当、信号不清、信号显示不准和其他信号缺陷。

（13）标志缺陷，包括无标志、标志不清晰、标志不规范、标志选用不当、标志位置缺陷和其他标志缺陷。

（14）有害光照。

（15）其他物理性危险和有害因素。

b　化学性危险和有害因素

（1）爆炸品。（2）压缩气体和液化气体。（3）易燃液体。（4）易燃固体、自然物品和遇湿易燃物品。（5）氧化剂和有机过氧化物。（6）有毒品。（7）放射性物品。（8）腐蚀品。（9）粉尘与气溶胶。（10）其他化学性危险和有害因素。

c　生物性危险和有害因素

（1）致病微生物，包括细菌、病毒、真菌和其他致病微生物。（2）传染病媒介物。（3）致害动物。（4）致害植物。（5）其他生物性危险和有害因素。

C　环境因素

a　室内作业场所环境不良

（1）室内地面滑。（2）室内作业场所狭窄。（3）室内作业场所杂乱。（4）室内地面不平。（5）室内梯架缺陷。（6）地面、墙和天花板上的开口缺陷。（7）房屋地基下沉。

（8）室内安全通道缺陷。（9）房屋安全出口缺陷。（10）采光照明不良。（11）作业场所空气不良。（12）室内温度、湿度、气压不适。（13）室内给、排水不良。（14）室内涌水。（15）其他室内作业场所环境不良。

b 室外作业场地环境不良

（1）恶劣气候与环境。（2）作业场地和交通设施湿滑。（3）作业场地狭窄。（4）作业场地杂乱。（5）作业场地不平。（6）航道狭窄、有暗礁或险滩。（7）脚手架、阶梯和活动梯架缺陷。（8）地面开口缺陷。（9）建筑物和其他结构缺陷。（10）门和围栏缺陷。（11）作业场地基础下沉。（12）作业场地安全通道缺陷。（13）作业场地安全出口缺陷。（14）作业场地光照不良。（15）作业场地空气不良。（16）作业场地温度、湿度、气压不适。（17）作业场地涌水。（18）其他室外作业场地环境不良。

c 地下（含水下）作业环境不良

（1）隧道（矿井）顶面缺陷。（2）隧道（矿井）正面或侧壁缺陷。（3）隧道（矿井）地面缺陷。（4）地下作业面空气不良。（5）地下火。（6）冲击地压。（7）地下水。（8）水下作业供氧不当。（9）其他地下（含水下）作业环境不良。

d 其他作业环境不良

（1）强迫体位。（2）综合性作业环境不良。（3）以上未包括的其他作业环境不良。

D 管理因素

（1）职业安全卫生组织机构不健全。

（2）职业安全卫生责任制未落实。

（3）职业安全卫生管理规章制度不完善。1）建设项目"三同时"制度未落实；2）操作规程不规范；3）事故应急预案及响应缺陷；4）培训制度不完善；5）其他职业安全卫生管理规章制度不健全。

（4）职业安全卫生投入不足。

（5）职业健康管理不完善。

（6）其他管理因素缺陷。

3.1.3.2 按照事故类别分类

参照《企业职工伤亡事故分类》（GB 6441—1986），综合考虑起因物、引起事故的诱导性原因、致害物、伤害方式等，将危险因素分为20类：

（1）物体打击。指物体在重力或其他外力的作用下产生运动，打击人体造成人身伤亡事故，不包括因机械设备、车辆、起重机械、坍塌等引发的物体打击。

（2）车辆伤害。指企业机动车辆在行驶中引起的人体坠落和物体倒塌、下落、挤压伤亡事故，不包括起重设备提升、牵引车辆和车辆停驶时发生的事故。

（3）机械伤害。指机械设备运动（静止）部件、工具、加工件直接与人体接触引起的夹击、碰撞、剪切、卷人、绞、碾、割、刺等伤害，不包括车辆、起重机械引起的机械伤害。

（4）起重伤害。指各种起重作业（包括起重机安装、检修、试验）中发生的挤压、坠落、（吊具、吊重）物体打击和触电。

（5）触电。包括雷击伤亡事故。

（6）淹溺。包括高处坠落淹溺，不包括矿山、井下透水淹溺。

（7）灼烫。指火焰烧伤、高温物体烫伤、化学灼伤（酸、碱、盐、有机物引起的体内外灼伤）、物理灼伤（光、放射性物质引起的体内外灼伤），不包括电灼伤和火灾引起的烧伤。

（8）火灾。

（9）高处坠落。指在高处作业中发生坠落造成的伤亡事故，不包括触电坠落事故。

（10）坍塌。指物体在外力或重力作用下，超过自身的强度极限或因结构稳定性破坏而造成的事故，如挖沟时的土石塌方、脚手架坍塌堆置物倒塌等，不适用于矿山冒顶片帮和车辆、起重机械、爆破引起的坍塌。

（11）冒顶片帮。

（12）透水。

（13）放炮。指爆破作业中发生的伤亡事故。

（14）火药爆炸。指火药、炸药及其制品在生产、加工、运输、贮存中发生的爆炸事故。

（15）瓦斯爆炸。

（16）锅炉爆炸。

（17）容器爆炸。

（18）其他爆炸。包括化学性爆炸（指可燃性气体、粉尘等与空气混合形成爆炸性混合物接触引爆能源时发生的爆炸事故）。

（19）中毒和窒息。包括中毒、缺氧。

（20）其他伤害。是指上述以外的危险因素，如冻伤、割伤、扎伤、摔、扭、刺等。

这种分类方法所列的危险、有害因素与企业职工伤亡事故处理（调查、分析、统计）和职工安全教育的口径基本一致，为安全生产监督管理部门、行业主管部门职业安全卫生管理人员和企业广大职工、安全管理人员所熟悉，易于接受和理解，便于实际应用。但缺少全国统一规定，尚待在应用中进一步提高其系统性和科学性。

卫生部、原劳动部、总工会的颁发的《职业病范围和职业病患者处理办法的规定》将有害因素分为生产性粉尘、毒物、噪声与震动、高温、低温、辐射（电离辐射、非电离辐射）和其他有害因素七类。

3.2　非煤矿山主要危险有害因素

不管是露天矿山还是地下矿山，均存在着许多危险、有害因素，危险因素可能对人造成伤亡或对设备、设施造成突发性损坏，危害因素能影响人的身体健康、导致疾病或对设备、设施造成慢性损坏。这些危险有害因素即通常所说的矿山危险源。矿山危险源具有能量大、造成事故后果严重、同一作业场所可能有多种危险源共存、比较难以识别和控制等特点。因此，掌握矿山生产过程中存在的主要危险源，并进行危险、有害因素的辨识，将具有重大意义。

3.2.1　露天矿山主要危险有害因素

露天矿开采过程中可能存在的主要危险有害因素有：采场边坡失稳、排土场失稳、泥石流、爆破伤害、火药爆炸、火灾爆炸、车辆伤害、机械伤害、物体打击、高处坠落、水危害、粉尘危害以及噪声危害等。

3.2.1.1　采场边坡失稳

表现为露天矿边坡的滑坡、坍塌等，其主要原因有：
(1) 露天矿边坡角设计偏大或台阶没按设计施工。
(2) 边坡有大的结构面。
(3) 自然灾害，如地震、山体滑移等。
(4) 爆破震动。
(5) 防排水措施不到位。
(6) 滥采乱挖等。

3.2.1.2　排土场失稳

排土场失稳分为边坡（局部）失稳和整体失稳：
(1) 边坡（局部）失稳的主要原因有：
1) 排土段高超过了稳定高度；
2) 场内连续排弃了物理力学性质不良地岩土层，从而形成了软弱面；
3) 地表水截流不当，流入场内，岩土含水饱和，降低了岩土的物理力学性质；
4) 地表水集流冲刷边坡，河沟水流浸泡、冲刷坡脚等。
(2) 整体失稳的主要原因有：
1) 基底地形坡度太陡；
2) 剥离废石的物理力学性质差，与基底之间摩擦系数小；
3) 基底工程地质、水文地质条件差，基底的承载力低；
4) 排水工程设施不完善；
5) 人类活动及自然灾害影响等。

3.2.1.3　泥石流

泥石流主要产生在排土场下方，其主要原因有：
(1) 排土场位置选择在不良水文地质条件处。
(2) 排土场排水设施不完善，大量雨水流入排土场。
(3) 排土场维护、加固措施不当。

3.2.1.4　爆破伤害

露天矿山开采坚硬矿岩需要进行爆破作业，所使用的爆破器材在装药和放炮的过程中以及未爆炸或未爆炸完全的炸药在装卸矿岩的过程中都有发生意外爆炸的可能性。炸药爆炸可以直接造成人体的伤害和财物的破坏。爆破危害是露天采场的一个主要危险有害因素，常见的爆破危害有爆破震动危害、爆破冲击波危害、爆破飞石危害、拒爆、早爆、迟爆危害、爆破有毒气体危害等。导致爆破伤害的原因很多，其中最主要的是违反《爆破安全规程》进行违章作业。

3.2.1.5　火药爆炸

使用爆破开采的露天矿山可能设有爆破材料库，包括炸药库、起爆器材库等，用于储存采矿作业用炸药、雷管及导爆管等火工品。炸药、雷管等火工品属于易燃易爆品，若库房结构存在缺陷或储存、运搬方法不当，或有外来因素影响，均可导致火药爆炸事故。若爆破材料库周边具有重要建筑、设施及村庄等，一旦发生火药爆炸事故，将会导致严重的事故后果。

3.2.1.6　火灾爆炸

在采矿工业场地内可能设有加油站或油库，主要油品为柴油、汽油和润滑油等。汽油、柴油等均具有火灾危险，汽油、柴油蒸汽与空气混合达到爆炸极限还有可能发生爆炸。露天矿山常采用大型液压采掘设备和无轨运输设备等，运输设备的轮胎、胶带运输机的胶带及各种电器设备的绝缘物大多数属于易燃物质，易引发火灾，甚至导致爆炸。引起火灾事故的主要因素有：设备的原因、物料的原因、环境的原因和管理的原因等。

3.2.1.7　车辆伤害

露天开采矿岩运输常使用大量车辆，存在发生车辆伤害的危险，其原因有以下几个方面：

（1）运输设备数量过多，交通混乱。

（2）运输距离长，车辆驾驶员疲劳驾驶。

（3）车辆载重量大，易翻车。

（4）自然条件的不利影响，大雾天影响视线，冰雪和雨水使路面变滑等。

（5）露天采场运输所采用的装载车辆及运输车辆若为大型车辆，高度较大，驾驶人员视线容易被遮挡，如果在作业过程中有无关人员进入采场运输通道内，可能发生运输车辆伤害事故。

（6）若安全管理不到位，如车辆驾驶员没有经过培训，或者对安全驾驶和行车安全的重要性认识不足，思想麻痹、违章驾驶；路面质量差或缺乏维护保养；车辆没有按照有关规定进行维修保养，或带病行车等，也可能造成车辆事故的发生。

3.2.1.8　机械伤害

机械伤害主要指运动的机械部件对人体的挤压、撕裂、切割、碰撞等形式的伤害。

露天矿的穿孔、采装、运输、排土等生产作业以及破碎作业等均使用相应的机械设备，如：牙轮钻机、潜孔钻机、液压挖掘机、机械铲、前装机、推土机、破碎冲击器和空压机等。这些设备运行时，其传动机构的外露部分，如齿轮、传动轴、链条、履带等都有可能对人体造成机械伤害。

造成机械伤害的主要原因是人员违章作业，其次是设备的防护设施不全、设备的安全性能不好等。

3.2.1.9 物体打击

露天采场在生产过程中，特别是采装和排土时，由于作业环境和管理等原因，导致岩堆过高、形成伞岩、边坡浮石、上下同时作业、上部工作平台碎石清扫不净等，受到爆破、采装、运输等各种震动，很可能发生滚石、物件滑落，导致对下部平台作业人员或设备造成严重的物体打击事故。

3.2.1.10 高处坠落

在露天开采过程中，由于露天采场的作业场所高差较大，各平台或人行斜坡道的台阶坡顶线附近作业、行走可能出现人员、设备从台阶坡面高处坠落；台阶坍塌，造成设备人员高处坠落；排土场没有人指挥，没有挡车装置，汽车卸载时可能从排土场边坡高处坠落。

3.2.1.11 触电危害

采矿生产系统中存在采掘设备、运输设备等各种用电设备、电气装置及配电线路，如果采掘设备的供电电缆绝缘性差、或与金属管（线）和导电材料接触或横穿公路、铁路时未设防护措施，电力驱动的钻机、挖掘机，没有完好的绝缘手套、绝缘靴、绝缘工具和器材等，停、送电和移动电缆时，不使用绝缘防护用品和工具，电气人员操作时，未穿戴和使用防护用具，电气设备可能为人所触及的裸露带电部分，无保护罩或遮拦及警示标志等安全装置，均可能引起触电伤害。

3.2.1.12 水危害

大气降水是地下水和地表水的主要来源，若是山坡露天开采，降水和裂隙水一般均可以借自然地形自流排出采场，但如无防洪排水措施，雨水直接冲刷边坡，破坏边坡的稳定，会造成边坡失稳（滑坡、坍塌）；若是凹陷露天开采时，如果没有采取防洪排水措施或排水设施能力不够，在暴雨季节可能会出现采场下部大量积水而引发水灾危害；在矿区开采过程中，如未发现岩溶，可能发生局部突水危害。

3.2.1.13 起重伤害

在露天矿山大型机修车间存在大量的起重设备，发生起重伤害的几率比较大。其危险因素主要表现为牵引链断裂或滑动件滑脱、碰撞和突然停车等。由此引发的事故有毁坏设备、人员伤亡和影响生产等。起重伤害的一般原因有以下几个方面：（1）超载。（2）牵引链或产品未达到规定质量要求。（3）无证操作起重设备或作业人员违章操作。（4）开关失灵，不能及时切断电源，致使运行失控。（5）操作人员注意力不集中或视觉障碍，不能及时停车。（6）起吊物件体积过大。（7）突然停电。（8）起重设备故障等。

3.2.1.14 粉尘危害

粉尘危害是矿山生产过程中主要的危害之一。粉尘的危害性大小与粉尘的分散度、游离二氧化硅含量和粉尘物质组成有关。一般随着游离二氧化硅含量的增加、含硫量的增加，粉尘的危害增大。在不同粒径的粉尘中，呼吸性粉尘对人的危害最大。粉（矿）尘对人的主要危害是能引起肺尘埃沉着病（俗称尘肺）。尘肺是由于长期大量吸入微细矿尘而使肺组织发生病理学改变，从而丧失正常的通气和换气功能，严重损害身体健康，最后可导致因窒息而死。

露天开采各生产工序，如穿孔、爆破、采装、破碎和运输等，都产生大量的粉（矿）尘。另外还有运输道路上的扬尘、大风天气采场和排土场的扬尘。

3.2.1.15　噪声危害

露天开采过程中的噪声主要来源于穿孔、爆破、铲装、运输及破碎过程中各种机械的作业噪声。

长期在噪声超标环境中作业，如防护措施不力，将会对人体产生伤害：噪声对人的听觉、神经系统、心血管系统、消化系统、内分泌系统、视觉、感知觉水平和反应时间等都有很大的影响，它能损伤人的听力，使人产生头痛、头晕、乏力、记忆力减退、恶心、心悸、心跳加快、心律不齐、传导阻滞、血管痉挛和血压变化等症状。另外，噪声对人的情绪影响也特别大，可使人烦躁不安、注意力分散等。噪声越大，引起烦恼的可能性越大，从而使受影响的作业人员产生侵犯性、多疑性、易怒性和厌倦感。

噪声不但影响人脑正常接受信息，而且会影响人的睡眠，从而导致人的健康状况下降。此外，噪声还恶化了作业环境，会影响人机操作。

噪声不仅对作业人员造成危害，而且对附近的居民及建（构）筑物也产生危害，尤其是夜间，对公共安全的影响比较明显。

3.2.1.16　其他危害

露天矿生产过程中还存在振动危害、雷击灾害、地震灾害、高温危害等危险有害因素。

3.2.2　地下矿山主要危险有害因素

3.2.2.1　冒顶片帮

在采矿生产活动中，最常发生的事故是冒顶片帮事故。冒顶片帮是由于岩石不够稳定，当强大的地压传递到顶板或两帮时，使岩石遭受破坏而引起的。随着掘进工作面和回采工作面向前推进，工作面空顶面积逐渐增大，顶板和周帮矿岩会由于应力的重新分布而发生某种变形，以致在某些部位出现裂缝，同时岩层的节理也在压力作用下逐渐扩大，在此情况下，顶板岩石的完整性就破坏了。由于顶板岩石完整性的破坏，顶板下沉弯曲，裂缝逐渐扩大，如果生产技术和组织管理不当，就可能形成顶板岩石的冒落。这种冒落就是常说的冒顶事故，如果冒落的部位处在巷道的两帮就叫做片帮。

引发冒顶片帮事故的主要原因有：
（1）采矿方法不合理或顶板管理不善；
（2）缺乏有效支护；

（3）检查不周和疏忽大意；

（4）浮石处理操作不当；

（5）矿床工程地质等自然条件不好；

（6）地压活动。

3.2.2.2 突水与透水

（1）采掘工作面突水。即使突水量不大，由于具有很强的突发性，可能会造成人员伤亡和财产损失。

（2）采掘工作面或采空区透水。由于各种通道使采空区与储水体连通，使大量的水直接进入采空区，从而导致采空区、巷道甚至矿井被淹，可能造成大量的人员伤亡和财产损失。

（3）地表水体或突然大量降雨进入井下。通过裂隙、溶洞、废弃巷道、透水层、地表露头等与采空区、巷道、采掘工作面连通，使大量的水体直接进入采空区再进入作业场所，或直接进入作业场所，从而导致采空区、巷道、采掘工作面甚至矿井被淹，可能造成大量的人员伤亡和财产损失。

造成矿井突水或透水的主要原因有：

（1）采掘过程中没有探水或探水工艺不合理；

（2）采掘过程中突然遇到含水的地质构造；

（3）爆破时揭露水体；

（4）钻孔时揭露水体；

（5）地压活动揭穿水体；

（6）排水设施、设备设计、施工不合理；

（7）排水设备的供电系统出现故障；

（8）采掘过程违章作业；

（9）没有及时发现突水征兆；

（10）发现突水征兆后没有及时采取探放水措施或探放水措施不当；

（11）发现突水征兆后没有采取防水措施；

（12）没有防水门或防水门设计不合理；

（13）采掘过程没有采取合理的疏水、导水措施，使采空区、废弃巷道积水；

（14）地面水体和采掘巷道、工作面的意外连通；

（15）降雨量突然加大，造成井下涌水量突然增大。

3.2.2.3 矿山火灾

矿山火灾是指矿山企业内所发生的火灾。根据火灾发生的地点不同，可分为地面火灾和井下火灾两种。凡是发生在矿井工业场地的厂房、仓库、井架、露天矿场、矿仓和储矿堆等处的火灾，称为地面火灾；凡是发生在井下硐室、巷道、井筒、采场、井底车场以及采空区等地点的火灾称为井下火灾。地面火灾的火焰或由它所产生的火灾气体、烟雾随风进入井下，威胁着矿井生产和工人安全，也称为井下火灾。按火灾的诱发原因，可分为外因火灾和内因火灾两种。外因火灾的发生原因主要有：明火引起的火灾与爆炸，爆破作业引起的火灾，焊接作业引起的火灾，电气原因引起的火灾。内因火灾的发火原因主要为矿岩氧化自燃。

3.2.2.4　爆破伤害

在开采过程中使用大量的炸药，炸药在运输途中或在装药和放炮的过程中、未爆炸或未爆炸完全的炸药在装卸矿岩的过程中都有发生爆炸的可能性。炸药爆炸可以直接造成人体的伤害和财物的破坏。

引起爆炸事故的原因有：

（1）炸药控制不合格；

（2）炸药质量不合格；

（3）爆破作业后，没有检查或检查不彻底，没有清理出未爆炸的残余炸药；

（4）炸药运输过程中遇到明火、高温物体；

（5）炸药运输过程中有强烈的震动或摩擦；

（6）装药工艺不合理或违章作业；

（7）起爆工艺不合理或违章作业；

（8）人员没有撤离到安全区域就起爆；

（9）使用了不合格的起爆器材；

（10）炸药库设计不合理；

（11）炸药库中存在能够引起爆炸的引爆源；

（12）炸药库违章发放或存放炸药；

（13）运送炸药过程中出现意外情况等。

容易发生爆炸事故的场所有：

（1）炸药库及其附近；

（2）运送炸药的巷道；

（3）爆破作业的工作面；

（4）爆破作业的采场；

（5）爆破后的工作面；

（6）爆破后的采场；

（7）运送矿岩的巷道等。

3.2.2.5　中毒、窒息

A　引起中毒、窒息的原因

爆破后形成的炮烟是造成井下人员中毒的主要因素之一。除了炮烟以外，其他有毒烟尘，如矿体氧化形成的硫化物与空气的混合物、火灾产生的有毒烟气等也是中毒的重要因素。开采过程中遇到溶洞、采空区、废旧巷道，这些场所由于通风不畅，常有有毒有害气体或缺氧，需重点防范中毒和窒息事故的发生。

发生人员中毒、窒息的原因包括：

（1）违章作业。如放炮后没有经过足够的通风时间就进入工作面作业，或者人员没有按要求撤离到不致发生炮烟中毒的巷道等。

（2）通风设计不合理。如通风设计不合理使炮烟长时间在作业人员工作区滞留，没有足够的风量稀释炮烟，设计的通风时间过短等。

（3）由于标志不合理或没有标志，人员意外进入通风不畅或长期不通风的盲巷、采空区、硐室等。

（4）突然遇到含有大量窒息性气体、有毒气体、粉尘的地质构造，大量窒息性气体、有毒气体、粉尘突然涌到采掘工作面或其他人员作业场所，人员没有防护措施。

（5）出现意外情况。如意外的风流短路、人员意外进入炮烟污染区并长时间停留、意外的停风等。

B　易发生中毒、窒息的场所

（1）爆破作业面。

（2）炮烟流经的巷道。

（3）炮烟积聚的采空区、独头巷道。

（4）炮烟进入的硐室。

（5）盲巷、盲井、废旧井巷。

（6）通风不良的巷道有场所。

（7）采空区等。

3.2.2.6　淹溺危险

建有水仓的矿井，在丰水季节井下涌水量较大，局部井巷可能存在积水，具有淹溺危险性。容易发生井下淹溺的场所主要有：

（1）水仓；

（2）水中施工的场所；

（3）积水的巷道、采掘工作面；

（4）积水的废弃采空区；

（5）其他积水场所。

3.2.2.7　机械伤害

机械性伤害主要指机械设备运动（静止）部件、工具、加工件直接与人体接触引起的夹击、碰撞、剪切、卷入、绞、碾、割和刺等形式的伤害。各类转动机械的外露传动部分（如齿轮、轴和履带等）和往复运动部分都有可能对人体造成机械伤害。

同时机械伤害也是地下矿山生产过程中最常见的伤害之一，易造成机械伤害的机械、设备包括：运输机械、掘进机械、装载机械、钻探机械、破碎设备、通风设备、排水设备、选矿设备以及其他转动及传动设备。

3.2.2.8　高处坠落

高处坠落危害是指在高处作业中发生坠落造成的伤亡事故。地下矿山生产中可能产生高处坠落伤害事故的主要场所或区域有：竖井、斜井、天井、溜井、采场及各类操作平台。常因井下照明条件不好、未正确使用安全绳、无安全护栏、安全警示不明显等多种因素导致。

3.2.2.9 提升运输

提升运输是地下矿山生产过程中一个重要组成部分。主要有竖井提升、斜井提升和水平运输（机车运输、人推矿车运输、带式输送机运输）。提升运输事故主要表现为：

（1）竖井提升：断绳、过卷、掉罐毁物伤人；突然卡罐、挤罐、急剧停机或人员坠落。

（2）斜井提升：跑车、掉道毁物伤人；斜井落石伤人。斜井跑车事故是斜井提升运输危害最大的事故，其产生的主要原因有：钢丝绳断裂、摘挂钩失误、制动装置失灵、绞车工操作失误、挂车违章和防跑车装置有缺陷等（设计原因、安装缺陷或工作状态不良）。

（3）水平运输。采用机车运输过程常见的事故有机车撞车，机车撞、压行人，机车掉道等。其中机车撞压行人是危害最大的事故，其主要原因有：1）行人行走地点不当（如行人在轨道间、轨道上、巷道窄侧行走，就可能被机车撞伤）；2）行人安全意识差或精神不集中（行人不及时躲避、与机车抢道或扒跳车，都可能会造成事故）；3）周围环境的影响（如无人行道、无躲避硐室、设备材料堆积、巷道受压变形、照度不够、噪声大等）；4）机车操作原因（如超速运行、违章操作、判断失误、操作失控等）；5）机车制动装置失效等；6）其他因素（如无信号或信号不起作用、操作员无证驾驶或精神不集中、行车视线不良等）。

采用人推矿车运输时，常见事故有矿车撞人、挤夹等事故，主要原因是违章放飞车、无行车灯或铃声信号、刹车失灵、无专用人行道或人行道宽度不足和人员行走地点不当等。

采用胶带运输时主要事故表现为绞人伤害，胶带运输机产生绞人伤害的主要原因有：（1）胶带机运转过程中清理物料、加油或处理故障。（2）疲劳失误、绊滑跌倒、衣袖未扎。（3）违章跨越、违章乘坐。（4）操作人员精神不集中。（5）防护装置失效。（6）设计不满足要求。（7）信号装置失效或未开启等。

3.2.2.10 电气设备或设施

非煤矿山生产系统大量使用电气设备，存在电气事故危害。充油型互感器、电力电容器长时间过负荷运行，会产生大量热量，导致内部绝缘损坏，如果保护监测装置失效，将会造成火灾、爆炸；另外，配电线路、开关、熔断器、插销座、电热设备、照明器具、电动机等均有可能引起电伤害。

电气火灾产生原因有：

（1）由于电气线路或设备设计不合理、安装存在缺陷或运行时短路、过载、接触不良、铁心短路、散热不良、漏电等导致过热。

（2）电热器具和照明灯具形成引燃源。

（3）电火花和电弧，包括电气设备正常工作或操作过程中产生的电火花、电气设备或电气线路故障时产生的事故电火花、雷电放电产生的电弧和静电火花等。

产生电击的原因有：

（1）电气线路或电气设备在设计、安装上存在缺陷，或在运行中缺乏必要的检修维护，使设备或线路存在漏电、过热、短路、接头松脱、断线碰壳、绝缘老化、绝缘击穿、绝缘损坏和 PE 线断线等隐患。

（2）没有设置必要的安全技术措施（如保护接零、漏电保护、安全电压、电位连接等），或安全措施失效。

（3）电气设备运行管理不当，安全管理制度不完善。

（4）电工或机电设备操作人员的操作失误，或违章作业等。

产生触电的原因有：

（1）带负荷（特别是感应负荷）拉开裸露的闸刀开关。

（2）误操作引起短路。

（3）近距离靠近高压带电体作业。

（4）线路短路、开启式熔断器熔断时，炽热的金属微粒飞溅。

（5）人体过于接近带电体等。

3.2.2.11 起重伤害

在地下矿山生产过程中，选矿车间和机修车间存在大量的起重设备，发生起重伤害的几率比较大。其危害因素主要表现为牵引链断裂或滑动件滑脱、碰撞和突然停车等。由此引发的事故有毁坏设备、人员伤亡、影响生产等。起重伤害的一般原因有以下几个方面：（1）超载。（2）牵引链或产品未达到规定质量要求。（3）无证操作起重设备或作业人员违章操作。（4）开关失灵，不能及时切断电源，致使运行失控。（5）操作人员注意力不集中或视觉障碍，不能及时停车。（6）被运物件体积过大。（7）突然停电。（8）起重设备故障等。

3.2.2.12 有害因素

在开采过程中，还存在粉尘、噪声与振动和辐射等有害因素。

A 粉尘危害

粉尘危害是矿井开采作业中破坏力最大的危害之一。爆破、矿岩装卸和运输过程都能产生大量的粉尘。粉尘的危害性大小与粉尘的分散度、游离二氧化硅含量和粉尘物质组成有关。一般随着游离二氧化硅含量的增加、含硫量的增加，粉尘的危害也越来越大。在不同粒径的粉尘中，呼吸性粉尘对人的危害最大。

B 噪声与振动

井下的噪声主要是设备产生的机械噪声和气流的空气动力噪声。产生噪声和振动的设备和场所主要有：

（1）通风机、空压机。

（2）水泵和水泵房。

（3）提升机和提升机房。

（4）凿岩机和掘进工作面。

（5）运输设备和设备通过的巷道。

（6）装岩机和装岩作业场所等。

　　C　辐射

一般地下矿山开采，即使不是生产铀等放射性矿石的矿山，都含有微量的放射性物质，如氡。氡的产生是连续的，氡从岩石里跑到空气中的过程也是连续的。氡进入人体的主要途径是呼吸道。吸入的氡经上呼吸道进入肺部，并通过渗透作用至肺泡壁溶于血液循环系统分布到全身，并积聚在含脂肪较多的器官或组织中，按其本身固有的规律进行衰变，损害肺部和上呼吸道，加速某些慢性疾病的发展，严重危害职工身体健康。

另外，在生产过程中，还存在压力容器爆炸、高温、腐蚀、雷击、地震和采光照明不良等危险有害因素。

3.3　危险有害因素辨识

危险有害因素的存在是矿山生产活动中存在安全生产风险的客观原因。无论是建立安全生产管理体系，还是编制安全投资计划，以及建立安全生产管理目标，首先都要辨识生产过程中的危险有害因素，分析其危险与危害。因此，危险有害因素辨识与分析是安全评价的基础。

危险、有害因素的辨识就是找出可能引发事故、导致不良后果的危险源，通过找出可能存在的危险、危害因素，就能对其采取有针对性的对策措施，大大提高生产过程和系统的安全性，保证系统的安全。

危险、有害因素分析，是根据被评价工程、系统的实际情况，分析危险有害因素的存在部位、存在方式、事故发生的途径及其变化规律，便于对工程、系统进行定性、定量安全评价，从而采取针对性的安全技术措施和安全管理措施，以消除或减少工程、系统存在的风险。

主要危险、有害因素的识别，就是找出生产系统中最有可能引发事故，导致不良后果的材料、物质、工艺过程、设施、设备、环境特征和行为，识别可能发生事故的条件、部位和后果，以便采取预防和控制措施。

3.3.1　危险有害因素辨识原则

在进行危险、有害因素辨识的过程中，为了做到系统、全面，防止遗漏，应遵循以下原则：

（1）科学性。危险、有害因素的识别是分辨、识别、分析确定系统内存在的危险，而并非研究防止事故发生或控制事故发生的实际措施。它是预测安全状态和事故发生途径的一种手段。这就要求进行危险、有害因素识别，必须要有科学的安全理论做指导，使之能真正揭示系统安全状况危险、有害因素存在的部位、存在的方式、事故发生的途径及其变化的规律，并予以准确描述，以定性、定量的概念清楚地显示出来，用严密的合乎逻辑的理论予以解释清楚。

（2）系统性。危险、有害因素存在于生产活动的各个方面，因此要对系统进行全面、详细的剖析，研究系统和系统及子系统之间的相关和约束关系，分清主要危险、有害因素及其相关的危险、有害性。

（3）全面性。识别危险、有害因素时不要发生遗漏，以免留下隐患。要从厂址、自然条件、总图运输、建构筑物、工艺过程、生产设备装置、特种设备、公用工程、安全管理系统、设施和制度等各方面进行分析、识别；不仅要分析正常生产运转、操作中存在的危险、有害因素，还要分析、识别开车、停车、检修、装置受到破坏及操作失误情况下的危险、有害后果。

（4）预测性。对于危险、有害因素，还要分析其触发事件，即危险、有害因素出现的条件或设想的事故模式。

3.3.2 危险有害因素辨识过程

危害辨识过程具体涉及以下几个方面：

（1）确定危险、有害因素的分布。将危险、危害因素进行综合归纳，得出系统中存在哪些种类危险、危害因素及其分布状况的综合资料。

（2）确定危险、有害因素的内容。为了有序、方便地进行分析，防止遗漏，宜按厂址、平面布局、建（构）筑物、物质、生产工艺及设备、辅助生产设施（包括公用工程）和作业环境危险几部分，分别分析其存在的危险、危害因素，列表登记。

（3）确定伤害（危害）方式。伤害（危害）方式指对人体造成伤害、对人身健康造成损坏的方式。例如，机械伤害的挤压、咬合、碰撞、剪切等，中毒的靶器官、生理功能异常、生理结构损伤形式（如黏膜糜烂、植物神经紊乱、窒息等），粉尘在肺泡内阻留、肺组织纤维化、肺组织癌变等。

（4）确定伤害（危害）途径和范围。大部分危险、有害因素是通过与人体直接接触造成伤害；爆炸是通过冲击波、火焰、飞溅物体在一定空间范围内造成伤害；毒物是通过直接接触（呼吸道、食道、皮肤黏膜等）或一定区域内通过呼吸带的空气作用于人体；噪声是通过一定距离的空气损伤听觉的。

（5）确定主要危险、有害因素。对导致事故发生条件的直接原因、诱导原因进行重点分析，从而为确定评价目标、评价重点、划分评价单元、选择评价方法和采取控制措施计划提供基础。

（6）确定重大危险、有害因素。分析时要防止遗漏，特别是对可导致重大事故的危险、危害因素要给予特别的关注，不得忽略。不仅要分析正常生产运转、操作时的危险、有害因素，更重要的是要分析设备、装置破坏及操作失误可能产生严重后果的危险、有害因素。

3.3.3 危险有害因素辨识方法

3.3.3.1 直接经验法

（1）对照+经验法。对照有关标准、法规、检查表或依靠分析人员的观察分析能力，借助于经验和判断能力直观地评价对象危险性和危害性的方法。经验法是辨识中常用的方法，其优点是简便、易行，其缺点是受辨识人员知识、经验和占有资料的限制，可能出现遗漏。为弥补个人判断的不足，常采取专家会议的方式来相互启发、交换意见、集思广益，使危险、有害因素的辨识更加细致、具体。

对照事先编制的检查表辨识危险、有害因素，可弥补知识、经验不足的缺陷，具有方便、实用、不易遗漏的优点，但必须有事先编制的、适用的检查表。检查表是在大量实践经验基础上编制的，美国职业安全卫生局（OHSA）制定、发行了各种用于辨识危险、有害因素的检查表，我国一些行业的安全检查表、事故隐患检查表也可作为借鉴。

（2）类比法。利用相同或相似系统或作业条件的经验和职业安全卫生的统计资料来类推、分析评价对象的危险、有害因素。多用于危害因素和作业条件危险因素的辨识过程。

3.3.3.2　系统安全分析法

系统安全分析法即应用系统安全工程评价方法的部分方法进行危害辨识；系统安全分析方法常用于复杂系统、没有事故经验的新开发系统。常用的系统安全分析方法有事件树（ETA）、事故树（FTA）等。美国拉氏姆逊教授曾在没有先例的情况下，大规模、有效地使用了ETA、FTA方法，分析了核电站的危险、有害因素，并被以后发生的核电站事故所证实。

3.3.4　危险有害因素辨识实例

进行危险、有害因素分析与识别的主要依据有：被评价项目《可行性研究报告》、《安全设施设计》、《生产过程危险和有害因素分类与代码》（GB/T 13861—2009）、《职业病范围和职业病患者处理方法的规定》、《危险化学品重大危险源辨识》（GB 18218—2009）、原国家安全生产监督管理局《关于开展重大危险源监督管理工作的指导意见》（安监管协调字〔2004〕56号）等内容或规定。

3.3.4.1　露天矿山危险有害因素辨识实例

例3-1　《丽江玉龙铁矿安全预评价报告》第3章

第3章　危险有害因素辨识与分析

3.1　主要危险有害因素辨识与分析

针对丽江玉龙铁矿建设项目可行性研究报告中所提出的生产工艺系统，将矿山生产工艺过程及场所划分为：厂址选择及总图布置、矿区周边环境、开采技术条件、露天开采过程、公辅设施及安全管理6个子系统，采用资料分析、工程类比及直接经验分析和判断的方法分析各子系统存在的危险有害因素。各子系统危险有害因素分析见例表3-1，结果汇总见例表3-2。

例表 3-1　危险有害因素分析表

序号	子系统	危险有害因素	原因
1	厂址选择及总图布置	泥石流、滚石、滑坡	厂址选择不合理
		车辆伤害	公路设置不合理、不良天气运输
		物体打击	场地、建筑位于爆破警界范围内
		粉尘、噪声	办公生活区与排土场距离不足

续例表 3-1

序号	子系统	危险有害因素	原　　因
2	矿区周边环境	粉尘、噪声、爆破震动	矿山爆破、铲装、运输、排土作业对附近居民的影响
3	开采技术条件	坍塌	(1) 软弱岩层; (2) 地表水冲刷; (3) 爆破震动
		泥石流	地表洪水截排不当
4	露天开采过程	放炮伤害	(1) 放炮后过早进入工作面; (2) 装药工艺不合理或违章作业起爆工艺不合理或违章作业; (3) 警戒不到位,信号不完善,安全距离不够; (4) 非爆破专业人员作业或爆破作业人员违章
		火药爆炸	(1) 盲炮处理不当或打残眼; (2) 炸药运输过程中强烈振动或摩擦; (3) 装药工艺不合理或违章作业起爆工艺不合理或违章作业; (4) 爆破器材质量不良; (5) 非爆破专业人员作业或爆破作业人员违章; (6) 使用爆破性能不明的材料; (7) 炸药管理不严
		坍塌、滑坡	(1) 管理不善,未严格按设计施工; (2) 台阶超高,坡面角过陡; (3) 检查不周、疏忽大意; (4) 无截水沟设施
		高处坠落	(1) 不落实高处作业的各项安全措施就进行作业; (2) 作业现场的安全防护措施失效
		机械伤害	(1) 运转设备的转动和传动部分未盖防护罩或防护失效; (2) 人体接触转动部位而伤害; (3) 不按规程进行"停车、断电、挂禁动牌"就检修设备
		触电	(1) 违章作业、线路老化; (2) 电气线路、设备设计上不合理,选型不合理、安装上存在缺陷、超负荷使用; (3) 电器设备漏电造成人体与带电体直接接触或人体接近带高压电体,使人体流过超过承受阈值的电流而造成的伤害

序号	子系统	危险有害因素	原　因
4	露天开采过程	物体打击	(1) 高空检修拆除的物件临边堆放不稳固； (2) 高空抛物，未划定警戒线，无人监护； (3) 建构筑物倒塌，冲击作业中锤头脱落、飞出； (4) 物件设备摆放不稳、倾覆； (5) 易滚动物件堆放无防滚动措施； (6) 物件掉落伤人
		车辆伤害	(1) 违章驾驶、违章作业； (2) 运输设备和工具、器具有缺陷； (3) 安全防护装置失效； (4) 作业环境不符合安全要求，如通道、场地、照明等； (5) 超载超限等
		粉尘危害	在粉尘浓度超标的区域作业时不戴防尘口罩
		振动、噪声	防噪声装置失效或未安装，作业人员未按要求穿戴劳动防护用品
5	公辅设施	触电、雷电、电气火灾	(1) 线路设计不合理； (2) 无避雷系统设计
		机械伤害	机修、机械旋转部位
		容器爆炸	空压机储气罐、供气管
		坍塌、滑坡	工业场地无防排水设计
6	安全管理	管理工作衔接不当、管理空白	机构、人员设置不当
		责任不落实，任务不明确	制度未健全
		事故发生后无法及时组织救援，导致事故扩大	应急救援预案简单，可操作性不强等
		隐患扩大成事故	未落实安全检查、隐患未及时处理

例表 3-2 矿山危险有害因素辨识分析汇总表

项目	序号	危险因素分类	可能存在部位/环节	可能造成的后果
危险因素	1	泥石流、滚石	采场、工业场地、排土	毁坏工业场地、威胁下游
	2	滑坡	各采场工作面	毁坏机械设备
	3	坍塌	运输道路、边坡台阶、采场	车辆侧翻、人员受伤

续例表 3-2

项目	序号	危险因素分类	可能存在部位/环节	可能造成的后果
危险因素	4	物体打击	各采场工作面	人员受伤或死亡
	5	放炮、火药爆炸	爆破器材运输、使用过程、爆破作业影响范围	人员伤亡建筑、设备损坏
	6	容器爆炸	空压机储气罐及供气管道	人员受伤
	7	供电、供气	配电房、空压站	人员受伤
	8	高处坠落	作业面、破碎站、采场	人员受伤
	9	车辆伤害	运输过程中的各种车辆设备	车辆侧翻、人员受伤
	10	机械伤害	各种设备引起的机械事故	人员受伤
	11	触电	各种电气设备及其线路	人员死亡、受伤
	12	雷击、静电	采场、工业场地、配电室等防避雷设施不完善	人员死亡、受伤
有害因素	1	粉尘	各采场作业面等	呼吸系统疾病
	2	噪声、振动	装载机、潜孔钻机、空压机作业	职业病、听力下降
安全管理因素	1	机构、人员设置不当	矿山生产、安全管理	管理工作衔接不当、管理空白导致事故
	2	制度未健全	矿山生产、安全管理	责任不落实，任务不明确、诱发事故产生
	3	应急救援预案简单，可操作性不强等	矿山生产、安全管理	事故发生后无法及时组织救援，导致事故扩大，造成重大损失
	4	未落实安全检查、隐患未及时处理	矿山生产、安全管理	导致隐患扩大成事故

3.2　重大危险源辨识

根据《关于开展重大危险源监督管理工作的指导意见》（安监管协调字【2004】56号）、《危险化学品重大危险源辨识》（GB 18218—2009）中的相关规定：

（1）露天矿山不在重大危险源申报范围。

（2）矿山未储存爆破物品。

（3）空压机压力管道内气体为普通压缩空气（非可燃气体和毒性物质）、压力管道的压力最高达 0.7~0.8MPa，管道直径小于 200mm，未达到《关于开展重大危险源监督管理工作的指导意见》中规定的参考数值，且输送的介质为普通的压缩空气，故空压机、管道等未构成重大危险源。

所以，在该采场的露天开采过程中，未构成重大危险源。

3.3.4.2　地下矿山主要危险有害因素辨识实例

例 3-2　《大理白族自治州弥渡二郎矿业有限公司二郎铜矿安全现状评价报告》第 3 章

第 3 章　危险有害因素辨识与分析

3.1　主要危险有害因素辨识与分析

　　针对大理白族自治州弥渡二郎矿业有限公司二郎铜矿生产实际情况，将矿山生产工艺过程及场所划分为：废石场、排废作业、爆破器材库、爆破器材管理、坑口工业场地、压气房、开拓系统及安全出口、巷道支护及掘进作业、采场工作面及采切工程、采场结构、回采工艺、供水供电、提升作业、地表移动范围、防灭火、办公生活区及采矿工业场地、通风、防排水、运输作业、地表露天空区、图纸资料、安全管理等 22 个子系统、作业或场所，采用直接经验分析和现场经验判断辨识与分析。其危险有害因素分析见例表 3-1，矿山危险有害因素辨识分析汇总见例表 3-2。

例表 3-1　危险有害因素分析表

序号	子系统	危险有害因素	原　　因
1	废石场	滑坡	废石场排水设施不完善
		泥石流	废石场排水设施不完善
		高处坠落	废石场台阶边坡作业或行走，无安全绳
		滚石伤害	废石场下方无防滚石措施
2	排废作业	车辆伤害	手推车排废，无专人指挥或违章作业
		滚石伤害	排废产生滚石，下方无防滚石措施
		高处坠落	高台阶边排废作业，无安全绳
		车辆倾翻	废石场坡顶无车挡，手推车刹车不力或违章作业
		粉尘	排废产生粉尘，无降尘措施
3	爆破器材库	爆破器材遗失	库房防盗措施不完善
		火药爆炸	炸药存放不规范
4	爆破器材管理		
5	坑口工业场地	车辆伤害	场地混乱，车辆多，运输无专人指挥
		滚石伤害	场地位于地表移动范围下方，无防上部滚石措施
		其他（坑口无值班）	坑口无值班室，无关人员进入井下

续例表 3-1

序号	子系统	危险有害因素	原因
6	压气房	机械伤害	空压机旋转部位无防护
		坍塌	空压机房简陋，缺乏维护
		容器爆炸	空压机缺乏保养，积炭
		触电	空压机供电设施无有效的防漏电设施
		噪声	空压机工作产生噪声
7	开拓系统、安全出口	局部巷道断面不足	巷道宽度不足，无专用人行道
		安全出口间距不足	1830m 中段平硐口与斜井口距离不足 30m
8	巷道支护及掘进作业	冒顶片帮	围岩支护不当，地压活动或爆破震动
		物体打击	浮石掉块、支护坍塌
		机械伤害	掘进、支护机械操作不当
		放炮	爆破飞石、爆破震动、冲击波
		粉尘	爆破或装岩产生粉尘，无防尘措施
		噪声	凿岩、爆破产生噪声
9	采场工作面及采切工程	冒顶片帮	新掘工程未有效支护、地压活动、爆破震动
10	采场结构	安全出口不足	联络道垂距过大
11	回采工艺	机械伤害	凿岩、出矿设备使用不当
		粉尘	出矿过程无防尘措施
		噪声	凿岩、爆破、出矿产生噪声
		放炮	回采爆破飞石、振动或冲击波
		高处坠落	天井等场所内登高作业
		物体打击	浮石、作业器具等意外掉落
		中毒窒息	独头工作面、通风时间不足或通风方式不当
12	供水供电	爆管	水压过大、管壁过薄
		触电	供配电设施及用电设备防漏电保护装置缺失，线路铺设不规范
13	提升作业	机械伤害	卷扬机操作不当
		跑车	斜井无防跑车装置、断绳、提升操作不当
14	地表移动范围	滚石伤害	岩石塌陷不均匀产生滚石、地表坡度大
		积水	塌陷区无防截水措施
15	防灭火	火灾	井上井下防灭火安全设施缺陷
16	办公生活区及采矿工业场地	滚石伤害	办公生活区上方产生地表滚石，无防滚石设施
		火灾	办公生活区防灭火安全设施缺陷，违规用火
		触电	生活办公用电线路铺设不规范，配电设施及用电设备防漏电保护装置缺失
17	通风	中毒窒息	通风系统不健全，存在漏风、串风现象，通风时间不足
		粉尘	通风系统不健全、无防尘措施
18	防排水	透水	掘通不明水体
		淹溺	斜井排水系统能力不足、大量地表水浸入井下
		泥石流	地表水截排不当（力）

续例表 3-1

序号	子系统	危险有害因素	原　因
19	运输作业	车辆伤害	违章运输、巷道照明不足、无灯光信号、人车混行、巷道断面不足
20	地表露天空区	透水	凹陷露天空区无有效的截排水措施
		土石方坍塌	掘通露天空区，露天空区内有废土石
21	图纸资料	其他（不能顺利逃生）	无井上井下对照图及安全逃生线路图
22	安全管理	管理缺陷	无安全生产记录台账 无事故应急救援预案 安全警示、标志不全 未按规定提取安全生产费用

例表 3-2　矿山危险有害因素辨识分析汇总表

序号	危险有害因素	存在部位	原　因
1	冒顶片帮	巷道、采掘工作面	(1) 新掘工程未有效支护； (2) 地压活动； (3) 爆破震动
2	放炮	巷道掘进工作面、采场采切及回采工作面	(1) 爆破飞石； (2) 爆破震动； (3) 冲击波
3	中毒窒息	回采工作面通风不良地点	(1) 独头工作面； (2) 通风时间不足或通风方式不当； (3) 通风系统不健全； (4) 漏风、串风
4	物体打击、滚石伤害	废石场、坑口工业场地、办公生活区及采矿工业场地、巷道、采场、地表移动范围	(1) 排废产生滚石，下方无防滚石措施； (2) 地表移动范围内岩石塌陷不均匀产生滚石、地表坡度大，坑口工业场地及办公生活区位于地表移动范围下方且无防滚石措施； (3) 采场及巷道顶板浮石掉块； (4) 支护坍塌； (5) 作业器具等意外掉落
5	高处坠落	废石场、采场天井	(1) 废石场高台阶边坡排废作业或行走，无安全绳； (2) 采场天井等场所内登高作业意外坠落
6	车辆伤害、车辆倾翻、跑车、局部巷道断面不足	废石场排废作业、坑口工业场地、斜井提升作业、巷道运输作业	(1) 手推车排废，无专人指挥或违章作业；废石场坡顶无车挡，手推车刹车不力或违章作业； (2) 坑口工业场地混乱，车辆多，运输无专人指挥； (3) 斜井无防跑车装置、断绳、提升操作不当； (4) 违章运输、巷道照明不足、无灯光信号、人车混行、巷道断面不足等
7	火药爆炸、爆破器材遗失	爆破器材库	(1) 库房防盗措施不完善； (2) 炸药存放不规范

续例表 3-2

序号	子系统	危险有害因素	原 因
8	机械伤害	压气房、巷道支护及掘进作业、采场回采、斜井提升	(1) 空压机旋转部位无防护； (2) 掘进、支护机械操作不当； (3) 凿岩、出矿设备使用不当； (4) 卷扬机操作不当
9	坍塌	压气房、地表露天空区	(1) 空压机房简陋，缺乏维护； (2) 掘通露天空区，露天空区内有废土石
10	容器爆炸、爆管	压气房、供水管	(1) 空压机缺乏保养，积炭； (2) 水压过大、管壁过薄
11	触电	压气房、供电系统及用电设备、办公生活区及采矿工业场地	(1) 空压机供电设施无有效的防漏电设施；供配电设施及用电设备防漏电保护装置缺失，线路铺设不规范； (2) 生活办公用电线路铺设不规范，配电设施及用电设备防漏电保护装置缺失
12	透水	采掘工作面、地表露天空区下方	(1) 掘通不明水体； (2) 凹陷露天空区无有效的截排水措施
13	淹溺	矿井	(1) 斜井排水系统能力不足； (2) 大量地表水浸入井下
14	火灾	办公生活区及采矿工业场地、井下	(1) 办公生活区防灭火安全设施缺陷，违规用火； (2) 井上井下防灭火安全设施缺陷
15	其他：滑坡、泥石流、积水、坑口无值班、安全出口间距不足、不能顺利逃生	废石场、坑口工业场地、开拓系统、安全出口、采场、地表移动范围	(1) 废石场排水设施不完善； (2) 坑口无值班室，无关人员进入井下； (3) 1830m 中段平硐口与斜井口距离不足 30m； (4) 联络道垂距过大； (5) 塌陷区无防截水措施
16	粉尘、噪声	废石场、压气房、巷道支护及掘进作业、回采作业	(1) 排废产生粉尘，无降尘措施； (2) 空压机工作产生噪声； (3) 爆破或装岩产生粉尘，无防尘措施； (4) 凿岩、爆破、出矿产生噪声； (5) 出矿过程无防尘措施； (6) 通风系统不健全、无防尘措施； (7) 地表水截排不当（力）； (8) 无井上井下对照图及安全逃生线路图
17	管理缺陷	安全管理系统	(1) 无安全生产记录台账； (2) 无事故应急救援预案； (3) 安全警示、标志不全； (4) 未按规定提取安全生产费用

3.2 重大危险源辨识

根据《关于开展重大危险源监督管理工作的指导意见》（安监管协调字【2004】56号）、《危险化学品重大危险源辨识》（GB 18218—2009）中的相关规定：

（1）本矿在地下开采作业过程中使用的危险物质为工业炸药、起爆器材，因生产规模不大，年使用量较小。地面设有一个爆破器材库，储存量最大不超过 5t，起爆器材存储量小于 1t，未构成重大危险源。

（2）空压机储气罐、管道的压力为 0.7~0.8MPa，管道直径小于 200mm，未达到《关于开展重大危险源监督管理工作的指导意见》中规定的参考数值，且输送的介质为普通的压缩空气。故储气罐、管道等也未构成重大危险源。

综上所述，本矿在地下矿山开采过程中未构成重大危险源。

 复习思考题

3-1 根据《企业职工伤亡事故分类》（GB 6441—1986），危险因素分为哪些类别？

3-2 露天矿主要危险有害因素有哪些？

3-3 露天矿高处坠落危险主要存在哪些部位？

3-4 露天矿采场边坡失稳的诱因有哪些？

3-5 地下矿山主要危险有害因素有哪些？

3-6 地下矿山冒顶片帮危险主要存在哪些部位？

3-7 地下矿山发生中毒窒息事故的主要原因是什么？

3-8 危险有害因素的辨识方法有哪些？

3-9 怎样辨识重大危险源？

3-10 实作题：根据被评价矿山（第 2 章　实作题矿山）的生产工艺系统，辨识与分析其存在的主要危险有害因素，并编制该矿山安全现状评价报告"第 3 章　危险有害因素辨识与分析"章节。

4 评价单元划分与评价方法选择

- -

学习目标：

(1) 能根据被评价矿山项目的生产工艺特点，科学合理地划分评价单元。

(2) 能根据各评价单元的特点及评价性质，选择合理的评价方法。

(3) 能编制非煤矿山安全评价报告"评价单元划分与评价方法选择"章节。

- -

4.1 评价单元的划分

4.1.1 划分评价单元的目的

在危险有害因素分析的基础上，根据评价目标和评价方法的需要，将系统分成有限个确定范围的单元进行评价，该范围称为评价单元。

将系统划分为不同类型的评价单元进行评价，不仅可以简化评价工作、减少评价工作量、避免遗漏，而且可以得出各评价单元危险性的比较概念，避免了以最危险单元的危险性来表征整个系统的危险性、夸大整个系统危险性的可能性，从而提高了评价的准确性、降低了采取安全对策措施的安全投资费用。

4.1.2 划分评价单元的基本原则

划分评价单元时要坚持以下几项基本原则：(1) 各评价单元的生产过程相对独立。(2) 各评价单元在空间上相对独立。(3) 各评价单元的范围相对固定。(4) 各评价单元之间具有明显的界限。

这几项评价单元划分原则并不是孤立的，而是有内在联系的，在划分评价单元时应综合考虑各方面的因素进行划分。

4.1.3 划分评价单元的方法

划分评价单元是为评价目标和评价方法服务的，要便于评价工作的进行，有利于提高评价工作的准确性；评价单元一般以生产工艺、工艺装置、物料的特点和特征与危险、有害因素的类别、分布有机结合进行划分，还可以按评价的需要将一个评价单元再划分为若干子评价单元或更细致的单元。

由于至今尚无一个明确通用的"规则"来规范评价单元的划分方法，因此会出现不同的评价人员对同一个评价对象划分出不同的评价单元的现象。由于评价目标不同、各评价方法均有自身特点，只要达到评价的目的，评价单元划分并不要求绝对一致。常用的评价单元划分方法有两大类：

A　以危险、有害因素的类别为主划分评价单元

（1）对工艺方案、总体布置及自然条件、社会环境对系统影响等综合方面危险、有害因素的分析和评价，宜将整个系统作为一个评价单元。

（2）将具有共性危险因素、有害因素的场所和装置划为一个单元：

1）按危险因素类别各划归一个单元，再按工艺、物料。作业特点划分成子单元分别评价。例如：炼油厂可将火灾爆炸作为一个评价单元，按馏分、催化重整、催化裂化、加氢裂化等工艺装置和贮罐区划分成子评价单元，再按工艺条件、物料的种类和数量更细分为若干子评价单元；将存在起重伤害、车辆伤害、高处坠落等危险因素的各码头装卸作业区作为一个评价单元；有毒危险品、散粮、矿砂等装卸作业区的毒物、粉尘危害部分则列入毒物、粉尘有害作业评价单元；燃油装卸作业区作为一个火灾爆炸评价单元，其车辆伤害部分则在通用码头装卸作业区评价单元中进行评价。

2）进行安全评价时，宜按有害因素或有害作业的类别划分评价单元。例如，将噪声、辐射、粉尘、毒物、高温、低温、体力劳动强度危害的场所各划归一个评价单元。

B　以装置和物质特征划分评价单元

应用火灾爆炸指数法、单元危险性快速排序法等评价方法进行火灾爆炸危险性评价时，除按下列原则外还应依据评价方法的有关具体规定划分评价单元：

（1）按装置工艺功能划分，通常可以分为以下几个区域：原料贮存区域，反应区域，产品蒸馏区域，吸收或洗涤区域，中间产品贮存区域，产品贮存区域，运输装卸区域，催化剂处理区域，副产品处理区域，废液处理区域，通入装置区的主要配管桥区，其他区域。

（2）按布置的相对独立性划分：

1）以安全距离、防火墙、防火堤、隔离带等与（其他）装置隔开的区域或装置部分可作为一个单元；

2）贮存区域内通常以一个或共同防火堤（防火墙、防火建筑物）内的贮罐、贮存空间作为一个单元。

（3）按工艺条件划分评价单元。按操作温度、压力范围不同，划分为不同的单元；按开车、加料、卸料、正常运转、添加触剂、检修等不同作业条件划分单元。

（4）按贮存、处理危险物品的潜在化学能、毒性和危险物品的数量划分评价单元：

1）一个贮存区域内（如危险品库）贮存不同危险物品，为了能够正确识别其相对危险性，可作为不同单元处理；

2）为避免夸大评价单元的危险性，评价单元的可燃、易燃、易爆等危险物品最低限量为 2270kg 或 $2.73m^3$，小规模实验工厂上述物质的最低限量为 454kg 或 $0.545m^3$（该限制为道化学公司《火灾、爆炸危险指数评价法（第 7 版）》的要求，其他评价方法如 ICI 蒙德火灾、爆炸危险指数计算法，没有此限制）。

（5）根据以往事故资料，将发生事故能导致停产、波及范围大、造成巨大损失和伤害的关键设备作为一个单元；将危险性大且资金密度大的区域作为一个单元。

（6）将危险性特别大的区域、装置作为一个单元；将具有类似危险性潜能的单元合并为一个大单元。

4.1.4 矿山安全评价单元划分

4.1.4.1 露天矿安全评价单元划分

根据危险、有害因素识别情况，结合露天矿生产工艺特点，露天矿安全验收评价一般划分"建设程序符合性"、"厂址及总平面布置"、"露天开采"和"安全生产管理"4个评价单元。露天矿安全现状评价及预评价可以不设"建设程序符合性"单元。因为"露天开采"单元中存在的危险、有害因素较多，且交叉地出现在不同的工序和环节中，为便于评价工作的有序开展，又将露天开采单元再划分为"开拓运输"、"露天采场"、"穿孔爆破"、"铲装作业"、"排土"、"矿山电气"、"防排水"、"供水供气"等8个子单元。露天矿山安全评价单元划分见表4-1。

表 4-1　露天矿安全评价单元划分

序号	单元	子单元	评 价 内 容
1	建设程序符合性单元		项目立项、设计、预评价、建设等是否符合相关法律法规要求
2	厂址及总平面布置单元		厂址、总平面布置、道路及运输、建构筑物
3	露天开采单元	开拓运输	运输设备及工艺过程
		露天采场	边坡参数及治理措施
		穿孔爆破	穿孔爆破设备及工艺过程
		铲装作业	铲装设备及工艺过程
		排土	排土场设置、排土设备及工艺过程
		矿山电气	供配电设备及线路、用电设备
		防排水	防排水措施、排水设备及工艺
		供水供气	供水系统、压气系统
4	安全生产管理单元		管理机构、责任制、制度、操作规程、档案、安全投入、人员培训和安全警示标志等

值得注意的是，安全评价单元的划分并不是千篇一律、一成不变的，要根据被评价矿山企业的实际情况灵活的设置评价单元。比如，有的矿山不采用爆破作业，则不必设置穿孔爆破子单元；有的矿山有爆破器材库或有破碎筛分站，则需增设相应的评价单元。

4.1.4.2 地下矿安全评价单元划分

根据危险、有害因素识别情况，结合地下矿生产工艺特点，地下矿山安全验收评价一般划分"建设程序符合性"、"厂址及总平面布置"、"地下开采"、"公用辅助设施"和"安全生产管理"5个评价单元。地下矿山安全现状评价及预评价可以不设"建设程序符合性"单元。由于"地下开采"单元评价内容多，系统庞大，又可将"地下开采"单元再划分为"开拓"、"采矿方法"、"凿岩爆破"、"提升运输"、"通风防尘"、"供排水"、"供配电及压气"等子单元。公用辅助设施单元可进一步划分为"废石场"、"爆破器材库"和"防灭火"等子单元。地下矿山安全评价单元划分见表4-2。

表 4-2　地下矿安全评价单元划分

序号	单元	子单元	内　容
1	建筑程序符合性单元		项目立项、设计、预评价、建设等是否符合相关法律法规要求
2	厂址和总平面布置单元		厂址、总平面布置、道路及运输、建构筑物
3	地下开采单元	开拓	主要开拓巷道布置、井巷掘进工艺及设备
		采矿方法	采矿方法、采矿工艺及设备
		凿岩爆破	采掘工程凿岩及爆破作业
		提升运输	矿井提升工艺、坑内外运输工艺及设备
		通风防尘	矿井通风及防尘工艺及设备
		供排水	矿井供水、排水工艺及设备、管线
		供配电及压气	井下供配电设备、线路、坑内供气设备、管线
4	公用辅助设施单元	废石场	坑口临时废石堆场及集中废石场及排放工艺
		爆破器材库	炸药库、起爆器材库及其辅助设施
		防灭火	井上井下防灭火措施
5	安全生产管理单元		管理机构、责任制、制度、操作规程、档案、安全投入、人员培训和安全警示标志等

4.2　安全评价方法

非煤矿山安全评价方法较多，但常用的有安全检查法、安全检查表分析法、鱼刺图分析法、事故树分析法、事件树分析法、预先危险性分析法、作业条件危险性分析法以及工程类比法等。

4.2.1　安全检查法

安全检查（SR）又称为过程安全检查（Process Safety Review）、设计检查（Design Review）、避免危险检查（Loss Prevention Review），安全检查是对过程的设计、装置条件、实际操作、维修等进行详细检查以识别所存在的危险性。安全检查主要用于识别可能导致人员伤亡、财产损失等事故的装置条件或操作程序，这种方法可用于工艺过程的各个阶段，对正在进行设计的工艺过程，评价人员可针对设计文件（安全设施设计或初步设计）给出的图纸进行安全检查。

安全检查是对生产过程潜在安全问题的定性描述，并提出改正措施。安全检查可用于保证装置和操作以及维修符合设计要求和建设标准。

安全检查的目的是：

（1）使操作人员保持对工艺危险的警觉性。

（2）对需要修订的操作规程进行审查。

（3）对那些设备和工艺变化可能带来的任何危险性进行识别。

（4）评价安全系统和控制的设计依据。

（5）对现有危险性的新技术应用进行审查。

（6）审查维护和安全检查是否充分。

安全检查通常针对主要的危险因素，枝节问题不是安全检查的目的，当然这些枝节问题也需要进一步改进。安全检查还应吸收其他工艺过程的安全经验，尤其是类比同类工程或以往的事故案例。典型的安全检查包括对设计文件给出的图纸进行安全检查和对类比工程进行的安全检查（调研）。

安全检查由三个步骤组成：（1）检查的准备（包括组成检查组）。（2）进行并完成检查。（3）编制检查结果文件。

安全检查报告包括：（1）偏离设计的工艺条件所引起的安全问题。（2）偏离规定的操作规程所引起的安全问题。（3）新发现的安全问题。

4.2.2　安全检查表分析法

安全检查表分析（Safety Checklist Analysis，SCA）是将一系列分析项目列出检查表进行分析以确定系统的状态，这些项目包括设备、贮运、操作、管理等各个方面。传统的安全检查表分析方法是分析人员列出一些危险项目，识别与一般工艺设备和操作有关的已知类型的危险、设计缺陷以及事故隐患，其所列项目的差别很大，而且通常用于检查各种规范和标准的执行情况。安全检查表分析的弹性很大，既可用于简单的快速分析，也可用于更深层次的分析，它是识别已知危险的有效方法。

安全检查表内容编制的主要依据是：

（1）有关法律法规、技术标准、规程、规范及规定等。

（2）同类企业安全管理经验及国内外事故案例。

（3）通过分析确定的危险部位及防范措施。

（4）有关技术资料。

随时关注并采用新颁布的有关法律法规、规范和规定，正确地使用安全检查表分析将保证每个设备符合标准，而且可以识别出需进一步分析的区域。安全检查表分析是基于经验的方法，编制安全检查表的评价人员应当熟悉装置的操作、标准和规程，并从有关渠道（如内部标准、规范、行业指南等）选择合适的安全检查表，如果无法获得相关的安全检查表，评价人员必须运用自己的经验和可靠的参考资料编制合适的安全检查表；所拟定的安全检查表应当是通过回答安全检查表所列的问题能够发现系统设计和操作的各个方面与有关标准不符的地方。使用标准的安全检查表对项目发展的各个阶段（从初步设计到装置报废）进行分析。换句话说，针对典型的行业和工艺，其安全检查表内容是一定的；但是，完整的安全检查表应当随着项目从一个阶段到下一个阶段不断完善，这样，安全检查表才能作为交流和控制的手段。

安全检查表分析包括三个步骤：（1）选择或拟定合适的安全检查表。（2）完成分析。（3）编制分析结果文件。

评价人员通过确定标准的设计或操作以建立传统的安全检查表，然后用它产生一系列基于缺陷或差异的问题。所完成的安全检查表包括对提出的问题回答"是"、"否"、"不适用"或"需要更多的信息"。定性的分析结果随不同的分析对象而变化，但都将做出与标准或规范是否一致的结论。此外，安全检查表分析通常提出一系列的提高安全性的可能途径给管理者考虑。

4.2.3　鱼刺图分析法

鱼刺图分析法［又称因果分析图法（FDA）］，是安全系统工程的重要分析方法之一。把系统中产生事故的原因及造成的结果所构成错综复杂的因果关系，采用简明文字和线条加以全面表示的方法。因其形状像鱼骨或鱼刺，故称为鱼刺图法。一般情况下，可从人的不安全行为（安全管理者、设计者、操作者等）、物质条件构成的物的不安全状态（设备缺陷、环境不良等）以及自然环境三大因素中从大到小，从粗到细，由表及里，一层一层深入分析绘制鱼刺图。

4.2.4　事故树分析法

事故树分析法（FTA）又称故障树分析，是一种逻辑演绎系统安全分析方法。它是从要分析的特定事故或故障开始，层层分析其发生原因，一直分析到不能再分解为止；将特定的事故和各层原因（危险因素）之间用逻辑门符号连接起来，得到形象、简洁地表达其逻辑关系（因果关系）的逻辑树图形，即事故树。通过对事故树简化、计算达到分析、评价的目的。

该方法的基本步骤如下：

（1）确定分析对象系统和要分析的各对象事件（顶上事件）。

（2）确定系统事故发生概率、事故损失的安全目标值。

（3）调查与事故有关的所有直接原因和各种因素（设备故障、人员失误和环境不良反应因素）。

（4）编制事故树：从顶上事件起，一级一级往下找出所有原因事件为止，按其逻辑关系画出事故树。

（5）定性分析：按事故树结构进行简化，求出最小割集和最小径集，确定各基本事件的结构重要度。

（6）定量分析：找出各基本事件的发生概率，进而计算出顶上事件的发生概率，求出概率重要度和临界重要度。

（7）结果分析：当事故发生概率超过预定目标值时，从最小割集着手研究降低事故发生概率的所有可能方案，利用最小径集找出消除事故的最佳方案；通过重要度（重要度系数）分析确定采取对策措施的重点和先后顺序；从而得出分析、评价的结论。

4.2.5　事件树分析法

事件树分析（Event Tree Analysis，ETA）是安全系统工程中的重要分析方法之一，其理论基础是运筹学中的决策论。它是一种归纳法，从给定的一个初始事件的事故原因开始，按顺序分析事件向前发展中各个环节成功与失败的过程和结果。从而定性与定量地评价系统的安全性，并由此获得正确的决策。

事件树分析是由决策树演化而来的，最初是用于可靠性分析。它的原理是每个系统都是由若干个元件组成的，每个元件对规定的功能都存在具有和不具有两种可能。元件具有其规定的功能，表明正常（成功）；不具有规定功能，表明失效（失败）。按照系统的构成顺序，从初始元件开始，由左向右分析各元件成功与失败两种可能，直到最后一个元件为止。分析的过程用图形表示出来，就得到近似水平的树形图。

其目的有：（1）能够判断出事故发生与否，以便采取直观的安全方式。（2）能够指出消除事故的根本措施，改进系统的安全状况。（3）从宏观角度分析系统可能发生的事故，掌握事故发生的规律。（4）可以找出最严重的事故后果，为确定顶上事件提供依据。

事件树分析通常包括6个步骤：确定初始事件、找出与初始事件有关的环节事件、画事件树、说明分析结果、进行事件树简化和定量计算。

4.2.6 预先危险性分析法

预先危险性分析（PHA）也可称为危险性预先分析，是一种对系统存在的危险性类别、出现危险状态的条件、导致事故的后果，做一概略的分析而采用的分析方法。其目的是辨识系统中存在的潜在危险，确定其危险等级。

4.2.6.1 功能

预先危险性分析法的功能如下：
（1）大体识别与系统有关的主要危险。
（2）鉴别产生危险的原因。
（3）预测事故出现对人体及系统的影响。
（4）判定已识别的危险性等级，并提出削减或控制危险性的措施。

4.2.6.2 分级标准

在分析系统危险性时，为了衡量危险性的大小及其对系统破坏程度，将各类危险性划分为如下4个等级：
（1）Ⅰ级：安全的，不至于造成人员伤亡和系统损坏。
（2）Ⅱ级：临界的，暂时不会造成人员伤亡、系统损坏或降低系统性能，并且可能排除和控制。
（3）Ⅲ级：危险（致命）的，会造成人员伤亡和系统损坏，需立即采取防范对策措施。
（4）Ⅳ级：灾难性的，会造成人员重大伤亡及系统严重破坏的灾难性事故，必须给予果断排除并进行重点防范。

4.2.6.3 分析步骤

预先危险性分析的步骤大致为：
（1）了解系统的基本目的、工艺流程及环境因素等。
（2）参照类似系统的事故教训及经验，分析系统中可能出现的危险、危害及其事故（或灾害）可能类型。
（3）对确定的危险源分类，制定预先危险性分析表。
（4）确定危险因素转变为事故的触发条件和必要条件，寻求有效的对策措施。
（5）进行危险性等级划分。

（6）制定事故（或灾害）的预防性对策措施。

4.2.7　作业条件危险性分析法

美国的 K·J·格雷厄姆（Keneth J. Graham）和 G·F·金尼（Gilbert F. Kinney）研究了人们在具有潜在危险环境中作业的危险性，提出了以所评价的环境与某些作为参考环境的对比为基础，将作业条件的危险性作因变量（D），事故或危险事件发生的可能性（L）、人员或设备暴露于潜在危险环境的频率（E）及危险严重程度（C）为自变量，确定了它们之间的函数式。根据实际经验他们给出了 3 个自变量的各种不同情况的分数值，采取对所评价的对象根据情况进行"打分"的办法，然后根据公式计算出其危险性分数值，再在按经验将危险性分数值划分的危险程度等级表或图上，查出其危险程度的一种评价方法。这是一种简单易行的评价作业条件危险性的方法。

对于一个具有潜在危险性的作业条件，K·J·格雷厄姆和 G·F·金尼认为，影响危险性的主要因素有 3 个：（1）发生事故或危险事件的可能性。（2）暴露于这种危险环境的情况。（3）事故一旦发生可能产生的后果。用公式来表示，则为：

$$D = L \times E \times C$$

式中　D——作业条件的危险性；

　　　L——事故或危险事件发生的可能性；

　　　E——暴露于危险环境的频率；

　　　C——发生事故或危险事件的可能结果。

4.2.7.1　发生事故或危险事件的可能性

事故或危险事件发生的可能性与其实际发生的概率相关，其分值见表 4-3。

表 4-3　事故或危险事件发生可能性 L 分值

分值	事故或危险情况发生可能性
10*	完全会被预料到
6	相当可能
3	不经常、但有可能
1*	完全意外、极少可能
0.5	可以设想，但很不可能
0.2	极不可能
0.1*	实际上不可能

注：*为"打分"的参考点。

4.2.7.2　暴露于危险环境的频率

众所周知，作业人员暴露于危险作业条件的次数越多、时间越长，则受到伤害的可能性也就越大。关于暴露于潜在危险环境的分值见表 4-4。

表 4-4　人员、设备暴露于潜在事故环境的 *E* 分值

分值	出现于危险环境的频率
10 *	连续暴露于潜在危险环境
6	逐日在工作时间内暴露
3	每周一次或偶然暴露
2	每月暴露一次
1 *	每年几次出现在潜在危险环境
0.5	非常罕见地暴露

注：＊为"打分"的参考点。

4.2.7.3　发生事故或危险事件的可能结果

造成事故或危险事件的人身伤害或物质损失可在很大范围内变化，发生事故或危险事件的可能结果的分值见表 4-5。

表 4-5　发生事故或危险事件可能结果的 *C* 分值

分值	可　能　结　果
100 *	大灾难，许多人死亡
40	灾难，数人死亡
15	非常严重，一人死亡
7	严重，严重伤害
3	重大，致残
1 *	引人注目，需要救护

注：＊为"打分"的参考点。

4.2.7.4　危险性

确定了上述 3 个具有潜在危险性的作业条件的分值，并按公式进行计算，即可得危险性分值。危险性分值及等级详见表 4-6。

表 4-6　危险性 *D*（*D=L×E×C*）分值及等级

D 分值	危　险　程　度	等级
>320	极其危险，不能断续作业	I
160~320	高度危险，需要立即整改	II
70~160	显著危险，需要整改	III
20~70	可能危险，需要注意	IV
<20	稍有危险，或许可以接受	V

4.2.8　工程类比法

已知两个类似的不同对象之间的相互联系规律，用其中一个对象的发展模型来预测另一个对象的发展，这就是"工程类比法"的基本原理。在劳动安全现状评价中，往往在现实工程中选择一个或几个与需要评价的建设项目（工程）在生产类型、生产工艺、规模、条件及所使用的生产设施等基本方面类似的建设项目（工程），即"类比工程"，并通过对它们的调查研究、资料收集、现场测试、分析比较，运用类推原理来预测评价对象的劳动安全状况及可能会存在的问题。

4.3　评价方法的选择

安全评价方法是进行定性、定量安全评价的工具。安全评价的目的和对象不同，安全评价的内容和指标也不同。

选择安全评价方法时应根据安全评价的特点、具体条件和需要，针对被评价对象的实际情况、特点和评价目标，经过认真分析、比较。一般而言，对危险性较大的系统可采用系统的定性、定量安全评价方法，工作量也较大，如事故树、危险指数评价法、TNT 当量法等。反之，可采用经验的定性安全评价方法或直接引用分级（分类）标准进行评价，如安全检查表、直观经验法等。

评价方法的选择需要考虑系统所处的阶段。例如，在系统的开发、设计初期，可以应用预先危险性分析方法，对系统中可能出现的安全问题做出概括分析；在系统运行阶段，可以应用安全检查表分析、故障类型及影响分析等方法进行详细分析；也可应用事件树分析、事故树分析、系统可靠性分析、原因-后果分析等方法对系统的安全性做细致的定量分析。

对于非煤矿山安全评价，其危险有害因素的分析过程，一般可采用安全检查表法（SCA）或专家评议法进行评价分析，安全预评价还可采用预先危险性分析法（PHA）进行评价分析。在对主要危险有害因素进行定性定量评价时，可采用安全检查表法（SCA）、事故树分析法（FTA）、事件树分析法（ETA）、故障类型和影响分析（FMEA）法、鱼刺图分析法和预先危险性分析（PHA）法等进行评价。

4.4　实　　例

例 4-1 是大理白族自治州弥渡二郎矿业有限公司二郎铜矿安全现状评价报告的评价单元划分及评价方法选择。

例 4-1　《大理白族自治州弥渡二郎矿业有限公司二郎铜矿安全现状评价报告》第 4 章

第 4 章　评价单元划分及评价方法选择

4.1　评价单元划分

划分评价单元是为评价目标和评价方法服务的，为便于评价工作的进行，有利于提高评价工作的准确性和实用性。评价单元一般以生产工艺、工艺装置、物料的特点和特

征与危险、危害因素的类别、分布有机结合进行划分，还可以按评价的需要将一个评价单元再划分为若干子评价单元或更细致的单元。

本报告根据该矿生产工艺过程的情况，划分为厂址及总平面布置、开拓、采矿方法、凿岩爆破、提升运输、通风防尘、防排水、供配电及供水供气、爆破器材库、废石场、安全管理11个评价单元，见例表4-1。

例表4-1 项目评价单元划分结果表

序号	单元名称	评 价 范 围
1	厂址及总平面布置	坑口工业场地 地表露天空区 地表移动范围 办公生活区及采矿工业场地
2	开拓	开拓系统，安全出口 图纸资料
3	采矿方法	采场结构 采场工作面及采切工程 回采工艺 巷道支护及掘进作业
4	凿岩爆破	掘进、回采凿岩爆破
5	提升运输	提升作业、运输作业
6	通风防尘	通风系统、防尘系统
7	防排水	防排水系统
8	供配电及压气	变压器及供配电系统 压气房及供气管路
9	爆破器材库	爆破器材库、爆破器材管理
10	废石场	废石场、排废作业
11	安全管理	安全管理系统

4.2 评价方法选择

根据该矿山安全生产过程中危险有害因素的特点和评价方法的适用性，本次安全现状评价采用的主要评价方法有：预先危险性分析法（PHA）、事故分析采用事故树分析法（FTA）、事件树分析法（ETA）、鱼刺图分析法、安全检查表分析法（SCA）。各单元评价方法选择见例表4-2。

例表4-2 各单元评价方法选择

序号	单元名称	评 价 方 法
1	厂址及总平面布置	SCA、PHA
2	开拓	SCA、PHA、FTA、鱼刺图法
3	采矿方法	SCA、PHA、FTA、ETA、鱼刺图法
4	凿岩爆破	SCA、PHA、FTA 鱼刺图法
5	提升运输	SCA、PHA、FTA、鱼刺图法

续例表 4-2

序号	单元名称	评 价 方 法
6	通风防尘	SCA、PHA、ETA
7	防排水	SCA、PHA
8	供配电及压气	SCA、PHA
9	爆破器材库	SCA、PHA、FTA
10	废石场	SCA、PHA
11	安全管理	SCA

 复习思考题

4-1 为什么要划分评价单元？

4-2 露天矿安全预评价常划分哪几个评价单元？

4-3 地下矿安全验收评价常划分哪几个评价单元？

4-4 矿山安全评价常用的安全评价方法有哪些？

4-5 矿山安全现状评价常用哪些安全评价方法？

4-6 实作题：根据被评价矿山（第2章　实作题矿山）的生产工艺特点，合理地划分评价单元，为每个评价单元选择适合的评价方法，并编制该矿山安全现状评价报告"第4章　评价单元划分及评价方法选择"章节。

5 定性定量安全评价

学习目标：

（1）能针对被评价矿山项目各评价单元的评价内容，利用相关法律、法规、规程、规范及标准编制安全检查表，并利用安全检查表对各单元进行安全检查分析。

（2）能利用 PHA 分析法对各单元危险因素进行分析，并进行危险性分级。

（3）能利用 ETA、FTA、FDA 等评价方法对各单元的主要危险因素进行深入分析。

（4）能利用 LEC 分析法分析矿山生产系统各生产单元（环节）或作业场所的作业条件危险性。

（5）能利用安全检查表对矿山安全管理系统进行安全检查分析。

（6）能根据各单元的定性定量评价结果，作出单元评价小结。

（7）能编制非煤矿山安全评价报告"定性定量安全评价"章节。

危险与危害程度评价是安全评价工作的核心内容之一。不同的评价目的和不同的评价对象，其安全评价的内容和指标也不同。不同评价对象的危险和有害因素不同，其危险与危害程度也不同。系统安全分析方法是进行危险与危害程度定性、定量评价的工具。

在安全评价时，通过对生产系统危险和有害因素的辨识，可以初步确定生产过程中存在的主要危险与有害因素，再针对系统中存在的主要危险与有害因素进行定性或定量分析，可以进一步查明事故发生的原因、导致事故的模式，预测事故后果的严重程度等，以便于采取科学合理的对策措施，消除、预防和减弱事故的危害。

定量评价方法是动用基于大量的实验结果和广泛的事故资料统计分析获得的指标或规律（数学模型），对生产系统的工艺、设备、设施、环境、人员和管理等方面的状况进行定量的计算，评价结果是一些定量的指标，如事故发生的概率、事故的伤害（或破坏）范围、定量的危险性、事故致因因素的事故关联度或重要度等。

定性安全评价方法主要是根据经验和直观判断能力对生产系统的工艺、设备、设施、环境、人员和管理等方面的状况进行定性的分析，评价结果是一些定性的指标，如是否达到了某项安全指标、事故类别和导致事故发生的因素等。定性安全评价方法容易理解、便于掌握，评价过程简单而且往往是定量评价方法的基础，在矿山安全评价中广泛使用。

5.1 露天矿山主要单元评价

本节以丽江玉龙铁矿安全预评价为例，讲解露天矿山主要安全评价单元的定性定量评价方法。

根据《丽江玉龙铁矿 20 万吨/露天采矿工程可行性研究报告》：矿山设计生产规模为年产铁矿 20 万吨；平均剥采比 3.5m³/t，年均剥离废土石 70 万立方米；矿山生产服务年限为 18 年；采用山坡露天台阶式缓帮开采，端部折返式公路开拓；台阶高度 10m，工作台阶坡面角 70°，终了边坡全高 143m，最终边坡角 39°，安全平台宽 4m，清扫平台宽 6m；采用 KQ150 型潜孔钻机穿孔，多排孔排间微差爆破，2.0m³ 液压挖掘机铲装，20t 自卸汽车运输；排土场设在采场南部 1.0km 处，容积 1600 万立方米，堆置高度 76m，分四个分层进行堆放，采用推土机排土。

根据该矿山建设项目可行性研究报告提出的生产工艺，将该矿生产工艺系统分为：厂址及总平面布置、开拓运输、露天采场、穿孔爆破、铲装作业、排土、防排水、矿山电气、供水供气及安全管理共 10 个评价单元。下面就该矿山各评价单元进行定性定量分析评价（矿山电气、供水供气及安全管理 3 个单元略）。

5.1.1　厂址及总平面布置单元评价

该单元可选用预先危险性分析及安全检查表分析法来分析矿山选址的合理性及其主要工程的布置合理性。该单元应重点分析以下 4 个方面的内容：

（1）地表设施、建筑等是否位于不良地质地段或岩石移动范围内。

（2）厂址、生活区是否位于滚石、滑坡、泥石流、爆破飞石可能影响区域。

（3）各生产、生活设施布置是否符合相关规程规范要求，是否便于生活、利于生产。

（4）办公、生活区及主要工作场所是有否受生产粉尘、噪声的影响。

5.1.1.1　预先危险性分析

根据危险有害因素辨识和分析结果，对已辨识出的危险、有害因素采用 PHA 分析，鉴别危险产生的原因，预测事故出现对作业人员及生产过程产生的影响，判定危险性等级，并提出消除或控制危险的措施。露天矿厂址及总平面布置预选危险性分析见表 5-1。

表 5-1　玉龙铁矿厂址及总平面布置单元预先危险性分析表

序号	危险因素	诱发事故原因	事故后果	危险等级	对策措施
1	建构筑物基础不均匀沉降、变形、滑坡	（1）建构筑物布置于残积、坡积，断裂破碎带等不良工程地质地段； （2）矿址不良工程地质现象未查明； （3）矿址、生活区布置于滚石、滑坡、泥石流可能影响区域	人员伤亡、财产损失	Ⅲ	（1）矿址选址和总图时应重视矿址的工程地质条件和环境条件； （2）设计阶段，重要建构筑物应进行工程地质勘察，落实基础条件，宜避开不良工程地质地段； （3）设计、施工中应根据工程地质的变化情况，采取措施及时进行调整

序号	危险因素	诱发事故原因	事故后果	危险等级	对策措施
2	滚石 滑坡 坍塌	（1）建构筑物区存在不良工程地质现象； （2）风化剥蚀和降雨影响，陡崖岩体脱落，斜坡上坡积滑动； （3）场地道路的开挖边坡陡、缺乏有效支护； （4）施工、生产废土缺乏有效的堆弃措施和管理	人员伤亡、财产损失	Ⅲ	（1）建构筑物布置于工程地质及环境条件良好区段； （2）各类场地、道路边坡采取加固措施，确保边坡稳固； （3）加强施工和生产中废土、废石的规划堆存和管理
3	泥石流	（1）建构筑物设施置于汇水面较大的区域； （2）气象条件不详实，截排水设施不完善或失效	人员伤亡、财产损失	Ⅲ	（1）合理优化矿址选址； （2）根据矿区气象条件； （3）设置可靠的截排洪设施，并加强管理
4	车辆伤害	（1）道路存在坡度大、弯道大、路面窄、缺乏安全防护及警示； （2）车况差； （3）气候影响； （4）驾驶违章和操作失误	人员伤亡、财产损失	Ⅱ	（1）按道路设计规范进行道路设计； （2）设置防护设施及警示标牌； （3）加强车辆维护保养； （4）驾驶员持证操作，杜绝违章驾驶

预先危险性分析结果：本系统存在的主要危险因素是滚石、滑坡、坍塌、泥石流以及建构筑物基础不均匀沉降、变形、滑坡。因此，该建设项目应根据矿区工程地质、环境地质、气象、地形地貌等条件进行选址，应避开工程地质不良地段及滚石、滑坡、泥石流等重大危险区域；对选址特殊且条件限制的设施应根据危险因素的诱发事故条件，采取措施加以消除、预防和减弱。另外，对运输可能造成的车辆伤害也应引起重视，加强预防和管理。

5.1.1.2 安全检查表分析

根据《工业企业总平面设计规范》（GB 50187—2012）、《工业企业设计卫生标准》（GB Z1—2002）等规程规范中的相关规定，对该建设项目的厂址及总平面布置进行对照检查。其检查情况见表5-2。

表5-2 玉龙铁矿厂址及总平面布置安全检查表

序号	检查项目与内容	依据标准条款	拟建设方案	检查结果	补充的对策措施和建议
1	山区建厂，当厂址位于山坡或山脚处时，应采取防止山洪、泥石流等自然灾害的危害的加固措施，应对山坡的稳定性等作出地质灾害的危险性评估报告	《工业企业总平面设计规范》GB 50187—2012第3.0.13条	厂址位于山坡地带，不受洪水威胁	符合	按照可研方案执行

序号	检查项目与内容	依据标准条款	拟建设方案	检查结果	补充的对策措施和建议
2	废料场及尾矿场的规划，应符合下列规定： （1）应位于居住区和厂区全年最小频率风向的上风侧； （2）与居住区的卫生防护距离应符合现行国家有关工业企业设计卫生标等的规定； （3）含有有害有毒物质的废料场，应选在地下水位较低和不受地面水穿的地段，必须采取防扬散、防流失和其他防止污染的措施； （4）含有放射性物质的废料场，还应符合下列要求：1）应选在远离城镇及居住区的偏僻地段；2）应确保其地面及地下水不被污染；3）应符合现行国家标准《电离辐射防护与辐射源安全基本标准》GB 18871 的有关规定	《工业企业总平面设计规范》GB 50187—2012 第4.6.2条	排土场布置在矿区南面1km处，位于居住区和厂区全年最小频率风向的上风侧。距离居住区1.6km，不含有害有毒物质及放射性物质	符合	按照可研方案执行
3	排土场应利用沟谷、荒地、劣地，不占良田、少占耕地，宜避免迁移村庄	《工业企业总平面设计规范》GB 50187—2012 第4.7.1	排土场布置在矿区南面山谷中，未占良田及耕地	符合	按照可研方案执行
4	排土场宜靠近露天采掘场地表境界以外设置。对分期开采的矿山，经技术经济比较合理时，可设在远期开采界以内；在条件允许的矿山，应利用露天采空区作为内部排土场	《工业企业总平面设计规范》GB 50187—2012 第4.7.2	排土场距离采场1km	符合	按照可研方案执行
5	总平面布置应节约集约用地，提高土地利用率。布置时并应符合下列要求：在符合生产流程、操作要求和使用功能的前提下，建筑物、构筑物等设施，应采用联合、集中、多层布置；应按企业规模和功能分区，合理地确定通道宽度；厂区功能分区及建筑物、构筑物的外形宜规整；功能分区内各项设施的布置，应紧凑、合理	《工业企业总平面设计规范》GB 50187—2012 第5.1.2条	矿山总平面布置总体规划为采矿、排土、供电、供水、机修和办公生活区六大功能区。布置紧凑、合理	符合	按照可研方案执行
6	厂区的通道宽度，应符合下列要求：应符合通道两侧建筑物、构筑物及露天设施对防火、安全与卫生间距的要求；应符合铁路、道路与带式输送机通廊等工业运输线路的布置要求；应符合各种工程管线的布置要求；应符合绿化布置的要求；应符合施工、安装与检修的要求；应符合竖向设计的要求；应符合预留发展用地的要求	《工业企业总平面设计规范》GB 50187—2012 第5.1.4条	厂区内主要道路路面宽4.0m，路基宽5.0m。次要道路路面宽3.5m，路基宽4.0m	符合	按照可研方案执行

序号	检查项目与内容	依据标准条款	拟建设方案	检查结果	补充的对策措施和建议
7	总平面布置，应充分利用地形、地势、工程地质及水文地质条件，布置建筑物、构筑物和有关设施，应减少土（石）方工程量和基础工程费用，并应符合下列要求：当厂区地形坡度较大时，建筑物、构筑物的长轴宜顺等高线布置；应结合地形及竖向设计，为物料采用自流管道及高站台、低货位等设施创造条件	《工业企业总平面设计规范》GB 50187—2012 第5.1.5条	充分利用地形布置，沿等高线布置	符合	按照可研方案执行
8	总平面布置，应结合当地气象条件，使建筑物具有良好的朝向、采光和自然通风条件。高温、热加工、有特殊要求和人员较多的建筑物，应避免日晒	《工业企业总平面设计规范》GB 50187—2012 第5.1.6条	拟建的生活办公区及工业场地均布置在矿区西南部的矿区公路附近	符合	按照可研方案执行
9	总平面布置应采取防止高温、有害气体、烟、雾、粉尘、强烈振动和高噪声对周围环境和人身安全的危害的安全保障措施，并应符合现行国家有关工业企业卫生设计标准的规定	《工业企业总平面设计规范》GB 50187—2012 第5.1.7条	拟建的生活办公区及工业场地均布置在矿区西南部的矿区公路附近	符合	按照可研方案执行
10	总降压变电所的布置，应符合下列要求：（1）宜位于靠近厂区边缘且地势较高地段；（2）应便于高压线的进线和出线；（3）应避免设在有强烈振动的设施附近；（4）应避免布置在多尘、有腐蚀性气体和有水雾的场所，并应位于多尘、有腐蚀性气体场所全年最小频率风向的下风侧和有水雾场所冬季盛行风向的上风侧	《工业企业总平面设计规范》GB 50187—2012 第5.3.2	变压器设置在矿山开采境界外，同时避开了采场和破碎站	符合	按照可研方案执行
11	全厂性修理设施宜集中布置；车间维修设施，应在确保生产安全前提下，靠近主要用户布置	《工业企业总平面设计规范》GB 50187—2012 第5.4.1条	拟建的生活办公区及工业场地均布置在矿区西南部的矿区公路附近	符合	按照可研方案执行
12	机械修理和电气修理设施，应根据其生产性质对环境的要求合理布置，并应有较方便的交通运输条件	《工业企业总平面设计规范》GB 50187—2012 第5.4.2条	拟建的生活办公区及工业场地均布置在矿区西南部的矿区公路附近，生活办公区及工业场地通过矿区道路与外部连接	符合	按照可研方案执行

序号	检查项目与内容	依据标准条款	拟建设方案	检查结果	补充的对策措施和建议
13	建筑维修设施的布置，宜位于厂区边缘或厂外独立的地段，并应有必要的露天操作场、堆场和方便的交通运输条件； 矿山用电铲、钎凿设备等检修设施，宜靠近露天采矿场或井（硐）口布置并应有必要的露天检修和备件堆放场地	《工业企业总平面设计规范》GB 50187—2012 第5.4.6条、第5.4.7条	拟建的生活办公区及工业场地均布置在矿区西南部的矿区公路附近，生活办公区及工业场地通过矿区道路与外部连接	符合	按照可研方案执行
14	露天矿山道路的布置，应符合下列要求： （1）应满足开采工艺和顺序的要求，线路运输距离应短； （2）沿采场或排土场边缘布置时，应满足路基边坡稳定、装卸作业、生产安全的要求，并应采取防止大块石滚落等的措施； （3）深挖露天矿应结合开拓运输方案，合理选择出入沟的位置，并应减少扩帮量	《工业企业总平面设计规范》GB 50187—2012 第6.4.2	厂区内主要道路路面宽4.0m，路基宽5.0m。次要道路路面宽3.5m，路基宽4.0m	符合	按照可研方案执行

5.1.1.3　单元小结

依据矿山总平面布置原则，通过 PHA 分析及安全检查表分析，认为该建设项目可行性研究报告提出的厂址及总平面布置方案符合相关法律、法规、标准和规范要求。同时下一步设计时应重视以下方面：

（1）应明确新建构筑物的建房面积及新建工业场地的总图工程量。

（2）应在安全设施设计中明确防范滚石、滑坡、坍塌、泥石流以及建构筑物基础不均匀沉降、变形、滑坡的具体措施。

5.1.2　开拓运输单元评价

该单元选用预先危险性分析法和安全检查表法分析法等来评价开拓系统的合理性及运输作业的安全性。

5.1.2.1　预选危险性分析

开拓运输单元预先危险性分析，见表 5-3。

预先危险性分析结果：本系统存在的主要危险因素是车辆伤害和机械伤害，均达到Ⅲ级，是危险的。因此，该建设项目应在后期设计中合理设计铲装、运输工艺系统，并提出切实可行的事故预防措施。

表 5-3 玉龙铁矿开拓运输单元预先危险性分析表

序号	危险有害因素	诱发事故原因	事故后果	危险等级	对策措施
1	车辆伤害	（1）无证驾驶或疲劳、酒后驾驶； （2）未按规程操作； （3）采场运输线路设置不合理； （4）采场运输道路坡度较陡、弯道较大； （5）无道路警示标志； （6）道路路基坍塌； （7）道路缺乏维护	人员伤亡和设备损坏	Ⅲ	（1）制定挖掘机、汽车运输设备安全操作规程，并严格执行； （2）加强作业人员安全教育培训； （3）道路设置应按照《厂矿道路设计规范》设计、施工； （4）运输道路设置明显的警示标志； （5）冰雪或多雨季节道路较滑时，应有防滑措施并减速行驶； （6）加强道路维护
2	机械伤害	（1）设备质量不合格或缺乏检修维护； （2）规程缺失或未执行规程； （3）无证操作或疲劳酒后操作	人员伤亡和设备损坏	Ⅲ	（1）加强设备检修维护； （2）制定各种安全操作规程，并严格执行； （3）加强作业人员安全教育培训

5.1.2.2 安全检查表分析

开拓运输单元安全检查表分析，见表 5-4。

表 5-4 玉龙铁矿开拓运输单元安全检查表

序号	检查项目	检查内容	标准依据	拟建设方案	检查结果	补充的对策措施和建议
1	开拓系统	采装作业平台必须有足够的面积，确保运输车辆安全作业	《金属非金属矿山安全规程》GB 16423—2006	铲装平台宽 30m，满足铲装运输要求	符合	按照可研方案执行
		双车道的路面宽度，应保证会车安全；陡长坡的尽端弯道，不应采用小平曲半径；弯道处会车视距若不能满足要求，则应分设车道	《金属非金属矿山安全规程》GB 16423—2006 第 5.3.2.3 条	矿山道路转弯半径为 12m，并设置相应的安全警示标志	符合	按照可研方案执行
		山坡填方的弯道、坡度较大的填方地段以及高堤路基路段外侧应设置防护栏，挡车墙等	《金属非金属矿山安全规程》GB 16423—2006 第 5.3.2.6 条	部分路段设置有挡车墙	符合	按照可研方案执行
		对主要运输道路及联络道的长大坡道，应根据运行安全需要，设置汽车避让道	《金属非金属矿山安全规程》GB 16423—2006 第 5.3.2.9 条	在运输道路设置相应的超车道	符合	按照可研方案执行
		道路危险地段必须设置警示牌	《金属非金属矿山安全规程》GB 16423—2006	可研中未提及	不符合	下一步设计需补充道路危险地段设置警示牌的设计内容

序号	检查项目	检查内容	标准依据	拟建设方案	检查结果	补充的对策措施和建议
2	运输	使用采掘、运输、排土和其他机械设备，应遵守下列规定： （1）设备运转时，不应对其转动部分进行检修、注油和清扫； （2）设备移动时，不应上下人员；在可能危及人员安全的地点，不应有人停留或通行； （3）终止作业时，应切断动力电源，关闭水、气阀门	《金属非金属矿山安全规程》GB 16423—2006第5.1.14条	按《金属非金属矿山安全规程》执行	符合	按照可研方案执行
		车辆在矿区道路上宜中速行驶，急弯、陡坡、危险地段应限速行驶，养路地段应减速通过；急转弯处严禁超车	《金属非金属矿山安全规程》GB 16423—2006第5.3.2.3条	矿区内运输道路较为平坦，在下坡路段设有限速标识	符合	按照可研方案执行
		深凹露天矿运输矿（岩）石的汽车，应采取尾气净化措施	《金属非金属矿山安全规程》GB 16423—2006第5.3.2.1条	矿山为山坡露天开采	不涉及	不涉及
		（1）不应用自卸汽车运载易燃、易爆物品； （2）驾驶室外平台、脚踏板及车斗不应载人； （3）不应在运行中升降车斗	《金属非金属矿山安全规程》GB 16423—2006第5.3.2.2条	矿山有专车运输爆破器材	符合	按照可研方案执行
		雾天或烟尘弥漫影响能见度时，应开亮车前黄灯与标志灯，并靠右侧减速行驶，前后车间距应不小于30m；视距不足20m时，应靠右暂停行驶，并不应熄灭车前、车后的警示灯	《金属非金属矿山安全规程》GB 16423—2006第5.3.2.4条	按《金属非金属矿山安全规程》执行	符合	按照可研方案执行
		冰雪或多雨季节道路较滑时，应有防滑措施并减速行驶；前后车距应不小于40m；拖挂其他车辆时，应采取有效的安全措施，并有专人指挥	《金属非金属矿山安全规程》GB 16423—2006第5.3.2.5条	按《金属非金属矿山安全规程》执行	符合	按照可研方案执行

序号	检查项目	检查内容	标准依据	拟建设方案	检查结果	补充的对策措施和建议
2	运输	正常作业条件下，同类车不应超车，前后车距离应保持适当；生产干线、坡道上不应无故停车	《金属非金属矿山安全规程》GB 16423—2006 第5.3.2.7条	按《金属非金属矿山安全规程》执行	符合	按照可研方案执行
		自卸汽车进入工作面装车，应停在挖掘机尾部回转范围0.5m以外，防止挖掘机回转撞坏车辆。汽车在靠近边坡或危险路面行驶时，应谨慎通过，防止崩塌事故发生	《金属非金属矿山安全规程》GB 16423—2006 第5.3.2.8条	按《金属非金属矿山安全规程》执行	符合	按照可研方案执行
		装车时，不应检查、维护车辆；驾驶员不应离开驾驶室，不应将头和手臂伸出驾驶室外	《金属非金属矿山安全规程》GB 16423—2006 第5.3.2.11条	按《金属非金属矿山安全规程》执行	符合	按照可研方案执行
		卸矿平台（包括溜井口、栈桥卸矿口等处）应有足够的调车宽度；卸矿地点应设置牢固可靠的挡车设施，并设专人指挥。挡车设施的高度应不小于该卸矿点各种运输车辆最大轮胎直径的2/5	《金属非金属矿山安全规程》GB 16423—2006 第5.3.2.12条	在卸矿口设置不小于该卸矿点各种运输车辆最大轮胎直径的2/5的安全车挡	符合	按照可研方案执行
		拆卸车轮和轮胎充气之前，应先检查车轮压条和钢圈完好情况，如有缺损，应先放气后拆卸。在举升的车斗下检修时，应采取可靠的安全措施	《金属非金属矿山安全规程》GB 16423—2006 第5.3.2.13条	按《金属非金属矿山安全规程》执行	符合	按照可研方案执行
		不应采用溜车方式发动车辆，下坡行驶不应空挡滑行。在坡道上停车时，司机不应离开，应使用停车制动，并采取安全措施	《金属非金属矿山安全规程》GB 16423—2006 第5.3.2.14条	按《金属非金属矿山安全规程》执行	符合	按照可研方案执行
		露天矿场汽车加油站，应设置在安全地点。不应在有明火或其他不安全因素的地点加油	《金属非金属矿山安全规程》GB 16423—2006 第5.3.2.15条	矿山柴油罐区距离采场500m以外	符合	按照可研方案执行
		夜间装卸车地点，应有良好照明	《金属非金属矿山安全规程》GB 16423—2006 第5.3.2.16条	夜间不作业	不涉及	不涉及

5.1.2.3　单元小结

可研报告中设计矿山开拓运输方式为山坡露天开采常用的公路开拓、汽车运输方式，工艺成熟；公路展线方式及技术参数符合相关规程规范要求，开拓运输系统的设计可满足将来安全生产的要求。同时下一步设计中必须注意以下内容：

（1）论证道路路基是否能承载以后采场车辆的运行。

（2）补充道路危险地段设置安全警示牌的设计内容。

5.1.3　露天采场单元评价

该单元选用预先危险性分析法及安全检查表法来初步判断主要危险源的存在，对边坡失稳、滑坡等事故可进一步采用鱼刺图分析法、事故树分析法等来分析，对高处坠落和滚石伤人危险采用事故树分析法来进一步分析。

5.1.3.1　预选危险性分析

露天采场单元预先危险性分析，见表5-5。

表5-5　玉龙铁矿露天采场单元预先危险性分析表

序号	危险因素	诱发事故原因	事故后果	危险等级	对　策　措　施
1	露天边坡危害（边坡失稳、坍塌、滑坡）	（1）边坡参数不合理：台阶过高，坡面角过大，工作平台宽度窄； （2）边坡高陡、坡积、残坡积层、岩石破碎、岩石结构面发育； （3）受爆破震动、大气降雨和地表水等因素的影响； （4）局部掏采； （5）不按照规范操作	人员伤亡、设备损坏	Ⅳ	（1）按照规范、规程要求进行设计、开采，合理确定境界和边坡参数； （2）定期进行边坡稳定性研究分析及监测； （3）合理布置工作面； （4）合理协调，统筹规划开采境界与排土场； （5）合理构筑防排水设施； （6）合理确定爆破同段最大药量，减少爆破震动
2	滚石伤害	（1）工作帮坡面上因安全检查不严格及浮石、危石清理不彻底； （2）爆破震动影响、雨水冲刷等； （3）爆堆过高，与铲装设备（工艺）不配套； （4）边坡维护无人监护，人员在工作地点下部的道路停留或通过	人员伤亡、设备损伤	Ⅲ	（1）生产作业前对工作帮边坡上的单体危岩和伞檐体进行处理； （2）建立边坡安全检查制度，及时清理浮石； （3）合理构筑防排水设施； （4）合理确定爆破参数； （5）作业范围设置明显安全警示标志，防止人、畜进入； （6）边坡维护时应有专人在工作点下方危险范围外监护，防止人员进入

序号	危险因素	诱发事故原因	事故后果	危险等级	对 策 措 施
3	高处坠落	(1) 操作不熟练； (2) 操作地点不安全； (3) 作业前安全检查、处理不到位； (4) 在2m及以上高处作业不系安全带进行边坡处理； (5) 采场边坡作业条件差； (6) 外来人、畜进入边坡上部危险区域； (7) 工作面参数选择不合理，不能满足设备安全要求	人员伤害、设备损毁	Ⅱ	(1) 严格执行操作规程； (2) 树立先安全后生产的观念，坚持工作前对工作面的安全处理； (3) 加强个人防护措施；作业人员在2m及以上高处作业必须系安全带，要加强现场操作管理； (4) 依据作业设备，确定合理台阶高度，最小工作平台宽度，最小工作线长度
4	其他伤害（职业危害）	(1) 打干眼； (2) 长期在高粉尘、高噪声环境下作业； (3) 采用落后设备生产； (4) 采用落后生产工艺	人员慢性伤害	Ⅱ	(1) 加强个体防护，如佩戴防尘口罩、耳塞； (2) 采用湿式作业； (3) 增加消声、隔音设施； (4) 采用先进设备和工艺生产

预先危险性分析结论：通过 PHA 分析，Ⅲ级或Ⅲ级以上是危险的，会造成人员伤亡或系统损坏。露天边坡失稳、坍塌、滑坡及滚石伤害等是本矿主要的危险因素，危险等级达到Ⅳ级，是灾难性的，因此下一步设计必须对边坡参数进行科学合理的设计并提出切实可行的事故预防措施；本矿滚石伤害危险达到了Ⅲ级，需要采取防范对策措施；其他事故为需要引起重视的危险因素。

5.1.3.2 采剥工艺安全检查表分析

露天采场单元安全检查表分析，见表 5-6。

表 5-6 玉龙铁矿露天采场单元安全检查表

序号	检查内容	依据标准条款	拟建设方案	检查结果	补充的对策措施和建议
1	露天开采应遵循自上而下的开采顺序，分台阶开采，并坚持"采剥并举，剥离先行"的原则	《金属非金属矿山安全规程》（GB 16423—2006）	可研提出自上而下的开采顺序	符合	按照可研提出方案执行
2	必须按照自上而下的开采顺序，台阶式开采。严禁不分段或从台阶下部掏采	《金属非金属矿山安全规程》（GB 16423—2006）	自上而下、分台阶开采	符合	按照可研提出方案执行
3	非工作台阶最终坡面角和最小工作平台宽度，应在设计中规定。采矿和运输设备、运输线路、供电和通讯线路，应设置在工作平台的稳定范围内	《金属非金属矿山安全规程》（GB 16423—2006）	可研报告中有最终坡面角50°但未对最小工作平台宽度作规定	不符合	下步设计中应进行相应的计算，做出明确规定

序号	检查内容	依据标准条款	拟建设方案	检查结果	补充的对策措施和建议
4	露天采场各作业水平上、下台阶之间的超前距离，应在设计中明确规定。不应从下部不分台阶掏采。采剥工作面不应形成伞檐、空洞等	《金属非金属矿山安全规程》（GB 16423—2006）	可研报告中未作明确规定	不符合	下步设计中应做出明确规定
5	因遇大雾、炮烟、尘雾和照明不良而影响能见度，或因暴风雨、雪或有雷击危险不能坚持正常生产时，应立即停止作业；威胁人身安全时，人员应转移到安全地点	《金属非金属矿山安全规程》（GB 16423—2006）	按规程执行	符合	按照可研提出方案执行
6	露天采场应有人行通道，并应有安全标志和照明	《金属非金属矿山安全规程》（GB 16423—2006）	设置相应的安全警示标识	符合	按照可研提出方案执行
7	露天开采应优先采用湿式作业。产尘点和产尘设备，应采取综合防尘技术措施	《金属非金属矿山安全规程》（GB 16423—2006）	（1）对采场进行洒水作业；（2）湿式标准化凿岩；（3）在破碎站及产尘较多的地点采用喷雾洒水	符合	按照可研提出方案执行
8	露天矿山开采的阶段高度、平台宽度、边坡角和最终边坡角符合《规程》的要求	《金属非金属矿山安全规程》（GB 16423—2006）	台阶参数符合	符合	按照可研提出方案执行

5.1.3.3　边坡失稳鱼刺图分析

为了更准确、直观的分析事故发生原因，为矿山在以后的工作中有针对性的采取措施防范边坡失稳，对边坡失稳危险采用鱼刺图分析法进行进一步的分析，如图 5-1 所示。

从图 5-1 分析可知，导致露天采场边坡失稳的主要因素有地质因素、震动因素、开采工艺、水的影响以及边坡参数等几个方面，具体分析如下：

（1）地质因素。由于矿床工程地质和水文地质资料不详，导致开采后边坡面上出现不良工程地质、水文地质岩层，在边坡面上若出现顺坡岩层层面，则岩层易出现顺坡滑动；在节理裂隙发育地段，岩石破碎，在风化剥蚀作用下易出现滚石或塌方等事故。

（2）震动因素。在采场内进行爆破作业，装药量过大，靠近边坡的爆破未采取微差爆破、预裂爆破、松动爆破等对边坡进行有效的保护，使边坡面上原来未处理的危石散落，或岩石顺岩层层面滑动等。另外地震震动也是导致边坡失稳的影响因素之一。

（3）开采工艺。未严格按照自上而下的台阶式开采，未使用光面爆破清理台阶坡面，靠近边坡部位产生超挖、欠挖，台阶坡面上方形成伞岩、危石等。未定期对边坡进行监测，发现隐患后未进行及时有效的治理。

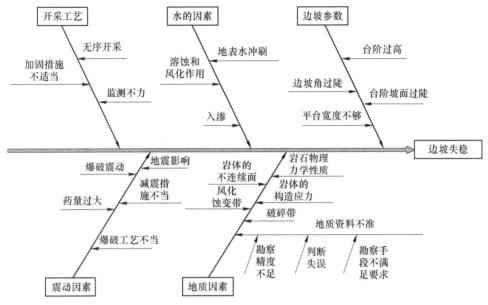

图 5-1 采场边坡失稳鱼刺图分析

（4）水的因素。地表水对边坡的冲刷，岩层渗水减弱了岩块间的结合力且增加边坡荷载，地下水具有弱化边坡岩体强度的作用，同时承压地下水对边坡老层岩体产生浮托力，使边坡岩体内聚力减小，这些因素对边坡稳定均是不利的。

（5）边坡参数。台阶过高、台阶坡面角过陡会引起台阶失稳，产生滑坡、崩落、滚石；安全平台宽度不足，非工作帮边坡角度过陡，在有地质弱面的前提下可能产生大型滑坡等事故。

5.1.3.4 边坡滑坡事故树分析

露天边坡滑坡事故树如图 5-2 所示。

（1）最小割集和结构重要度：

$$T = M_1 + M_2 + M_3 + M_4$$
$$= M_5 M_6 + (X_1 + X_2) + (X_3 + X_4 + X_5) + X_6 X_7$$
$$= (X_8 + X_9 + X_{10})(X_{11} X_{12}) + (X_1 + X_2) + (X_3 + X_4 + X_5) + X_6 X_7$$
$$= X_8 X_{11} X_{12} + X_9 X_{11} X_{12} + X_{10} X_{11} X_{12} + X_1 + X_2 + X_3 + X_4 + X_5 + X_6 X_7$$

用布尔代数化简法，得出 9 个最小割集为：

$$K_1 = \{X_8, X_{11}, X_{12}\} \quad K_2 = \{X_9, X_{11}, X_{12}\} \quad K_3 = \{X_{10}, X_{11}, X_{12}\}$$
$$K_4 = \{X_1\} \quad K_5 = \{X_2\} \quad K_6 = \{X_3\} \quad K_7 = \{X_4\} \quad K_8 = \{X_5\} \quad K_9 = \{X_6, X_7\}$$

根据下列公式求各基本事件的重要程度：

$$I_\phi(i) = 1 - \prod_{X_j \in P_j} \left(1 - \frac{1}{2^{n_j - 1}}\right)$$

其结果如下：

$$I_\Phi(1) = I_\Phi(2) = I_\Phi(3) = I_\Phi(4) = I_\Phi(5) > I_\Phi(11) = I_\Phi(12) > I_\Phi(6)$$
$$= I_\Phi(7) > I_\Phi(8) = I_\Phi(9) = I_\Phi(10)$$

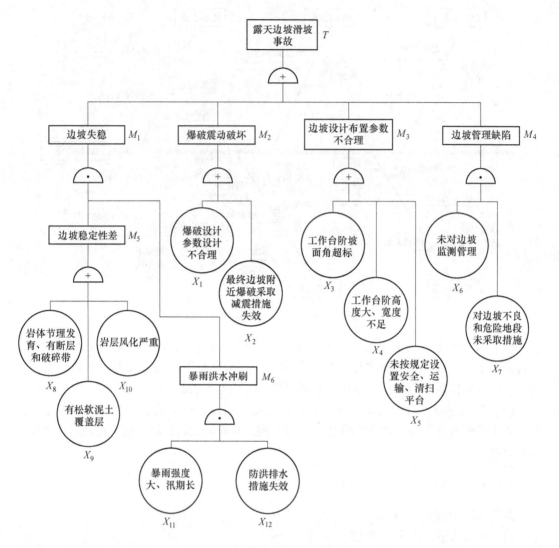

图 5-2　采场边坡滑坡事故树

（2）最小径集和预防措施：

$$T' = M_1' M_2' M_3' M_4'$$

$$= (M_5' + M_6')(X_1'X_2')(X_3'X_4'X_5')(X_6' + X_7')$$

$$= (X_8'X_9'X_{10}' + X_{11}' + X_{12}')(X_1'X_2')(X_3'X_4'X_5')(X_6' + X_7')$$

$$= X_1'\,X_2'\,X_3'\,X_4'\,X_5'\,X_6'\,X_8'\,X_9'\,X_{10}' + X_1'\,X_2'\,X_3'\,X_4'\,X_5'\,X_7'\,X_8'\,X_9'\,X_{10}' +$$

$$X_1'\,X_2'\,X_3'\,X_4'\,X_5'\,X_6'\,X_{11}' + X_1'\,X_2'\,X_3'\,X_4'\,X_5'\,X_7'\,X_{11}' +$$

$$X_1'\,X_2'\,X_3'\,X_4'\,X_5'\,X_6'\,X_{12}' + X_1'\,X_2'\,X_3'\,X_4'\,X_5'\,X_7'\,X_{12}'$$

最小径集为：

$$P_1 = \{\ X_1',\ \ X_2',\ \ X_3',\ \ X_4',\ \ X_5',\ \ X_6',\ \ X_8',\ \ X_9',\ \ X_{10}'\}$$

$$P_2 = \{\ X_1',\ \ X_2',\ \ X_3',\ \ X_4',\ \ X_5',\ \ X_7',\ \ X_8',\ \ X_9',\ \ X_{10}'\}$$

$$P_3 = \{\ X_1',\ \ X_2',\ \ X_3',\ \ X_4',\ \ X_5',\ \ X_6',\ \ X_{11}'\}$$

$$P_4 = \{\ X_1',\ \ X_2',\ \ X_3',\ \ X_4',\ \ X_5',\ \ X_7',\ \ X_{11}'\}$$

$$P_5 = \{ X_1', \ X_2', \ X_3', \ X_4', \ X_5', \ X_6', \ X_{12}' \}$$
$$P_6 = \{ X_1', \ X_2', \ X_3', \ X_4', \ X_5', \ X_7', \ X_{12}' \}$$

由以上求出的最小径集可知，地质条件（岩层节理发育、有断层、破碎带等）、爆破震动（爆破设计不合理、爆破防护措施失效等）、边坡布置设计参数（工作台阶坡面角大、高度过高、宽度不够、未按规定设安全平台和清扫平台等）和边坡管理（未及时检查监控、对危险地段未处理）是直接影响最终边坡稳定的主要因素，如针对这些主要因素采取相应的安全对策措施，并在这些方面加强管理，可以避免或最大限度地减少滑坡事故的发生，确保作业的安全和边坡的稳定性。为此，特提出以下安全措施：（1）合理设计爆破参数；（2）在最终边坡附近爆破时，采取有效的控制减震措施；（3）按照设计严格控制台阶高度、坡面角及安全、运输、清扫平台；（4）加强边坡的监测措施，并对地质不良和危险地段采取加固措施；（5）保证排水防洪设施、设备满足要求等。

5.1.3.5 高处坠落事故分析

在露天边坡上进行浮石清理等作业，因作业条件差，安全防护措施不可靠等，极易发生人员高处坠落事故。针对玉龙铁矿露天采场边坡上作业人员可能发生的高处坠落死亡（重伤）事故，采用事故树分析方法进行研究，探索相应的措施，尽量避免该类事故发生。高处坠落事故树如图 5-3 所示。

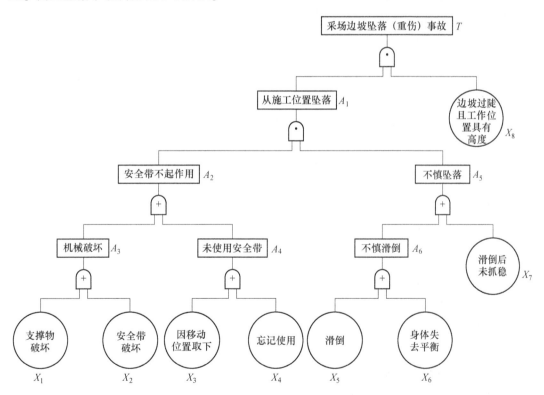

图 5-3　采场边坡高处坠落死亡（重伤）事故树

根据事故树图 5-3，列出其逻辑代数式：

$$T = A_1 \cdot X_8$$

$$T = A_2 \cdot A_5 \cdot X_8$$

$$T = (A_3 + A_4) \cdot A_6 \cdot X_7 \cdot X_8$$

$$T = (X_1 + X_2 + X_3 + X_4) \cdot (X_5 + X_6) \cdot X_7 \cdot X_8$$

求得最小径集有 4 个：

$$\{X_1, X_2, X_3, X_4\}, \ \{X_5, X_6\}, \ \{X_7\}, \ \{X_8\}$$

展开逻辑代数式求得最小割集有八个：

$$\{X_1, X_5, X_7, X_8\}, \ \{X_1, X_6, X_7, X_8\}, \ \{X_2, X_5, X_7, X_8\}, \ \{X_2, X_6, X_7, X_8\},$$
$$\{X_3, X_5, X_7, X_8\}, \ \{X_3, X_6, X_7, X_8\}, \ \{X_4, X_5, X_7, X_8\}, \ \{X_4, X_6, X_7, X_8\}$$

从最小割集、最小径集判断得知各基本事件在故障树的结构中所占有的重要程度排列为：$I_\phi(7) = I_\phi(8) > I_\phi(5) = I_\phi(6) > I_\phi(1) = I_\phi(2) = I_\phi(3) = I_\phi(4)$

（1）导致边坡高处坠落的影响因素：

1）边坡过陡；

2）在高于基准面 2m 以上作业未使用安全绳（安全带）；

3）安全绳（带）未系牢固，安全绳质量差。

（2）降低边坡高处坠落风险的措施：

1）避免人员靠近边坡坡顶线作业，或消除采场出现过陡的边坡；

2）在高于基准面 2m 以上作业须使用安全绳（安全带）并正确佩戴。

5.1.3.6　滚石伤人事故分析

露天开采的危险还有边坡坡面上单体危岩的崩落以及边坡滚石。一些小型露天矿山因开采规范性较差，边坡安全检查和管理的薄弱，坡面上常有危石、浮石存在，受开采和振动影响，容易形成滚石危害。

通过对露天矿山高陡边坡滚石事故采用事故树分析方法进行研究，探索相应的措施，尽量避免该类事故发生。

根据事故树图（见图 5-4）列出其逻辑代数式：

$$T = X_1 \cdot X_8 \cdot X_{10}$$

$$T = X_9 \cdot A_2 \cdot A_5 \cdot X_8$$

$$T = X_9(X_1 + X_3) \cdot (X_5 + X_6 + X_7 + X_8)X^{10}$$

$$T = (X_1 + X_2 + X_3 + X_4) \cdot (X_5 + X_6 + X_7 + X_8) \cdot X_9 \cdot X_{10}$$

求得最小径集有 4 个：

$$\{X_1, X_2, X_3, X_4\}, \ \{X_5, X_6, X_7, X_8\}, \ \{X_9\}, \ \{X_{10}\}$$

展开逻辑代数式求得最小割集有 16 个：

$$\{X_1, X_5, X_9, X_{10}\}, \ \{X_1, X_6, X_9, X_{10}\}, \ \{X_1, X_7, X_9, X_{10}\}, \ \{X_1, X_8, X_9, X_{10}\}$$
$$\{X_2, X_5, X_9, X_{10}\}, \ \{X_2, X_6, X_9, X_{10}\}, \ \{X_2, X_7, X_9, X_{10}\}, \ \{X_2, X_8, X_9, X_{10}\}$$
$$\{X_3, X_5, X_9, X_{10}\}, \ \{X_3, X_6, X_9, X_{10}\}, \ \{X_3, X_7, X_9, X_{10}\}, \ \{X_3, X_8, X_9, X_{10}\}$$
$$\{X_4, X_5, X_9, X_{10}\}, \ \{X_4, X_6, X_9, X_{10}\}, \ \{X_4, X_7, X_9, X_{10}\}, \ \{X_4, X_8, X_9, X_{10}\}$$

从最小割、径集判断得知各基本事件在故障树的结构中所占有地重要程度排列如下：

$$I_\phi(9) = I_\phi(10) > I_\phi(1) = I_\phi(2) = I_\phi(3) = I_\phi(4) = I_\phi(5) = I_\phi(6) = I_\phi(7) = I_\phi(8)$$

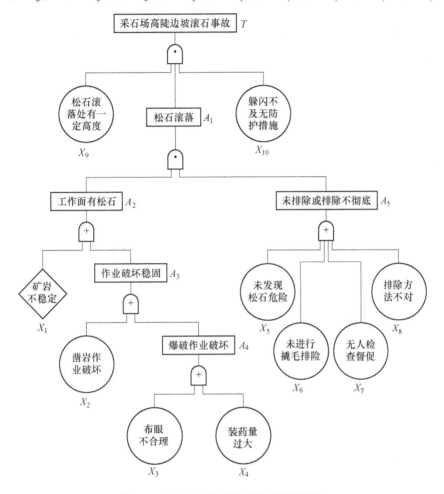

图 5-4　露天矿高陡边坡滚石事故故障树

根据上述分析：首先要尽量避免出现高陡边坡开采；其次要加强职工安全教育工作，特别提醒职工注意滚石发生并采取有效防护措施；再次，采用减少工作面危石、浮石产生的开采工艺，如淘汰扩壶爆破、掏底爆破等；最后，开采过程中要及时发现并排除松石滚落隐患。通过以上几点，可使该事故的发生概率降低到最低程度。

5.1.3.7　单元小结

本项目可研报告对露天采场采剥方法、开采顺序、采场边坡及台阶参数做了明确而详细的规定，设计参数符合相关规程规范要求。但下一步设计中需要补充：

（1）对最小工作平台宽度作明确规定。

（2）对上、下台阶工作面之间的超前距离作明确规定。

（3）安全设施设计中需进一步明确露天采场防止边坡失稳、滑坡、滚石、高处坠落等事故的安全措施。

5.1.4 穿孔爆破单元评价

该单元选用预先危险性分析法及安全检查表法分析其存在的主要危险因素，进一步采用鱼刺图分析法、事故树分析法来评价露天穿孔爆破工艺的合理性及施工安全性。

5.1.4.1 预选危险性分析

穿孔爆破单元预先危险性分析，见表 5-7。

表 5-7 穿孔爆破预先危险性分析表

序号	危险因素	诱发事故原因	事故后果	危险等级	对策措施
1	放炮伤害	(1) 爆破工艺不合理； (2) 违反爆破安全操作规程； (3) 爆破区域未设置有效警戒	人员伤亡、财产损失	Ⅲ	(1) 采用非电控制爆破； (2) 合理选择爆破参数； (3) 控制爆破指向和药量； (4) 严格执行爆破安全操作规程； (5) 爆破工持证上岗； (6) 设置警戒范围并设岗警戒
2	高处坠落	(1) 穿孔作业操作不熟练； (2) 操作地点不安全； (3) 作业前安全检查、处理不到位； (4) 在 2m 及以上高处穿孔作业不系安全带； (5) 采场边坡作业条件差； (6) 工作面参数选择不合理，不能满足设备安全要求	人员伤害、设备损毁	Ⅱ	(1) 严格执行操作规程； (2) 树立"先安全后生产"的观念，坚持工作前对工作面的安全处理； (3) 加强个人防护措施；作业人员在 2m 及以上高处作业必须系安全带，要加强现场操作管理； (4) 依据作业设备，确定合理台阶高度，最小工作平台宽度，最小工作线长度
3	机械伤害	(1) 作业环境差，作业地点不安全； (2) 操作不熟练或违章操作，钻杆砸、夹、挤伤人，钻架倾倒；风管摆动、飞出伤人； (3) 凿岩机械缺乏维护、凿岩位置选择不当，缺乏稳固措施； (4) 机械振动	人员伤害	Ⅱ	(1) 穿孔凿岩工按规程操作； (2) 加强维护保养、合理选位、加强稳固措施； (3) 系安全带、戴安全帽； (4) 通过调整开采工艺，实现分台阶开采，改善作业环境
4	其他伤害（职业危害）	(1) 打干眼； (2) 长期在高粉尘、高噪声环境下作业； (3) 采用落后设备生产； (4) 采用落后生产工艺	人员慢性伤害	Ⅱ	(1) 加强个体防护，如佩戴防尘口罩、耳塞； (2) 采用湿式作业； (3) 增加消声、隔音设施； (4) 采用先进设备和工艺生产

预先危险性分析结论：通过 PHA 分析，该单元放炮伤害达到Ⅲ级，是危险的，会造成人员伤亡或系统损坏，需重点防范；其他为需要引起重视的危险、有害因素。

5.1.4.2 安全检查表分析

穿孔爆破单元安全检查表分析，见表 5-8。

表 5-8 玉龙铁矿穿孔爆破子单元安全检查例表

序号	检查项目	标准依据	拟建设方案	检查结果	补充的对策措施和建议
1	露天爆破作业应遵守 GB 6722 的规定。爆破作业现场应设路坚固的人员避炮设施，其设路地点、结构及拆移时间，应在采掘计划中规定，并经主管矿长批准	《金属非金属矿山安全规程》GB 16423—2006	爆破前，所有人员撤出爆破警戒线外	符合	按照可研提出方案执行
2	爆破前，应将钻机、挖掘机等移动设备开到安全地点，并切断电源	《金属非金属矿山安全规程》GB 16423—2006	爆破前，对设备设施采取相应的防护设施	符合	按照可研提出方案执行
3	在最终边坡附近，必须采用控制爆破或减震措施，在距边帮 20m 内，严禁采用硐室爆破	《爆破安全规程》GB 6722—2014	矿山采用中深孔排间微差爆破	符合	按照可研提出方案执行
4	爆破前必须同时发出事先规定的音响和视觉信号	《爆破安全规程》GB 6722—2014	爆破前采用警笛作为信号发出	符合	按照可研提出方案执行
5	爆破前必须规定警戒标志和信号，每次爆破必须做到发预告，通知周围人员撤离到安全的地方	《爆破安全规程》GB 6722—2014	爆破前采用 3 次警笛作为信号发出，并做好警戒工作	符合	按照可研提出方案执行
6	爆破应在危险区的边界设置岗哨，使所有的通路处于监视之下，每个岗哨处于相邻岗哨视线范围内	《爆破安全规程》GB 6722—2014	爆破时设有岗哨	符合	按照可研提出方案执行
7	爆破人员的躲避地点与爆破点的安全距离必须符合要求。起爆线的长度必须确保爆破人员安全离开爆破点	《爆破安全规程》GB 6722—2014	有专用起爆硐室	符合	按照可研提出方案执行
8	装药前应对炮孔进行清理和验收，装药必须使用木质炮棍	《爆破安全规程》GB 6722—2014	装药前检查并清理炮孔，装药使用木质炮棍	符合	按照可研提出方案执行
9	爆破工作领导必须核实装药量，并检查炸药和起爆药安装位置是否正确	《爆破安全规程》GB 6722—2014	爆破安全员到现场检查	符合	按照可研提出方案执行
10	装药后必须保证填塞质量，禁止使用石块和易燃材料填塞炮孔	《爆破安全规程》GB 6722—2014	用炮泥填塞	符合	按照可研提出方案执行
11	爆破后，爆破员必须按规定的等待时间进入爆破地点，检查有无危石、盲炮等现象	《爆破安全规程》GB 6722—2014	等待 15min 并经确认安全后进入现场	符合	按照可研提出方案执行
12	发现盲炮、危石时，应立即报告并进行处理，盲炮处理时，应在危险区域设置警戒，无关人员不准进入现场；处理过程中应严格遵守相关规定	《爆破安全规程》GB 6722—2014	按要求进行	符合	按照可研提出方案执行

5.1.4.3　爆破事故分析

A　事故概述

爆破施工是露天矿的重要工序，是一项专业性很强的危险工作，爆破事故的危害性非常大，轻者造成企业财产损失、影响生产的顺利进行，重者危及人员的身体健康和生命安全。下面运用事故树分析方法，对露天矿山爆破事故进行安全分析，确定出引起爆破事故发生的各个基本事件，便于掌握引发事故的各种致因，对企业搞好爆破安全生产具有重要意义。

矿山爆破作业的危险性主要体现在 3 个方面，即爆破地震、飞石和空气冲击波。爆破作业造成的事故主要由人为原因引起，少数由于爆破器材本身的质量问题引起。

B　鱼刺图分析

爆破事故一般在矿山采矿作业中较易发生，且原因较多，要因较杂，是要控制的重点之一。所以，特选取爆破事故作为因果定性分析的对象。图 5-5 所示为爆破事故原因—结果分析图。

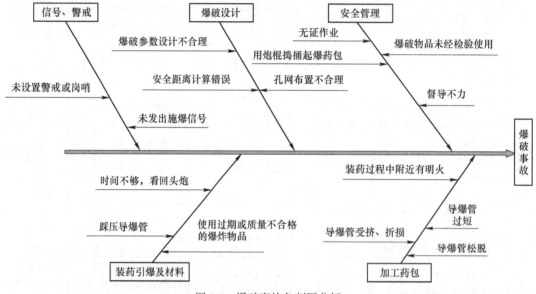

图 5-5　爆破事故鱼刺图分析

从图 5-5 可看出，造成爆破事故的原因主要有：违反爆破操作规程、安全管理不到位、未设警戒和信号和爆破器材不合格等。

可能导致本项目爆破事故的影响因素：未圈定爆破安全警戒范围和未设置哨岗警戒；对瞎（盲）炮处置不当；违反爆破操作规程；安全管理不到位；使用质量不合格的爆破器材；爆破员未经培训，无证上岗。

C　爆破飞石伤人事故树分析

结合系统安全分析理论和大量事故调查及工程类比，绘制爆破事故树，如图 5-6 所示。

根据事故树的逻辑关系，确定事故树结构函数：

$$T_1 = A_1 + A_2$$
$$= (A_3 + A_4) + (X_7 + X_8 + X_9 + X_{10} + X_{11} + X_{12})$$
$$= [X_{13} \times (X_{14} + X_{15}) + X_1 + X_2 + X_3 + X_4 + X_5 + X_6] + (X_7 + X_8 + X_9 + X_{10} + X_{11} + X_{12})$$
$$= X_1 + X_2 + X_3 + X_4 + X_5 + X_6 + X_7 + X_8 + X_9 + X_{10} + X_{11} + X_{12} + X_{13}X_{14} + X_{13}X_{15}$$

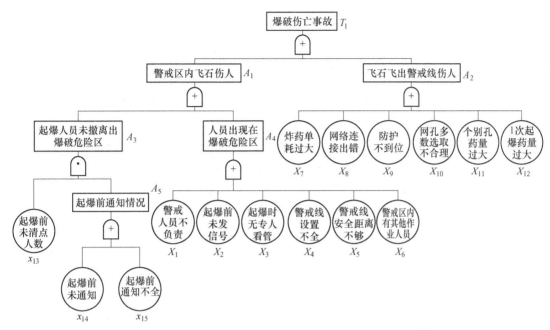

图 5-6   爆破伤亡事故事故树

最小割（径）集的求解：

（1）用布尔代数法，可求得该事故树的 14 个最小割集，即：

$$\{X_1\}, \{X_2\}, \{X_3\}, \{X_4\}, \{X_5\}, \{X_6\}, \{X_7\}, \{X_8\}$$
$$\{X_9\}, \{X_{10}\}, \{X_{11}\}, \{X_{12}\}, \{X_{13}, X_{14}\}, \{X_{13}, X_{15}\}$$

（2）用布尔代数法，可求得 2 个最小径集，即：

$$P_1 = \{X_1, X_2, X_3, X_4, X_5, X_6, X_7, X_9, X_{10}, X_{11}, X_{12}, X_{13}\}$$
$$P_2 = \{X_1, X_2, X_3, X_4, X_5, X_6, X_7, X_9, X_{10}, X_{11}, X_{12}, X_{14}, X_{15}\}$$

结构重要度分析：

$$I_\Phi(1) = I_\Phi(2) = I_\Phi(3) = I_\Phi(4) = I_\Phi(5) = I_\Phi(6) = I_\Phi(7) = I_\Phi(8) = I_\Phi(9) = I_\Phi(10)$$
$$= I_\Phi(11) = I_\Phi(12) = I_\Phi(13) = 1; \quad I_\Phi(14) = I_\Phi(15) = 1/2$$

得各基本事件结构重要度排序：

$$I_\Phi(1) = I_\Phi(2) = I_\Phi(3) = I_\Phi(4) = I_\Phi(5) = I_\Phi(6) = I_\Phi(7) = I_\Phi(8) = I_\Phi(9) = I_\Phi(10)$$
$$= I_\Phi(11) = I_\Phi(12) = I_\Phi(13) > I_\Phi(14) = I_\Phi(15)$$

结论：根据上述分析，可以得到结论：在露天矿爆破施工过程中，造成爆破事故的主要因素为管理不完善造成的爆破无警戒、警戒范围设置不完善、警戒人员不负责任、防护不到位和无信号等。

D "盲炮爆炸"事故树分析

爆破作业是矿山主体工艺的重要的环节，也是矿山生产必不可少的和经常进行的，所以其危险度在穿爆工艺中相对较高。该项目中爆破多为中深孔爆破，爆破规模相对较大，主要体现在爆破器材消耗大、爆破量大、爆破区域大、爆破扬尘大和爆破参与人员较多。因此，一旦发生爆破事故，则后果很严重。

（1）构建"盲炮爆炸"事故树如图 5-7 所示。

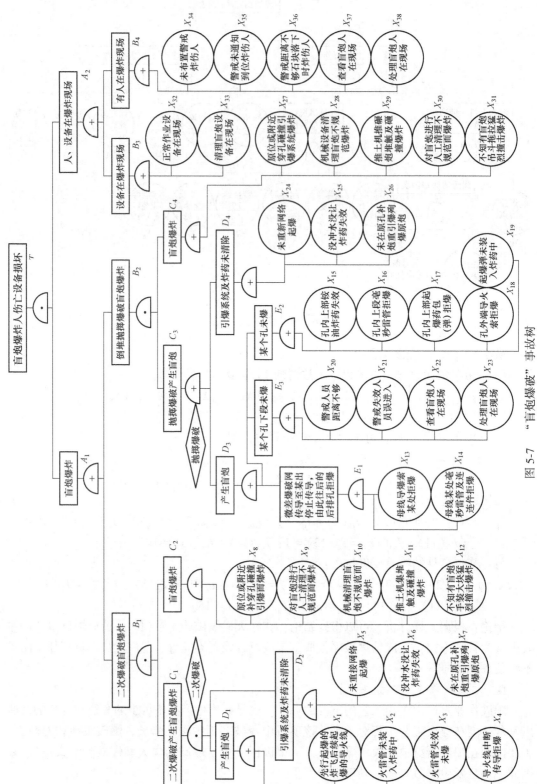

图 5-7   "盲炮爆破"事故树

（2）事故树结构函数式。

$$T = A_1 A_2 = (B_1 + B_2)(B_3 + B_4) = (C_1 C_2 + C_3 C_4)(B_3 + B_4)$$

$$= [(X_1 + X_2 + X_3 + X_4)(X_5 + X_6 + X_7)(X_8 + X_9 + X_{10} + X_{11} + X_{12}) +$$

$$(X_{l3} + X_{14} + X_{15} + X_{16} + X_{17} + X_{18} + X_{19} + X_{20} + X_{21} + X_{22} + X_{23})(X_{24} + X_{25} + X_{26})$$

$$(X_{27} + X_{28} + X_{29} + X_{30} + X_{31})](X_{32} + X_{33} + X_{34} + X_{35} + X_{36} + X_{37} + X_{38})$$

该事故树最小割集为 1575 组，太多，难于防范，改做成功树。

（3）成功树结构函数式。

$$T' = (X_1' X_2' X_3' X_4' + X_5' + X_6' X_7' + X_8' X_9' X_{10}' + X_{11}' + X_{12}')$$

$$(X_{13}' X_{14}' X_{15}' X_{16}' X_{17}' X_{18}' X_{19}' X_{20}' X_{21}' X_{22}' X_{23}' X_{24}' X_{25}' X_{26}' X_{27}' X_{28}' X_{29}' X_{30}' X_{31}') +$$

$$X_{32}' X_{33}' X_{34}' X_{35}' X_{36}' X_{37}' X_{38}'$$

该成功树的最小径集有 10 组，为：

$$P_1 = \{X_l, X_2, X_3, X_4, X_{13}, X_{14}, X_{15}, X_{16}, X_{17}, X_{18}, X_{19}, X_{20}, X_{21}, X_{22}, X_{23}\}$$

$$P_2 = \{X_1, X_2, X_3, X_4, X_{24}, X_{25}, X_{26}\}$$

$$P_3 = \{X_1, X_2, X_3, X_4, X_{27}, X_{28}, X_{29}, X_{30}, X_{31}\}$$

$$P_4 = \{X_5, X_6, X_7, X_{13}, X_{14}, X_{15}, X_{16}, X_{17}, X_{18}, X_{19}, X_{20}, X_{21}, X_{22}, X_{23}\}$$

$$P_5 = \{X_5, X_6, X_7, X_{24}, X_{25}, X_{26}\}$$

$$P_6 = \{X_5, X_6, X_7, X_{27}, X_{28}, X_{29}, X_{30}, X_{31}\}$$

$$P_7 = \{X_8, X_9, X_{10}, X_{11}, X_{12}, X_{13}, X_{14}, X_{15}, X_{16}, X_{17}, X_{18}, X_{19}, X_{20}, X_{21}, X_{22}, X_{23}\}$$

$$P_8 = \{X_8, X_9, X_{10}, X_{11}, X_{12}, X_{24}, X_{25}, X_{26}\}$$

$$P_9 = \{X_8, X_9, X_{10}, X_{11}, X_{12}, X_{27}, X_{28}, X_{29}, X_{30}, X_{31}\}$$

$$P_{10} = \{X_{32}, X_{33}, X_{34}, X_{35}, X_{36}, X_{37}, X_{38}\}$$

（4）结构重要度系数。

$$I_\Phi(1) = I_\Phi(2) = I_\Phi(3) = I_\Phi(4) = 1.959 \times 10^{-2}$$

$$I_\Phi(5) = I_\Phi(6) = I_\Phi(7) = 3.918 \times 10^{-2}$$

$$I_\Phi(8) = I_\Phi(9) = I_\Phi(10) = I_\Phi(11) = I_\Phi(12) = 9.796 \times 10^{-3}$$

$$I_\Phi(13) = I_\Phi(14) = I_\Phi(15) = I_\Phi(16) = I_\Phi(17) = I_\Phi(18) = I_\Phi(19) = I_\Phi(20)$$

$$= I_\Phi(21) = I_\Phi(22) = I_\Phi(23) = 2.136 \times 10^{-4}$$

$$I_\Phi(24) = I_\Phi(25) = I_\Phi(26) = 5.469 \times 10^{-2}$$

$$I_\Phi(27) = I_\Phi(28) = I_\Phi(29) = I_\Phi(30) = I_\Phi(31) = 1.367 \times 10^{-2}$$

$$I_\Phi(32) = I_\Phi(33) = I_\Phi(34) = I_\Phi(35) = I_\Phi(36) = I_\Phi(37) = I_\Phi(38) = 1.563 \times 10^{-2}$$

（5）结构重要度排序。

$$I_\Phi(24) = I_\Phi(25) = I_\Phi(26) > I_\Phi(5) = I_\Phi(6) = I_\Phi(7) > I_\Phi(1) = I_\Phi(2) = I_\Phi(3) = I_\Phi(4) >$$

$$I_\Phi(32) = I_\Phi(33) = I_\Phi(34) = I_\Phi(35) = I_\Phi(36) = I_\Phi(37) = I_\Phi(38) > I_\Phi(27) = I_\Phi(28) = I_\Phi(29)$$

$$= I_\Phi(30) = I_\Phi(31) > I_\Phi(8) = I_\Phi(9) = I_\Phi(10) = I_\Phi(11) = I_\Phi(12) > I_\Phi(13) = I_\Phi(14) = I_\Phi(15)$$

$$= I_\Phi(16) = I_\Phi(17) = I_\Phi(18) = I_\Phi(19) = I_\Phi(20) = I_\Phi(21) = I_\Phi(22) = I_\Phi(23)$$

（6）结论分析。通过事故树和成功树分析，为避免盲炮爆炸伤亡人员和损坏设备，应当：

1）首先用可靠的办法，在未爆炸的炮眼中充水，让炸药及炮土稀释失效（防水炸药除外），然后妥善取出雷管，清理炮眼内的碎渣，重新装药起爆；用可靠的办法，重新接通网络（或导爆索、导火线火雷管等），重新起爆；用可靠的办法，在原盲炮炮眼位置旁边重新按处理盲炮规定进行补炮处理；

2）在处理盲炮过程中，除按处理盲炮操作规程进行处理外，其他与爆破无关人员及设备必须撤离爆破现场，即可在处理盲炮时避免伤人或炸坏设备事故发生；

3）应控制不发生盲炮的几个因素，必须同时做到并逐项落实解决。当知道有瞎炮后，需在有经验的放炮员指挥下排除，但最困难的是不知有盲炮，结果被工程机械挖掘发生爆炸。这种事故可能会有，但几率很小，因为盲炮往往与未被爆碎的大块岩体在一起较容易发现。

E　飞石伤人事故树分析

通过预先危险性分析可知，爆破事故一旦发生，其影响范围较大，后果是严重的，会造成人员伤亡和系统破坏。然而，爆破事故的发生往往是由爆破飞石造成的。在中深孔爆破作业中，导致飞石产生的因素很多。采用事故树分析法，对中深孔爆破施工系统的安全性进行定性分析。找到了导致飞石产生的主要原因，便可在作业过程中加以重视，做到有的放矢，从而降低飞石事故，提高整个爆破施工作业的安全度，保证施工人员的生命安全和施工作业的顺利进行。

（1）事故树的构建，如图 5-8 所示。

（2）最小割集的求解。从事故树可以得到造成顶上事件飞石伤人事故发生的 22 个基本事件的相互逻辑关系。根据事故树分析方法，通过求得事故树的最小割集，可以得到各基本事件对顶上事件的定性影响，从而找出事故发生的原因。

事故树的最小割集求解如下：

$$
\begin{aligned}
T &= X_1(T_1 + T_2) \\
&= X_1(T_3 + T_4 + T_5 + T_6 + T_7) \\
&= X_1 X_4 X_5 + X_1 X_2 X_6 + X_1 X_2 X_7 + X_1 X_2 X_8 + X_1 X_3 X_9 + X_1 X_3 X_{10} + X_1 X_3 X_{11} + \\
&\quad X_1 X_{12} + X_1 X_{13} + X_1 X_{14} + X_1 X_{15} + X_1 X_{16} + X_1 X_{17} + X_1 X_{18} + X_1 X_{19} + X_1 X_{20} + \\
&\quad X_1 X_{21} + X_1 X_{22} + X_1 X_{23}
\end{aligned}
$$

由上式展开结果可以得到 19 组最小割集。最小割集代表了顶上事件飞石伤人事故发生的路径，其数量代表了路径数量。每一组割集有不同的基本事件构成。基本事件在各个割集中出现的次数的多少反映了该基本事件在引起飞石伤人事故发生的重要程度。

根据下面的公式求各基本事件的重要程度：

$$
I_\phi(i) = 1 - \prod_{X_j \in P_j} \left(1 - \frac{1}{2^{n_j-1}}\right)
$$

其结果如下：

$$
\begin{aligned}
I_\Phi(1) &> I_\Phi(2) = I_\Phi(3) > I_\Phi(12) = I_\Phi(13) = I_\Phi(14) = I_\Phi(15) = I_\Phi(16) = I_\Phi(17) \\
&= I_\Phi(18) = I_\Phi(19) = I_\Phi(20) = I_\Phi(21) = I_\Phi(22) = I_\Phi(23) > I_\Phi(4)_\Phi \\
&= I_\Phi(5) = I_\Phi(6) = I_\Phi(7) = I_\Phi(8) = I_\Phi(9) = I_\Phi(10) = I_\Phi(11)
\end{aligned}
$$

（3）最小径集求解。将图 5-8 中的与门变成或门，或门变成与门，事故树就可以变成成功树。通过成功树求解最小径集，能够得到防止中深孔爆破作业飞石伤人事故发生的有效管理措施，从而保证爆破作业的正常进行，确保施工安全。

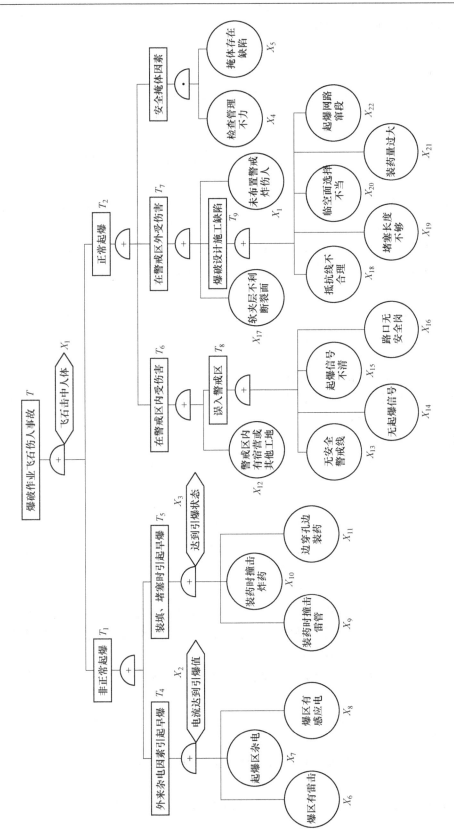

图 5-8 中深孔爆破飞石伤人事故树

事故树的最小径集求解如下：

$$T' = X_1 + T_1' T_2'$$
$$= X_1' + T_3' T_4' T_5' T_6' T_7'$$
$$= X_1' + (X_4' + X_5')(X_2' + X_6' X_7' X_8')(X_3' + X_9' X_{10}' X_{11}') X_{12}' X_8' X_{17}' X_9' X_{23}'$$
$$= X_1' + (X_4' + X_5')(X_2' + X_6' X_7' X_8')(X_3' + X_9' X_{10}' X_{11}')$$
$$X_{12}' X_{13}' X_{14}' X_{15}' X_{16}' X_{17}' X_{18}' X_{19}' X_{20}' X_{21}' X_{22}' X_{23}'$$

将上式展开后，可以得到中深孔爆破飞石伤人事故树的 9 组最小径集，分别为：

$$P_1 = \{X_1\}$$
$$P_2 = \{X_2, X_3, X_4, X_{12}, X_{13}, X_{14}, X_{15}, X_{16}, X_{17}, X_{18}, X_{19}, X_{20}, X_{21}, X_{22}, X_{23}\}$$
$$P_3 = \{X_2, X_3, X_5, X_{12}, X_{13}, X_{14}, X_{15}, X_{16}, X_{17}, X_{18}, X_{19}, X_{20}, X_{21}, X_{22}, X_{23}\}$$
$$P_4 = \{X_3, X_5, X_6, X_7, X_8, X_{12}, X_{13}, X_{14}, X_{15}, X_{16}, X_{17}, X_{18}, X_{19}, X_{20}, X_{21}, X_{22}, X_{23}\}$$
$$P_5 = \{X_3, X_4, X_6, X_7, X_8, X_{12}, X_{13}, X_{14}, X_{15}, X_{16}, X_{17}, X_{18}, X_{19}, X_{20}, X_{21}, X_{22}, X_{23}\}$$
$$P_6 = \{X_2, X_5, X_9, X_{10}, X_{11}, X_{12}, X_{13}, X_{14}, X_{15}, X_{16}, X_{17}, X_{18}, X_{19}, X_{20}, X_{21}, X_{22}, X_{23}\}$$
$$P_7 = \{X_2, X_4, X_9, X_{10}, X_{11}, X_{12}, X_{13}, X_{14}, X_{15}, X_{16}, X_{17}, X_{18}, X_{19}, X_{20}, X_{21}, X_{22}, X_{23}\}$$
$$P_8 = \{X_4, X_6, X_7, X_8, X_9, X_{10}, X_{11}, X_{12}, X_{13}, X_{14}, X_{15}, X_{16}, X_{17}, X_{18}, X_{19}, X_{20}, X_{21}, X_{22}, X_{23}\}$$
$$P_9 = \{X_5, X_6, X_7, X_8, X_9, X_{10}, X_{11}, X_{12}, X_{13}, X_{14}, X_{15}, X_{16}, X_{17}, X_{18}, X_{19}, X_{20}, X_{21}, X_{22}, X_{23}\}$$

（4）防止飞石伤人事故的安全措施。

1）加强安全管理工作。做好施工人员的安全教育，并有专门技术人员负责施工监督，使施工人员有较强的安全意识，时刻提高警惕，做好安全防范措施；

2）起爆时，设置可靠警戒线，专人进行警戒，要有清楚的放炮信号，爆区的所有施工人员（包括本单位的或者其他工地的人员）都必须停工撤出，并确保无闲杂人员误入爆区；

3）雷电天气下不起爆，以免雷电击中电起爆网络，感应电流达到引爆值，引起早爆。另外，要经常检测爆区是否有杂散电流、其他感应电流等，以免引起早爆；

4）进行装药、堵塞工作的人员必须是有丰富经验的工人，并有专门技术人员进行监督指导。装药、堵塞工作必须按照爆破安全规程进行操作，以免撞击雷管或炸药引起爆炸。另外，装药、堵塞时，周围应停止穿孔工作；

5）对爆破设计进行严格审核，避免出现因抵抗线过小或过大，临空面选择不当，堵塞长度不够，装药量不合理等设计缺陷，而造成飞石事故。现场技术人员要对各项施工进行严格监督，确保施工与设计相符；

6）起爆网络连接好以后，要进行详细检查，确保不出现窜段情况，以免造成飞石事故的发生；

7）详细了解爆区地质条件，遇到软夹层或不利断裂面等地质缺陷时，要进行特别处理，减少飞石；

8）起爆时，现场总指挥要确保所有避炮人员都有可靠的掩体进行避炮，然后宣布起爆；

9）保证现场施工作业流程井然有序，避免因管理不力，出现施工场面混乱，形成安全隐患，造成事故。

5.1.4.4　单元小结

《丽江玉龙铁矿 20 万吨/年露天采矿工程可行性研究报告》根据矿岩物理力学性质及矿体赋存条件以及相关规定提出采用中深孔多排孔微差爆破方式落矿（岩），多排孔排间微差爆破工艺符合该露天矿山建设要求，设计的爆破参数基本合理。建议矿山在下一步安全设施设计时重视如下问题：

（1）提出爆破作业对边坡稳定的影响分析。

（2）提出爆破作业时对其警戒范围内建筑物采取的安全预防措施。

（3）设计中应明确采场二次破碎方式及安全注意事项。

5.1.5　铲装作业单元

该单元可选用预先危险性分析法、安全检查表法、事故树分析法等来评价露天矿铲装作业施工安全性。

5.1.5.1　预选危险性分析

铲装作业单元预先危险性分析，见表 5-9。

表 5-9　玉龙铁矿铲装作业单元预先危险性分析表

序号	危险有害因素	诱发事故原因	事故后果	危险等级	对　策　措　施
1	高处坠落	（1）靠近台阶边缘作业； （2）台阶边缘矿岩松散； （3）未按操作规程操作，操作失误	设备损坏、人员伤亡	Ⅱ	（1）人员在距离地面超过 2m 高空或在 30°以上的阶段坡面上作业时，必须配戴安全带等安全防护措施； （2）工作平台宽度应大于最小工作平台宽度，保证采剥设备和运输设备的安全； （3）铲装设备严禁在靠近坡顶线 3m 内作业
2	挤压碰撞碾压	（1）挖掘机作业时操作不当； （2）作业台阶崩落或滑动、工作面有伞檐或大块、作业过程中碰到不明障碍物、遇有松软岩层等处理不当	设备损坏、人员伤亡	Ⅱ	（1）挖掘、铲装过程中严格按操作规程操作； （2）行走应遵守以下规定：在工作平台的稳定范围内，铲斗倒空且与地面保持适当距离，斗臂轴线与行走方向一致，上下坡时采取防滑措施，专人指挥其行走
3	设备故障或操作失误	（1）设备质量不合格或缺乏检修维护； （2）规程缺乏或未执行规程	人员伤亡	Ⅱ	（1）加强设备检修维护； （2）制定各种安全操作规程，并严格执行
4	粉尘危害	铲装作业过程中产生的二次粉尘由呼吸吸入	人员伤害	Ⅱ	（1）佩戴口罩； （2）对作业面进行喷雾洒水

序号	危险有害因素	诱发事故原因	事故后果	危险等级	对策措施
5	物体打击	（1）铲斗过满，矿岩大块抛落伤人； （2）未戴安全帽导致落石伤人	人员伤亡	Ⅲ	（1）严格执行操作规程，派人监视； （2）作业人员正确佩戴安全帽

通过 PHA 预测分析，高处坠落、车辆伤害、机械伤害、粉尘危害属Ⅱ级，须引起重视，物体打击属于Ⅲ级，是危险的，必须采取措施加以防范。

5.1.5.2　安全检查表分析

铲装作业单元安全检查表分析，见表 5-10。

表 5-10　玉龙铁矿铲装作业单元安全检查表

序号	检查项目	检查内容	标准依据	拟采用的方案	检查结果	补充的对策措施和建议
1	铲装作业	爆破开采、机械铲装的露天矿山，台阶高度不大于机械的最大挖掘高度的 1.5 倍	《金属非金属矿山安全规程》GB 16423—2006	台阶高 10m，挖掘机最大挖掘高度 9.8m	符合	按照可研提出方案执行
2	铲装作业	挖掘机或装载机铲装时，爆堆高度应不大于机械最大挖掘高度的 1.5 倍	《金属非金属矿山安全规程》GB 16423—2006	矿山采用中深孔爆破技术，爆堆高度未超过挖掘机最大挖掘高度的 1.5 倍	符合	按照可研提出方案执行
3	铲装作业	两台以上的挖掘机在同一平台上作业时，挖掘机的间距：汽车运输时，应不小于其最大挖掘半径的 3 倍，且应不小于 50m	《金属非金属矿山安全规程》GB 16423—2006	矿山采用机械铲装作业，一个平台设置一台	符合	按照可研提出方案执行
4	铲装作业	挖掘机工作时其平衡装置外形的垂直投影到阶段坡底的水平距离应不小于 1m，操作室所处的位置应使操作人员危险性最小	《金属非金属矿山安全规程》GB 16423—2006	大于 1m 以上	符合	按照可研提出方案执行
5	铲装作业	挖掘机必须在作业平台的稳定范围内行走，挖掘机上下坡时驱动轴应始终处于下坡方向，铲斗要空载并下放与地面保持适当距离悬臂轴线应与行进方向一致	《金属非金属矿山安全规程》GB 16423—2006	按操作规程执行	符合	按照可研提出方案执行
6	铲装作业	挖掘机通过电缆风水管铁路道口时应采取保护电缆风水管及铁路道口的措施在松软或泥泞的道路上行走应采取防止沉陷的措施上下坡时采取防滑措施	《金属非金属矿山安全规程》GB 16423—2006	按操作规程执行	符合	按照可研提出方案执行

序号	检查项目	检查内容	标准依据	拟采用的方案	检查结果	补充的对策措施和建议
7	铲装作业	严禁挖掘机在运转中调整悬臂架的位置	《金属非金属矿山安全规程》GB 16423—2006	按操作规程执行	符合	按照可研提出方案执行
8	铲装作业	装车时，禁止检查、维护车辆；驾驶员不得离开驾驶室，不得将头和手臂伸出驾驶室外	《金属非金属矿山安全规程》GB 16423—2006	装车过程中不得检查、维护车辆	符合	按照可研提出方案执行
		挖掘机、前装机铲装作业时，禁止铲斗从车辆驾驶室上方通过。装车时，汽车司机不应停留在司机室踏板上或有落石危险的地方	《金属非金属矿山安全规程》GB 16423—2006	进行装车过程中，不得从车辆驾驶室上方通过	符合	按照可研提出方案执行
		企业驾驶员（挖掘机、装载机工）必须持证上岗		驾驶员需持证上岗	符合	按照可研提出方案执行
		车辆必须保持良好状态，不能带故障出车		经常进行维护保养	符合	按照可研提出方案执行
		卸矿平台要有足够的调车宽度。卸矿地点必须设置牢固可靠的挡车设施，并设专人指挥	《金属非金属矿山安全规程》GB 16423—2006	设挡车设施	符合	按照可研提出方案执行
		车辆下坡行驶严禁空挡滑行。在坡道上停车时，司机不能离开，必须使用停车制动并采取安全措施		车辆下坡行驶严禁空挡滑行	符合	按照可研提出方案执行
		雾天或烟尘弥漫影响能见度时，应开亮车前黄灯与标志灯，并靠右侧减速行驶，前后车间距应不小于30m。视距不足20m时，应靠右暂停行驶，并不应熄灭车前、车后的警示灯		按规程执行	符合	按照可研提出方案执行

5.1.5.3 伞檐砸设备事故树分析

伞檐砸设备，是采装环节时有发生的事故，它之所以发生，是有其发生的一些危险因素在共同起作用而促成的，现以故障树分析方法对其进行分析，达到事故预防的目的。

（1）伞檐砸设备事故树如图 5-9 所示。

（2）事故树结构函数式。

$$T = A_1 A_2 A_3 X_{12} - (X_1 + X_2) A_2 (X_{10} + X_{11}) X_{12}$$
$$= (X_1 + X_2) [(X_3 + X_4 + X_5 + X_6) X_7 \cdot X_8 \cdot X_9] (X_{10} + X_{11}) X_{12}$$

很容易看出，此事故树的最小割集是 16 组基本事件，即产生事故有 16 种可能的组合途径，那么防范 16 种可能组合就不那么容易。

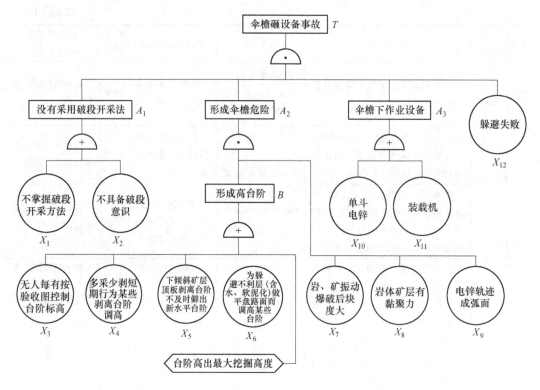

图 5-9　伞檐砸设备故障树

（3）成功树结构函数式。

$$T' = A_1' + A_2' + A_3' + A_4'$$
$$= X_1'X_2' + (X_3'X_4'X_5'X_6' + X_7' + X_8' + X_9') + X_{10}' + X_{11}' + X_{12}'$$

其最小径集共 7 组：

$$P_1 = \{X_1, X_2\}, \ P_2 = \{X_3, X_4, X_5, X_6\}, \ P_3 = \{X_7\}, \ P_4 = \{X_8\},$$
$$P_5 = \{X_9\}, \ P_6 = \{X_{10}, X_{11}\}, \ P_7 = \{X_{12}\}$$

（4）结构重要度系数。

$$I_\Phi(1) = I_\Phi(2) = I_\Phi(10) = I_\Phi(11) = 1/2$$
$$I_\Phi(3) = I_\Phi(4) = I_\Phi(5) = I_\Phi(6) = 1/8$$
$$I_\Phi(7) = I_\Phi(8) = I_\Phi(9) = I_\Phi(12) = 1$$

（5）结构重要度排序。

$$I_\Phi(7) = I_\Phi(8) = I_\Phi(9) = I_\Phi(12) > I_\Phi(1) = I_\Phi(2) = I_\Phi(10)$$
$$= I_\Phi(11) > I_\Phi(3) = I_\Phi(4) = I_\Phi(5) = I_\Phi(6)$$

（6）结论分析。

从结构重要度系数最大的径集事件开始分析 7 种可能性：

1）X_7'——岩体和矿体爆破成爆堆，就不存在高台阶伞檐；

2）X_8'——岩体、矿体无黏聚力，就不会形成伞檐，所以爆堆破碎是消除伞檐的有效方法之一；

3）X_9'——电铲先从最上部装矿，就形不成伞檐，这在现实生产中基本不可能；

4）X'_{12}——伞檐崩落向下砸时，其下方设备躲避成功，可避免事故发生。实际生产中，设备躲避成功的概率较低；

5）X'_1，X'_2——既掌握破段方法，又具备破段意识（当然有设备），这两个事件同时存在就可避免伞檐砸设备事故。这是避免事故的最彻底的办法，又是最简单有效的工程解决办法；

6）X'_{10}，X'_{11}——电铲和装载机均不在伞檐下作业，伞檐砸设备事故可免。实际生产中电铲、装载机都必须作业，因此是不现实的；

7）X'_3，X'_4，X'_5，X'_6——必须同时保证做到4个事件：每月有专人按验收平面图控制台阶高度；避免"多采少剥"短期行为发生，不存在某些台阶并段；倾斜矿体顶板及时僻出新水平延深剥离小台阶；不为避免含水软泥岩做平盘路面而调高某些台阶。这4个事件同时成功，可避免伞檐砸设备事故。

上述可行的有1）、2）、4）、5）、6）5组基本事件保证事故不发生。但是有把握的只有1）、2）、5）、7）4组。日常生产应当按1）、2）、5）、7）运作执行，以尽量避免事故发生。

5.1.5.4 单元小结

《丽江玉龙铁矿20万吨/年露天采矿工程可行性研究报告》设计采用挖掘机铲装，安全设施设计中对铲装作业安全作了详细规定，符合劳动安全规定及矿山安全生产要求。

矿山在下一步的设计以及在矿山的建设及建成后的生产中应按安全规程进行施工图设计、矿山建设和生产。

5.1.6 排土单元

5.1.6.1 预选危险性分析

排土单元预先危险性分析，见表5-11。

表5-11 玉龙铁矿排土单元预先危险性分析表

序号	危险有害因素	诱发事故原因	事故后果	危险等级	对策措施
1	排土场泥石流（其他伤害）	（1）暴雨导致；（2）未建拦渣坝；（3）管理不善	人员伤亡、财产损失	Ⅲ	（1）排土场必须有可靠的截流、防洪和排水设施，截排上游汇水；（2）建设可靠的拦渣坝；（3）堆存应按规范和设计要求进行，确保安全平台宽度和控制台阶坡面角；（4）汛期应对排土场和下游泥石流拦挡坝进行巡视，发现问题应及时修复，防止连续暴雨后发生泥石流
2	物体打击	排土场下部有人员活动	人员伤害	Ⅱ	（1）在排土场危险区域设置安全警示标志；（2）加强排土场安全管理；（3）严禁排土场下部有人员活动

序号	危险有害因素	诱发事故原因	事故后果	危险等级	对策措施
3	车辆伤害	（1）操作人员安全意识差； （2）路面不平、狭窄、陡坡、急弯； （3）雨季洪水冲刷严重，局部坍塌、下沉、路面打滑； （4）车辆状况不好； （5）超载运输	财产损失、人员重伤或致残死亡	Ⅱ	（1）严格按照《厂矿道路设计规范》执行； （2）驾驶员要100%持证操作； （3）严禁酒后驾车； （4）车辆装载按《道路交通安全规定》执行； （5）加强道路维护； （6）车辆要做定期保养检审

通过 PHA 分析可知，本矿有发生排土场泥石流的可能性，其危险性达到了Ⅲ级，是危险的，需要采取安全措施加以防范；排土场物体打击和车辆伤害是需要引起注意的危险因素。

5.1.6.2　安全检查表分析

排土单元安全检查表分析，见表 5-12。

表 5-12　玉龙铁矿排土单元安全检查表

检查项目	检查内容	标准依据	拟采用的方案	检查结果	补充的对策措施和建议
排土场设计、选址、防排洪	排土场位置的选择，应保证排弃土岩时不致因大块滚石、滑坡、塌方等威胁采矿场、工业场地（厂区）、居民点、铁路、道路、输电及通讯干线、耕种区、水域、隧洞等设施的安全	《金属非金属矿山安全规程》GB 16423—2006	设计推荐覆土排置于矿区西南面1655m 的废石堆场内，排土场四周无工业场地（厂区）、居民点、铁路，在采场境界线线外不会威胁采矿场	符合	按照可研提出方案执行
	排土场不宜设在工程地质或水文地质条件不良的地带；如因地基不良而影响安全，必须采取有效措施		地质条件研究深度不够	基本符合	加强矿山地质研究深度
	排土场选址时应避免成为矿山泥石流重大危险源，无法避开时要采取切实有效的措施防止泥石流灾害的发生		可研中设计修防洪沟与拦渣坝但无具体参数设计	基本符合	下步设计中应进一步设计说明
	排土场址不应设在居民区或工业建筑的主导风向的上风向和生活水源的上游，废石中的污染物要按照《一般工业固体废物贮存、处置场污染控制标准》堆放、处置		排土场周围无居民区或工业建筑	符合	按照可研提出方案执行
	排土场必须有可靠的截流、防洪和排水设施		可研未完全明确排土场防水、排水系统的要求	符合	下步设计中应进一步设计说明

5.1.6.3　排土场汽车掉下台阶事故分析

（1）故障树构建，如图 5-10 所示。

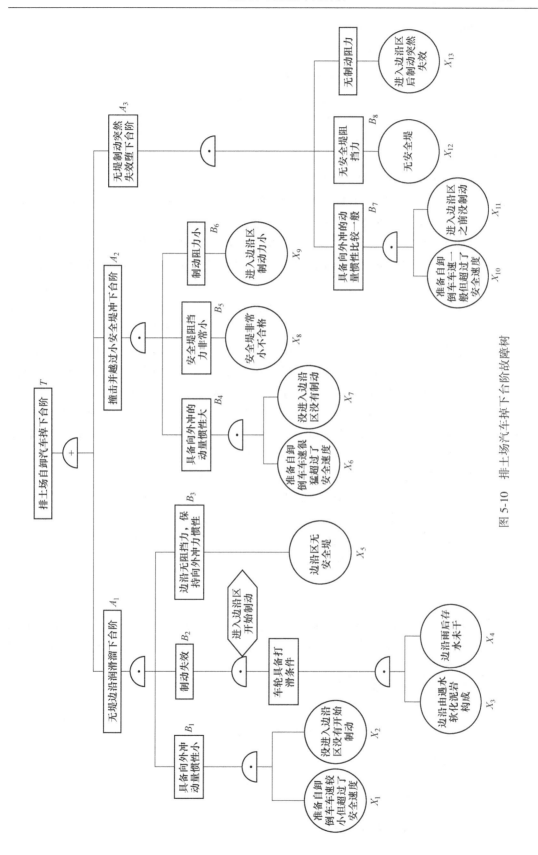

图 5-10 排土场汽车车下台阶故障树

（2）故障树函数式。

$$T = A_1 + A_2 + A_3$$
$$= B_1 B_2 B_3 + B_4 B_5 B_6 + B_7 B_8 B_9$$
$$= X_1 X_2 X_3 X_4 X_5 + X_6 X_7 X_8 X_9 + X_{10} X_{11} X_{12} X_{13}$$

其最小割集仅 3 组，做其对偶成功树：

$$T = (X_1' + X_2' + X_3' + X_4' + X_5')(X_6' + X_7' + X_8' + X_9')(X_{10}' + X_{11}' + X_{12}' + X_{13}')$$

（3）分析结果。

乍看起来其最小径集有 80 组，实际上 A_1 中的 X_3 是本矿不可改变的固有条件，应当不算控制条件，可予以剔除。A_1 也剩 4 个基本事件，故成功树最小径集只有 64 组，但是每一组全都是由 3 个基本事件构成，例如最小径集 $P_1 = \{X_1, X_6, X_{10}\}$ 是由 A_1，A_2，A_3 中各取 1 个基本事件构成的，只要这三个基本事件都不发生（与假设条件对偶）则 T 就不会发生，也即成功 T'。最小径集 P_1 是指只要在 3 种条件下的倒车速度全都不超速（全是安全速度），则可保障自卸汽车不掉下台阶。但是这样的最小径集总共有 64 种取法，只要控制住任意一种取法，就成功（但其他条件必须服从原来假设的对应条件不变）。换个思考方式分析，只有当 A_1 中的 4 个基本事件同时发生，A_1 才发生；反之只要有 1 个不发生，则 A_1 也就不发生。同理，A_2，A_3 也如此。要想让 A_1，A_2，A_3 全都不发生，只要确保 A_1，A_2，A_3 中都分别有任意 1 个基本事件不发生即可。每种情况都发生，则事故肯定发生，类似的露天矿发生过汽车掉下台阶事故，当然发生事故的概率很小。这 12 个可控制的基本事件的产生，前提是在分成 3 种情况讨论时才出现的，实际上只要安全堤合格、制动合格以及对应各种情况的倒车速度安全合格这 3 种条件中有一种合格就能保障不掉下台阶，但其保障率不高，若有两种条件合格其保障率又高一层级，3 种条件全合格保障率会更高一些，在日常安全管理中则要求这 3 种条件全都要合格。

另外边沿雨后润滑，不晾晒干不得作业，也是保障安全的可行措施。

有必要在试生产之前设一个试验路段，要做各种条件下准备自卸倒车安全速度试验；另外做各种荷载、不同坡度、不同速度段、不同气温条件、路面、轮胎的变化以及散热好坏对制动影响等各种试验，才能保障其安全。

5.1.6.4　单元小结

可研报告从排土场的设置位置、防排水安全设施以及预防形成泥石流安全措施等方面进行了综合考虑，基本满足可研阶段的安全要求。矿山在下一步的建设及生产排废中应重视以下安全措施：

（1）加强矿区的地质研究工作，为矿山的设计、施工提供依据。

（2）建立健全适合矿山排土实际情况的规章制度。

（3）完善排土场截洪沟、挡石坝等的参数设计。

5.1.7　防排水单元

5.1.7.1　安全检查表分析

本单元主要采用安全检查表分析，见表 5-13。

表 5-13 玉龙铁矿防排水单元安全检查表

序号	检查项目	检查依据	拟建设方案	检查结果	补充的对策措施和建议
1	采剥和排土作业，不应对深部开采或邻近矿山造成水害和其他潜在安全隐患；露天矿山，尤其是深凹露天矿山，应设置专用的防洪、排洪设施	《金属非金属矿山安全规程》（GB 16423—2006）第 5.1.4 条	在台阶内侧修建排水沟通过自流排水排出采场	符合	按照可研提出方案执行
2	应采取措施防止地表水渗入边帮岩体的弱层裂隙或直接冲刷边坡边帮岩体有含水层时应采取疏干措施	《金属非金属矿山安全规程》（GB 16243—2006）	在台阶内侧修建排水沟通过自流排水排出采场	符合	按照可研提出方案执行
3	露天采场的总出入沟口平硐口排水井口和工业场地等处都必须采取妥善的防洪措施	《金属非金属矿山安全规程》（GB 16243—2006）	在台阶内侧修建排水沟通过自流排水排出采场	符合	按照可研提出方案执行
4	矿山必须按设计要求建立排水系统上方应设截水沟有滑坡可能的矿山必须加强防排水措施必须防止地表地下水渗漏到采场	《金属非金属矿山安全规程》（GB 16243—2006）	在台阶内侧修建排水沟通过自流排水排出采场	符合	按照可研提出方案执行
5	厂址应避免洪水淹没。场地的设计标高，应高出当地计算水位 0.5m 以上	《工业企业总平面设计规范》（GB 50187—2012）	矿山为山坡露天采石场，高出当地计算水位 0.5m 以上	符合	按照可研提出方案执行

5.1.7.2 单元小结

《丽江玉龙铁矿 20 万吨/年露天采矿工程可行性研究报告》中在露天采场、排土场等处设计了排水沟，对其他工业场地提出了排水要求，可满足安全生产需要，但在下一步的工作中，必须查明采场的汇水面积及降雨量的大小，进一步论证排洪沟设计的合理性。另外可研报告中未对排土场、采场的排水沟技术参数做具体规定，下一步设计应进行具体的设计和说明见表 5-14。

表 5-14 玉龙铁矿作业条件危险性评价结果表

生产单元	序号	评 价 对 象	潜 在 风 险	风险值 $D=LEC$				危险性程度
				L	E	C	D	
露天采剥	1	边坡、排土	坍塌、滑坡、泥石流、滚石	3	6	15	270	高度危险
穿孔爆破	1	穿孔设备	机械伤害	3	6	3	54	可能危险
	2	爆破器材使用	火药爆炸、放炮事故	6	6	15	540	极度危险
	3	生产作业台阶	高处坠落	3	6	7	126	显著危险

生产单元	序号	评　价　对　象	潜　在　风　险	风险值 D＝LEC				危险性程度
				L	E	C	D	
铲装	1	铲运设备	车辆伤害	6	6	7	252	高度危险
供电、压气	1	变压器、输电线路、空压机	触电	3	6	3	54	可能危险
	2	变压器、输电线路	电气火灾	3	6	1	18	稍有危险
	3	空压机	机械伤害	3	6	3	54	可能危险
职业危害	1	噪声	听力损害	3	6	1	18	稍有危险
	2	粉尘	健康损害	3	6	1	18	稍有危险

5.1.8　露天矿山 LEC 分析

通过作业条件危险性评价分析，火药爆炸、放炮事故（爆破器材使用）的危险程度是极度危险；采场、排土场边坡发生坍塌、滑坡、泥石流和滚石以及车辆伤害事故（铲运设备作业）的危险程度是高度危险，而高处坠落危险程度为显著危险。故本矿在未来设计、建设及生产过程中应对火药爆炸、放炮、边坡坍塌、滑坡、车辆伤害和高处坠落等事故给予高度重视，加强防范措施落实及加大管理力度，保障生产正常运行。

5.2　地下矿山主要单元评价

本节以大理白族自治州弥渡二郎矿业有限公司二郎铜矿安全现状评价为例，讲解地下矿山主要安全评价单元的定性定量评价方法。

5.2.1　厂址及总平面布置单元

该单元可选用预先危险性分析及安全检查表分析法来分析矿区选址的合理性及主要工程的布置合理性。重点应分析以下 4 个方面的内容：

（1）地表设施建筑及井下主要井巷工程是否位于不良地质地段或岩石移动范围内。

（2）厂址、生活区是否位于滚石、滑坡、泥石流可能影响区域。

（3）各生产、生活设施布置是否符合相关规程规范要求，是否便于生活、利于生产。

（4）办公、生活设置有否受粉尘、噪声的影响。

5.2.1.1　预先危险性分析

根据危险有害因素辨识和分析结果，对该单元存在的危险、有害因素进行 PHA 分析，鉴别危险产生的原因，预测事故出现对作业人员及生产过程产生的影响，判定危险性等级，并提出消除或控制危险性的对策措施。

二郎铜矿总图布置预选危险性分析见表 5-15。

根据分析，本矿山厂址及总平面布置方面存在的风险有：厂址建在不良工程地质段或滚石、滑坡、坍塌、陷落或可能发生泥石流等重大危险区域。其次还存在车辆伤害及不良天气影响等。

表 5-15　二郎铜矿厂址及总平面布置预先危险性分析表

序号	危险有害因素	诱发事故原因	事故模式	事故后果	危险等级	对策措施
1	厂址、生活区置于不良工程地质环境地质影响区域	(1) 建构筑物布置于冰碛层、残积、坡积，断裂破碎带等不良工程地质地段； (2) 厂址不良工程地质现象未查明； (3) 厂址、生活区布置于滚石、滑坡、泥石流可能影响区域	(1) 建构筑物沉降、变形、滑坡； (2) 滚石、滑坡、泥石流冲击、掩埋建构筑物、生活区	人员伤亡、财产损失	Ⅲ	(1) 厂址选址和总图时应重视厂址的工程地质条件和环境条件； (2) 设计阶段，重要建构筑物应进行工程地质勘察，落实基础条件，宜避开不良工程地质地段； (3) 设计、施工中应根据工程地质的变化情况，采取措施及时进行调整
2	滚石滑坡坍塌陷落	(1) 井巷、建构筑物选址于不良工程地质地段； (2) 地质勘查程度低，未查明不良工程地质现象； (3) 厂址、生活区布置于滚石、滑坡、泥石流可能影响区域	(1) 井巷坍塌、变形、滑坡； (2) 建构筑物沉降、变形、滑坡； (3) 滚石、滑坡、泥石流冲击、掩埋建构筑物、生活区	人员伤亡、财产损失	Ⅲ	(1) 井巷、厂址选址和总图时应重视工程地质条件和环境条件； (2) 设计阶段，应进行工程地质勘察，落实基础条件，宜避开不良工程地质地段； (3) 设计、施工中应根据工程地质的变化情况，采取措施及时进行调整
3		(1) 建构筑物设置于地表移动线内； (2) 地下开采造成地表移动； (3) 风化剥蚀和降雨影响，斜坡上坡积滑动； (4) 场地道路的开挖边坡陡、缺乏有效支护； (5) 施工、生产废土缺乏有效的堆弃措施和管理	(1) 冲击、掩埋建构筑物、设施； (2) 滑坡	人员伤亡、财产损失	Ⅲ	(1) 建构筑物置于工程地质及环境条件良好区段； (2) 生产辅助设施设置于地表移动线外； (3) 地下开采应采取措施控制地表移动和变形； (4) 各类场地、道路边坡采取加固措施，确保边坡稳固； (5) 加强施工和生产中废土、废石的规划堆存和管理
4	泥石流	(1) 建构筑物设施设置于汇水面较大的区域； (2) 气象条件不详实，截排水设施不完善或失效	建构筑物被冲刷、掩埋	人员伤亡、财产损失	Ⅱ	(1) 合理优化厂址选址； (2) 根据矿区气象条件； (3) 设置可靠的截排洪设施，并加强管理

序号	危险有害因素	诱发事故原因	事故模式	事故后果	危险等级	对策措施
5	车辆伤害	(1) 道路存在坡度大、弯道大、路面窄、缺乏安全防护及警示； (2) 车况差； (3) 气候影响； (4) 驾驶违章和操作失误	倾翻、坠落	人员伤亡、财产损失	Ⅱ	(1) 按厂矿道路设计规范进行道路设计； (2) 设置防护设施及警示牌； (3) 加强车辆维护保养； (4) 驾驶员持证操作，杜绝违章驾驶
6	道路运输及消防联系	(1) 各厂址间道路联系不完善或联系不畅； (2) 道路设施损坏	(1) 设备、材料运输中断； (2) 消防救援联系不及时	影响生产财产损失	Ⅱ	完善各厂区道路联系，确保道路运输和消防救援联系通道
7	高低温（雪）	作业场所存在高温或低温气候	(1) 设施损坏、冻裂； (2) 高温中暑； (3) 低温冻伤	设施损坏危害健康	Ⅱ	(1) 建构筑物采取隔热或防寒抗冻措施，高低温伸缩补偿； (2) 加强个体防护
8	飓风	(1) 建构筑物、设施置于迎风地段； (2) 建构筑物门窗迎风设置	门窗、简易设施被飓风吹拂损坏	财产损失	Ⅰ	(1) 迎风建构筑物采取防风措施； (2) 调整建构筑物朝向

5.2.1.2　安全检查表分析

根据《工业企业总平面设计规范》（GB 50187—2012）、《工业企业设计卫生标准》（GB Z1—2002）等规程规范中的相关规定，对该项目的厂址及总平面布置进行对照检查。检查例表见 5-16。

表 5-16　二郎铜矿厂址及总图布置检查表

序号	检查项目	检查内容	检查依据	检查情况	结论
1	厂址选择	厂址应具有满足建设工程需要的工程地质条件和水文地质条件	《工业企业总平面设计规范》（GB 50187—2012）	主要场地、设施具备良好工程地质及水文地质条件	符合
		厂址宜靠近原料、燃料基地或产品主要销售地；并应有方便、经济的交通运输条件，与厂外铁路、公路、港口的连接，应短捷，且工程量小		矿山距离选矿厂 3km	符合

序号	检查项目	检查内容	检查依据	检查情况	结论
1	厂址选择	厂址应具有满足生产、生活及发展规划所必需的水源和电源，且用水、用电量特别大的工业企业，宜靠近水源、电源	《工业企业总平面设计规范》（GB 50187—2012）	有水源地和供电线路	符合
		厂址应满足工业企业近期所必需的场地面积和适宜的地形坡度；并应根据工业企业远期发展规划的需要，适当留有发展的余地		各场地布置与矿区规划相适应	符合
		厂址应位于不受洪水、潮水或内涝威胁的地带；当不可避免时，必须具有可靠的防洪、排涝措施； 凡位于受江、河、湖、海洪水、潮水或山洪威胁地带的工业企业，其防洪标准应符合现行国家标准《防洪标准》的有关规定		废石场无排水设施	基本符合
		下列地段和地区不得选为厂址： （1）发震断层和设防烈度高于九度的地震区； （2）有泥石流、滑坡、流沙、溶洞等直接危害的地段； （3）采矿陷落（错动）区界限内； （4）爆破危险范围内； （5）坝或堤决溃后可能淹没的地区； （6）重要的供水水源卫生保护区； （7）国家规定的风景区及森林和自然保护区； （8）历史文物古迹保护区； （9）对飞机起落、电台通讯、电视转播、雷达导航和重要的天文、气象、地震观察以及军事设施等规定有影响的范围内； （10）Ⅳ级自重湿陷性黄土、厚度大的新近堆积黄土、高压缩性的饱和黄土和Ⅲ级膨胀土等工程地质恶劣地区； （11）具有开采价值的矿藏区		所有设施、场地位于采矿陷落（错动）区界限外，其他方面不涉及	符合
		沿江、河取水的水源地，应位于排放污水及其他污染源的上游、河床及河岸稳定而又不妨碍航运的地段，并应符合河道整治规划的要求。生活饮用水水源地的位置，尚应符合现行国家标准《生活饮用水卫生标准》的规定。高位水池应设在地质良好、不因渗漏溢流引起坍塌的地段		矿山排废不污染水源地	符合

序号	检查项目	检查内容	检查依据	检查情况	结论
1	厂址选择	总变电站位置的选择，应符合下列要求： （1）应便于输电线路进出，靠近负荷中心或主要用户； （2）不得受粉尘、水雾、腐蚀性气体等污染源的影响。并应位于散发粉尘、腐蚀性气体污染源全年最小频率风向的下风侧和散发水雾场所冬季盛行风向的上风侧； （3）避免布置在有强烈振动设施的场地附近； （4）应有运输变压器的道路； （5）地势较高，避免位于低洼积水地段	《工业企业总平面设计规范》（GB 50187—2012）	矿山变电站已建成，符合5条要求	符合
		工业企业排弃的废料，应结合当地条件综合利用，减少堆存场地。需综合利用的废料，应按其性质分别堆存		排放废石少，部分用于筑路	符合
		废料场及尾矿场应位于居住区和厂区全年最小频率风向的上风侧，防止对周围环境污染。并应符合现行国家标准《工业企业设计卫生标准》和国家环境保护法的规定。含有有害有毒物质的废料场，尚应选在地下水位较低和不受地面水穿流的地段，并应采取治理措施，避免对土壤和水体的污染。含有放射性物质的废料场，必须位于远离城镇及居住区的偏僻地段，确保其地面和地下水不被污染，并符合现行国家标准《放射防护规定》的规定		废石场位于办公生活区西侧，距离为50m	基本符合
		废料场应充分利用沟谷、荒地、劣地。严禁将江、河、湖、海水域作为废料场。当利用江、河、湖、海岸旁滩洼地堆存废料时，不得污染水体，阻塞航道，或影响河流泄洪。废料年排出量不大的中小型工业企业，有条件时，应与邻近企业协作或利用城镇现有的废料场		利用沟谷排放废石	符合
		排土场的总容量，应能容纳矿山所排弃的全部岩土。排土场宜一次规划，分期实施		容积够	符合

序号	检查项目	检查内容	检查依据	检查情况	结论
1	厂址选择	排土场最终坡脚线与村庄、铁路、公路、高压输电线路等设施的安全距离，应根据其地基强弱、地面坡度、排弃物料的性质、排弃方式、降雨情况等因素确定。当排土场稳定条件较好，且堆置总高度小于 50m 时，其安全距离宜为最终堆置高度的 1.0~1.5 倍；当排土场有不稳定因素或堆置总高度大于 50m 时，其安全距离应根据具体情况确定。当采取有效的安全措施后，其安全距离可以减小	《工业企业总平面设计规范》（GB 50187—2012）	附近无村庄、铁路、公路及高压输电线	符合
2	总平面布置	总平面布置，应符合下列要求： （1）在符合生产流程、操作要求和使用功能的前提下，建筑物、构筑物等设施，应联合多层布置； （2）按功能分区，合理地确定通道宽度； （3）厂区、功能分区及建筑物、构筑物的外形宜规整； （4）功能分区内各项设施的布置，应紧凑、合理	《工业企业总平面设计规范》（GB 50187—2012）	基本按功能划分区域	基本符合
		总平面布置，应充分利用地形、地势、工程地质及水文地质条件，合理地布置建筑物、构筑物和有关设施，并应减少土（石）方工程量和基础工程费用。当厂区地形坡度较大时，建筑物、构筑物的长轴宜顺等高线布置，并应结合竖向设计，为物料采用自流管道及高站台、低货位等设施创造条件		根据地形及交通条件布置	符合
		大型建筑物、构筑物，重型设备和生产装置等，应布置在土质均匀、地基承载力较大的地段；对较大、较深的地下建筑物、构筑物，宜布置在地下水位较低的填方地段		无大型建筑物、构筑物，重型设备和生产装置	符合
		全厂性修理设施，宜集中布置；车间维修设施，在确保生产安全前提下，应靠近主要用户布置		有专用机修房	符合
		爆破器材库区的布置，应符合现行国家标准《民用爆破器材工厂设计安全规范》的规定		独立建筑	符合

5.2.1.3　单元小结

二郎铜矿为生产矿山，厂址选择经过安全设施设计论证，各设施基本按功能综合考虑交通运输条件布置，均位于开采终了岩石移动线以外，受地质灾害影响可能性较小，厂址及总平面布置符合《工业企业总平面设计规范》的要求。但现场检查发现存在隐患有：部分坑口工业场地可能受滚石、滑坡、泥水危害的影响；原露天空区积水可能对下部地下开采造成影响；各坑口工业场地生产设施摆放混乱。因此，矿山在下一步开采过程中应重视以下整改意见：

（1）1880m、1830m 及提升斜井口上方需设置柔性防护网，防止地表滚石对坑口工业设施及人员造成安全影响。

（2）地表露天空区及移动范围外开挖截水沟，防止地表水大量积灌入井下，造成突水、淹井事故。

（3）各坑口工业场地、采矿工业场地设专人负责管理，排查安全隐患，设备、设施要有序化停放。

5.2.2　开拓单元评价

该单元可选用预先危险性分析法、事故树分析法等来评价开拓系统布置的合理性及井巷工程的安全性。

5.2.2.1　预选危险性分析

开拓单元预先危险性分析，见表 5-17。

表 5-17　二郎铜矿开拓单元预先危险性分析表

序号	危险有害因素	诱发事故原因	事故模式	事故后果	危险等级	对策措施
1	开拓井巷入口布置在松散堆积体地段	（1）支护失效；（2）地下采矿爆破震动；（3）坑口布置于地表移动范围下侧，地下开采导致该地段地表移动	滚石、滑坡和坍塌	坑口入口处人员伤亡、设施损坏和开拓系统瘫痪	Ⅲ	（1）开拓井巷入口应尽量避免布置在矿区第四系残坡积体地段；（2）加强井巷入口段的支护工作；（3）合理控制临近地表处的地下采场爆破的一次爆破药量
2	开拓井巷布置在不稳定的岩组中	（1）设计失误；（2）地质资料不详；（3）支护不好或未加支护；（4）爆破震动	井巷垮塌、冒顶、片帮	造成人员伤亡、设施损坏和开拓系统瘫痪	Ⅲ	（1）开拓井巷应尽量避免布置在各种不稳定岩组中；（2）加强支护工作；（3）采用科学合理的掘进施工方法；（4）加强该开拓井巷日常维护工作

序号	危险有害因素	诱发事故原因	事故模式	事故后果	危险等级	对策措施
3	开拓、采准、切割和回采井巷穿越断层破碎带或老采空区	(1) 掘进方法不当或未按规程作业; (2) 支护不好或未加支护; (3) 未掌握老采空区位置及面积	井巷垮塌、冒顶片帮、浮石伤人	人员伤亡、设施损坏	Ⅲ	(1) 选用合适的掘进方法; (2) 严格按规程作业; (3) 加强破碎带支护工作; (4) 矿山应针对矿区老硐进行相关的地质测量工作,准确将原采空区标绘在图纸中,以指导下一步的设计及开采作业
4	天井掘进	(1) 天井掘进工艺不正确; (2) 对高空作业人员未采取安全保护措施; (3) 作业前未清理工作面浮石	冒顶片帮、浮石伤人、高处坠落	人员伤亡	Ⅲ	(1) 选择合理的天井掘进方法; (2) 坚持工作现场安全检查制度; (3) 加强个人防护; (4) 杜绝违章操作
5	主要井巷断面设计不合理	(1) 主要井巷宽度不够,过窄; (2) 主要井巷高度不够,过低	矿车挤压伤人	人员伤亡	Ⅲ	按照安全规程的要求设计各个巷道断面
6	安全出口不符合要求	(1) 矿井安全出口不符合要求; (2) 生产水平安全出口不符合要求	人员正常撤离受阻或失效	人员伤亡	Ⅳ	(1) 每个矿井至少有 2 个独立的能行人的直达地面的安全出口,且间距不小于 30m; (2) 每个生产水平(中段)至少有 2 个能行人的安全出口,并与通往地面的安全出口相通
7	出口安全标志不符合要求	(1) 未设计安全出口标志; (2) 安全出口标志不明确	人员正常撤离受阻或失效	人员伤亡	Ⅲ	井巷的分道口应有明确清晰的路标

5.2.2.2　安全检查表分析

开拓单元安全检查见表 5-18。

表 5-18　二郎铜矿开拓单元安全检查表

检查项目	检 查 内 容	标准依据	检查情况	结论
井巷设施	每个矿井应有两个以上的安全出口,安全出口的间距不得小于 30m	《金属非金属矿山安全规程》(GB 16423—2006)	1830m 中段平硐口与 1830 ~ 1800m 提升斜井口距离为 20m	不符合
	每个生产中段是否具有两个以上便于行人的安全出口,并与通往地表的安全出口相通		1930m、1880m 两生产中段均有 2 个以上安全出口通地表	符合
	每个采区(盘区、矿块),均应有两个便于行人的安全出口,并经上、下巷道与通往地面的安全出口相通。安全出口应稳固,并根据需要设置梯子		每个中段均有两个以上安全出口	符合
	在不稳固的岩层中掘进井巷,应进行支护,在松软或流砂岩层中掘进,永久性支护至掘工作面之间,应架设临时支护或特殊支护		中段巷道穿 F_5 断层处采用木加箱支护,坑口采用混凝土支护	符合
	需要支护的井巷,支护方法、支护与工作面间的距离,应在施工设计中规定;中途停止掘进时,支护应及时跟至工作面		根据情况实时支护	基本符合

5.2.2.3　巷道冒顶事故分析

对于有发生巷道片冒事故的矿山,可采用事故树分析法(FTA)来分析掘进施工过程和巷道使用过程中发生的片冒事故。

A　掘进施工中发生片冒事故分析

掘进施工中发生片冒事故较为频繁,影响因素也较为复杂,主要原因有 3 个方面,即:

(1) 不良的工程地质条件。

(2) 不合理的凿岩爆破施工。

(3) 支护不及时或施工管理水平低。

图 5-11 为掘进施工中发生片冒的事故树图。

根据图 5-11,可以求得最小割集和最小径集。

最小径集为:
$$\{X_1, X_2, X_3, X_4\} \quad \{X_5, X_6, X_7\} \quad \{X_8, X_9, X_{10}\}$$

最小割集为:

$$\{X_1, X_5, X_8\} \quad \{X_1, X_6, X_8\} \quad \{X_1, X_5, X_9\} \quad \{X_1, X_6, X_9\}$$
$$\{X_2, X_5, X_8\} \quad \{X_1, X_5, X_{10}\} \quad \{X_1, X_7, X_8\} \quad \{X_2, X_6, X_8\}$$
$$\{X_1, X_6, X_{10}\} \quad \{X_2, X_5, X_9\} \quad \{X_1, X_7, X_9\} \quad \{X_2, X_6, X_9\}$$
$$\{X_2, X_5, X_{10}\} \quad \{X_2, X_7, X_8\} \quad \{X_1, X_7, X_{10}\} \quad \{X_3, X_5, X_8\}$$

$\{X_2,X_6,X_{10}\}$　　$\{X_2,X_7,X_9\}$　　$\{X_3,X_6,X_8\}$　　$\{X_3,X_5,X_9\}$

$\{X_4,X_5,X_8\}$　　$\{X_2,X_7,X_{10}\}$　　$\{X_3,X_6,X_9\}$　　$\{X_3,X_5,X_{10}\}$

$\{X_3,X_7,X_8\}$　　$\{X_4,X_6,X_8\}$　　$\{X_4,X_5,X_9\}$　　$\{X_3,X_6,X_{10}\}$

$\{X_3,X_7,X_9\}$　　$\{X_4,X_6,X_9\}$　　$\{X_4,X_5,X_{10}\}$　　$\{X_4,X_7,X_8\}$

$\{X_3,X_7,X_{10}\}$　　$\{X_4,X_6,X_{10}\}$　　$\{X_4,X_7,X_9\}$　　$\{X_4,X_7,X_{10}\}$

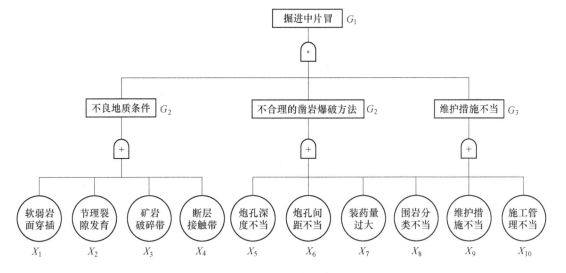

图 5-11　巷道掘进施工中片冒事故树图

由此分析结果可见，导致掘进施工中发生片冒事故的途径存在 36 种之多。从求解得到的最小径集可见，避免掘进中片冒的方案有 3 种。第一种改变巷道围岩的地质条件，这是不可能的；第二种方案是采取合理的凿岩爆破施工方案；或者采取第三种措施，即加强施工过程中的稳定性维护，加强施工管理。

各基本事件的割集重要系数及顺序如下（从大到小排列）：

$$X_5 = X_6 = X_7 = 0.1111111268401146$$

$$X_4 = X_1 = X_2 = X_3 = 8.33333432674408 \times 10^{-2}$$

$$X_8 = X_9 = X_{10} = 9.259259328246117 \times 10^{-3}$$

可见，掘进中的巷道围岩地质条件是导致巷道发生片盲施工的重要因素。因此，尽管加强了施工管理，提高了巷道施工技术和施工工艺水平，仍时常发生一些片冒事故，正是由于工程地质条件较差所决定的。

B　巷道使用中发生片冒事故分析

在井下矿山，已经投入使用的巷道也不时发生片冒，危及行人及车辆的安全。通过分析，绘制了巷道在使用过程中发生片冒事故的事故树图，如图 5-12 所示。

从图 5-12 可以看出，巷道在使用过程中发生片冒的主要原因有 3 个方面：

（1）巷道支护设计不合理。导致巷道支护设计不合理的关键因素在于设计者对复杂的巷道环境、围岩的工程地质条件不十分了解，或者即使十分了解但难以给出准确的判断。因为采场巷道工程中涉及众多的不确定性、模糊性和知识不完备性。

（2）巷道围岩稳定性受不利因素的影响。其不利因素主要是采场地压或采矿爆破对

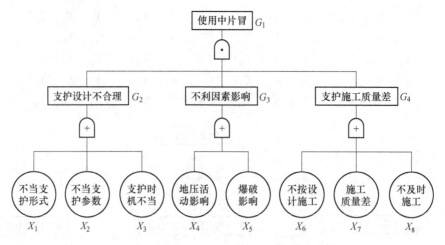

图 5-12　巷道使用过程中发生片冒的事故树图

巷道围岩的稳定性影响。采场地压在很大程度上影响采场巷道围岩的稳定性。因此，控制采场地压显现是提高巷道围岩稳定性的关键因素。然而，对于地下矿山，随着开采面积的增大和开采深度的增加，采场地压必将日趋显著。

（3）巷道支护施工质量差。另一重要因素是巷道支护施工质量不能满足设计要求，或者偷工减料，或者支护强度或参数不合要求。

基于图 5-12 所示的事故树，可以求得最小割集与径集。

最小割集为：$\{X_1\}$，$\{X_2\}$，$\{X_3\}$，$\{X_4\}$，$\{X_5\}$，$\{X_6\}$，$\{X_7\}$，$\{X_8\}$

最小径集为：$\{X_1, X_2, X_3, X_4, X_5, X_6, X_7, X_8\}$

各基本事件割集重要系数及顺序如下（从大到小排列）：

$X_1 = 0.125$，$X_2 = 0.125$，$X_3 = 0.125$，$X_4 = 0.125$，$X_5 = 0.125$，$X_6 = 0.125$，$X_7 = 0.125$，$X_8 = 0.125$

各基本事件割集重要系数相同，由此可见，任何一个因素都可能导致事故的发生。因此，要避免事故发生，必须避免上述任何一种不利因素的发生。

C　敲帮问顶时发生的片冒事故分析

敲帮问顶时顶板岩石突然发生片冒是经常发生的事故类型。据分析，该类事故主要是由于敲顶方法不当以及敲顶作业面不良引起的。敲帮问顶片冒事故树如图 5-13 所示。

根据图 5-13 所示的事故树图，可以求得事故树的定性分析。求得的最小割集为：$\{X_1\}$，$\{X_2\}$，$\{X_3\}$，$\{X_4\}$，$\{X_5\}$，$\{X_6\}$，最小径集为：$\{X_1, X_2, X_3, X_4, X_5, X_6\}$。

各基本事件割集重要系数及顺序如下（从大到小排列）：

$$X_1 = X_2 = X_3 = X_4 = X_5 = X_6 = 0.1666666716337204$$

由此可见，影响敲顶时片冒事故的 6 个因素中的任何一个因素都可能导致事故的发生。因此，要避免事故发生，必须避免上述任何一种不利因素的发生。

5.2.2.4　天井或溜井掘进事故分析

一般地下矿山均有天井或溜井掘进作业，掘进过程中易发生爬罐事故，采用鱼刺图对其发生原因进行分析，如图 5-14 所示。

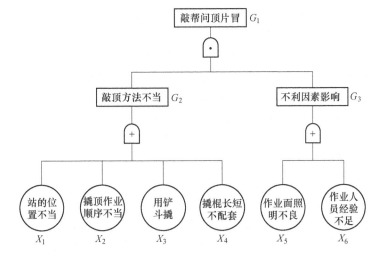

图 5-13 敲帮问顶片冒事故树

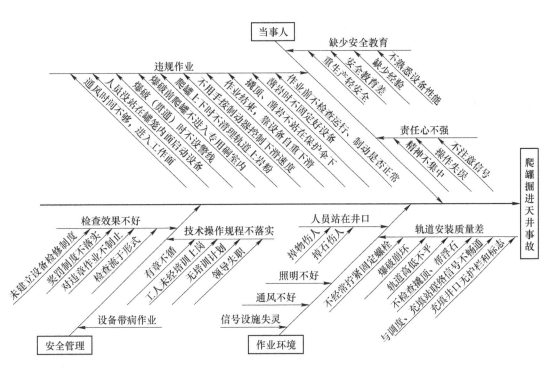

图 5-14 天、溜井掘进事故鱼刺图

从图 5-14 分析可知，导致爬罐掘进天井事故的主要因素有当事人、安全管理以及作业环境三个方面，其具体分析内容可参考"5.1.3.3 边坡失稳鱼刺图分析"中的分析格式并结合天、溜井掘进事故鱼刺图而进行。

5.2.2.5 单元小结

二郎铜矿采用平硐+斜井开拓，各生产中段均有两个以上安全出口通地表，巷道不稳固地段均进行了有效的支护。开拓方式能满足目前生产要求。但现场检查发现存在：巷道掘进后局部地段支护不及时；主要巷道仍采用木支护；1830m 中段平硐口与 1830～1800m 提升斜井口之间直线距离仅为 20m；局部巷道宽度或高度不足；无井上井下对照图及避灾线路图等问题。矿山在下一步开采过程中应重视以下整改意见：

（1）1830m 中段及斜井井口段需采用砼支护，保证开采期间两安全出口不会同时失效。

（2）加强巷道日常安全检查、浮石排查处理，采用混凝土或其他支护方式更换木支护。

（3）1830m、1800m 中段未开拓完成之间严禁采矿，尽快完成中段间联络天井的掘进工作。

（4）尽快完善井上井下对照图及避灾线路图的绘制工作。

（5）巷道局部断面较小处需进行刷大处理，保证有专用人行道且宽度符合安全规程要求。

5.2.3　采矿方法单元评价

矿体开采技术条件及经济技术条件共同决定了采矿方法，采场在采准、切割、回采、空区处理等过程中易发生冒顶片帮、中毒窒息、高处坠落、机械伤害和物体打击等事故，是地下矿山事故多发点，需重点进行安全管理。

5.2.3.1　预先危险性分析

采矿方法单元预先危险性分析见表 5-19。

表 5-19　二郎铜矿采矿方法单元预先危险性分析表

序号	危险有害因素	诱发事故原因	事故模式	事故后果	危险等级	对策措施
1	采矿方法设计不合理	（1）回踩顺序不适合矿山矿体赋存条件； （2）对矿床工程地质缺乏了解； （3）采场结构参数设计不适应矿山岩性，顶板暴露面积过大； （4）设计人员缺乏经验	（1）采场顶板垮塌； （2）采切工程冒顶片帮	人员伤亡、设施损坏	Ⅲ	（1）根据矿床赋存条件、矿岩性质等选用合适采矿方法及回踩顺序； （2）预留矿柱加快采矿进度，减少采场暴露面积和暴露时间； （3）聘请有设计资质的单位进行采矿方法设计
2	开采设计不完善	（1）无空区处理措施； （2）无采场顶板维护措施； （3）无矿房和矿柱回采设计； （4）采场未设置两个安全出口； （5）通风设置不合理	（1）采场冒顶； （2）采场人员正常撤离受阻或失效； （3）采场通风不能满足要求	人员伤亡、中毒窒息、设施损坏	Ⅲ	（1）采矿方法设计应包括矿房和矿柱回采、地压管理以及空区处理； （2）根据采空区的分布状况，制定采空区处理规划，有计划、有步骤地进行处理； （3）采矿工艺设计应根据矿山矿体围岩及矿山岩层稳定性进行采场顶板维护措施设计； （4）每个生产水平（中段）至少有 2 个能行人的安全出口，并与通往地面的安全出口相通

通过上述分析可以看出：采场冒顶片帮、作业人员中毒窒息是采矿方法设计不合理的主要危险有害因素，因此充分了解掌握矿山矿体赋存条件，矿区不同地段岩层情况，选择适合的采矿方法，是提高开采的安全性，减少生产安全事故的关键因素之一。

5.2.3.2　安全检查表分析

采矿方法单元安全检查见表 5-20。

表 5-20　二郎铜矿采矿方法单元安全检查表

序号	检查项目	检 查 内 容	检查依据	检查情况	结论
1	采矿方法	选择的采矿方法，须工艺成熟可靠或进行采矿方法试验	技术资料	浅孔留矿法	符合
		采矿方法设计应包括矿房和矿柱回采、地压管理以及空区处理		有相关设计内容	符合
		采场结构尺寸符合要求		联络道垂直距离过大	不符合
		全面系统地分析矿石和围岩稳固性，有条件时进行矿床的稳固性分类		工程地质条件里已分类	符合
		根据矿床地质条件，按采矿技术要求，对矿体的倾角、厚度、矿石品位分布特征进行统计分类，确定不同类型的比重，分别选择不同的采矿工艺		矿体产状稳定，选用同一种方法	符合
		矿山应加强顶板管理，必须建立顶板管理制度，及时回采矿柱和空区处理		有顶板管理制度	符合
2	回采工艺	采用浅孔留矿法采矿，应遵守下列规定： （1）开采第一分层之前，应将下部漏斗和喇叭口扩完，并充满矿石； （2）每个漏斗应均匀放矿，发现悬空应停止其上部作业，并经妥善处理，方准继续作业； （3）放矿人员和采场内的人员应密切联系，在放矿影响范围内不应上下同时作业； （4）每一回采分层的放矿量，应控制在保证凿岩工作面安全操作所需高度，作业高度不宜超过 2m	GB 16423—2006/6.2.2	符合该 4 条规定	符合
		是否有回采工艺设计审批制度	GB 16423—2006	有	符合
		同一次爆破作业必须采用同一厂家、同批生产的起爆器材		是	符合
3	空区处理	是否有采空区的处理方法	GB 16423—2006	有	符合
		应根据采空区的分布状况，制定采空区处理规划，有计划、有步骤地进行处理		主要方法是封闭空区	符合
4	其他	采场凿岩采用湿式凿岩	技术资料	是	符合
		爆破后加强通风	技术资料	是	符合

5.2.3.3　采场冒顶事故分析

为防止冒顶伤亡事故的发生，在对矿山回采工作面冒顶伤亡事故调查的基础上，用事件树分析法进行分析，找出导致事故发生的可能途径（即发生冒顶并导致人员伤亡的原因），为制定预防回采工作面冒顶事故的措施提供参考依据。

A　绘制事件树

事件树分析法就是根据事故发展顺序，从事故的起因或诱因事件开始，途经原因事件直至结果事件为止，每一事件都按成功和失败两种状态进行分析，用树枝代表事件的发展过程的分析法。为了了解某矿冒顶事故为何致人死亡的原因，避免同类事故发生，根据事件树分析法作出回采工作面发生冒顶致人死亡的事件树，如图 5-15 所示。

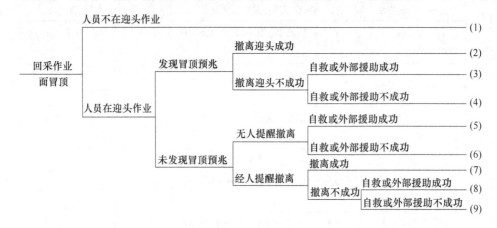

图 5-15　回采工作面冒顶伤人事件树

B　定性分析

分析事件树图 5-15，可见：

（1）回采工作面发生冒顶有六种情况可能使人员免受伤害：

1）人员不在迎头作业，如图 5-15 中（1）所示，这是一种偶然现象。

2）发现了预兆，人员撤离成功，如图 5-15 中（2）所示。

3）发现了预兆，人员撤离不成功，但靠自救和外部援助成功，如图 5-15 中（3）所示。

4）未发现预兆，又无人提醒撤离，但靠自救和外部援助成功，如图 5-15 中（5）所示。

5）未发现预兆，经人提醒撤离成功，如图 5-15 中（7）所示。

6）未发现预兆，经人提醒撤离不成功，但靠自救和外部援助成功，如图 5-15 中（8）所示。

（2）回采工作面发生冒顶有三种导致人员死亡的可能：

1）作业人员在迎头作业时，发现了冒顶预兆，但来不及撤离迎头，而且自救和外部援助都不成功，导致人员死亡，如图 5-15 中（4）所示。这种情况也是常有的，作业人员即使发现了事故的预兆，原本有足够的时间撤离危险区，但是由于安全退路受阻等因素的影响，仍然无法幸免于难。这就是为什么要求采掘工作面必须保持退路安全畅通和回采工作面必须有两个安全出口的原因。

2）人员在迎头作业时，没有发现冒顶的预兆，也没有别人提醒撤离，自然无法逃脱灾难，如图 5-15 中（6）所示。它提醒井下作业人员学习并掌握各类矿山事故预兆知识的重要性和必要性，同时也提醒人们在迎头单人作业的危害性。

3）人员在迎头作业时，未发现冒顶预兆，经别人提醒撤离，但撤离不成功，事后自救和外部援助亦不成功，导致死亡，如图 5-15 中（9）所示。此类情况使我们意识到矿山企业必须成立矿山救护队或辅助矿山救护队，而且要做好救护队员的安全技术培训和业务技能学习等工作，使矿山救护队真正发挥出抢险救灾的作用。

（3）结论。从以上事件树分析可知，要减少甚至避免回采工作面冒顶伤亡事故的发生，就必须做到以下几点：

1）强调认真编制、严格审批和严肃执行作业规程，并且作业规程必须具有针对性。

2）坚决杜绝违章作业现象，矿山应加强对新工人的安全教育和技术培训，使他们充分认识到违章作业可能导致的后果。

3）回采工作面必须具备两个安全出口，并经常保持退路的安全畅通，以便遇到紧急情况时能够快速撤退。

4）严禁在采矿工作面单人作业，在危险地带作业时，必须有专人时刻观察顶板情况和两帮情况。

5）重视矿山救护队建设，加强救护队多功能建设，不断提高救护队员的业务素质和抢险救灾水平。

5.2.3.4 单元小结

二郎铜矿为生产矿山，选用浅孔留矿法开采，有采矿方法设计方案，生产中基本按设计布置采切工程，其回采工艺及空区处理方式符合浅孔留矿法开采要求。但现场检查发现存在：联络道垂距过大，导致工作面不能保证有两个通畅的安全出口；采场顶板局部存在浮石。矿山在下一步开采过程中应重视以下整改意见：

（1）对采场结构参数进行优化，联络道垂距不应大于 5m。

（2）掘进和采场作业时要建立顶板管理制度，处理浮石要有充足的照明，要配备长短配套的撬毛工具，坚持做到作业前作业中处理浮石的制度，处理浮石时应仔细观察岩面构造和浮石分布情况，做到在保障作业人员安全情况下排除浮石的危害。

（3）天井人行梯子及中间平台进行定期维修，严禁两人同时爬同一段梯子。

（4）井下采掘应有准确的测量作指导，避免突然贯通原露天空区，造成安全事故。

5.2.4 凿岩爆破单元评价

爆破是矿山开采的主要作业方式，也是造成矿山爆破伤害事故的主要危险因素。其表现形式有：由于爆破器材质量低劣造成的爆破伤害事故；由于未按《爆破安全规程》（GB 6722）进行操作导致的爆破伤害事故；自然灾害及其他意外原因导致的爆破伤害事故等，其中违章作业和违章指挥概率最高。

该单元选用预先危险性分析法、安全检查表分析法及事故树分析法进行分析。

5.2.4.1 预先危险性分析

凿岩爆破单元预先危险性分析见表 5-21。

表 5-21　二郎铜矿凿岩爆破单元预先危险性分析表

序号	危险有害因素	诱发事故原因	事故模式	事故后果	危险等级	对策措施
1	未采用湿式凿岩	(1) 不执行规程规定； (2) 作业面供水不足或无水	生产性粉尘浓度激增	职业危害	Ⅱ	(1) 严格执行湿式凿岩有关规定； (2) 作业人员必须戴防尘口罩； (3) 确保湿式作业用水
2	爆破中的人为因素	(1) 不按规程操作； (2) 不按设计操作； (3) 携带明火或火种进入爆区； (4) 设计有误	各种爆破事故	人员伤亡	Ⅲ	(1) 加强对爆破器材管理人员、爆破作业人员的安全教育培训考核，严格遵守《爆破安全规程》，严格持证上岗； (2) 工程技术人员应确保爆破设计质量并按设计施工
3	运输中爆破材料爆炸	(1) 运输爆破器材时，爆破器材与其他物料或人混装； (2) 司机对运输爆破材料缺乏经验； (3) 撞车； (4) 意外失火； (5) 其他	爆破事故	人员伤亡	Ⅲ	(1) 严禁爆破器材与其他物料混装，不准他人搭乘运输爆破器材的车辆； (2) 爆破器材严禁摩擦、撞击、抛掷； (3) 雷管用有软衬的保险箱运输； (4) 选择适当的运输工具，运输车辆配备消防器材； (5) 炸药和雷管避免混装混运； (6) 运输爆破器材的车辆应挂危险标志，避免人员集中的地方停留； (7) 运输爆破材料避开上下班和人集中的时间； (8) 雷雨或暴风雨时禁止装卸爆破器材

序号	危险有害因素	诱发事故原因	事故模式	事故后果	危险等级	对策措施
4	爆破器材质量不合格	（1）使用未经国家或部门鉴定的爆破器材；（2）爆破器材性能不稳，发生拒爆早爆；（3）使用过期、受潮或变质器材	各种爆破事故	人员伤亡	Ⅲ	（1）严禁使用未经国家或部门鉴定的爆破器材；（2）定期检查爆破器材各项指标，不合格不能使用
5	炮烟	（1）爆破后未经过有效通风便过早地进入采掘工作面；（2）人员误入爆破后的工作面	炮烟中毒窒息事故	人员伤亡	Ⅲ	严格执行《爆破安全规程》GB 6722 的有关规定，加强爆破后采掘工作面通风和检测工作
6	爆破震动	（1）一次起爆药量过多；（2）爆破地点靠近建筑物、居民区或临近矿井；（3）顶板不稳定	（1）建筑物开裂垮塌；（2）顶板冒落	人员伤亡、财产损失	Ⅲ	（1）进行分次爆破，减少一次爆破药量；（2）认真搞好勘测，避开可影响到的建筑或居民区；（3）分区进行爆破，尽量避开顶板破碎区
7	避炮设施不符合要求	（1）无避炮设施；（2）避炮设施不符合安全规程	爆破飞石伤人	人员伤亡	Ⅲ	按照《爆破安全规程》GB 6722 的规定，设计避炮设施，爆破设计确保爆破工有充分的撤离时间
8	爆破时警戒不力	（1）未设警戒；（2）误入爆区；（3）人员未完全撤离爆区就实施爆破	造成重大伤亡事故	人员伤亡	Ⅲ	（1）严格按规程进行爆破警戒；（2）加强采场大爆破时的安全保卫和警戒工作；（3）确保爆破信号有效
9	相邻两个以上作业面都进行爆破工作	未设统一指挥	造成重大爆破伤亡事故	人员伤亡	Ⅲ	设统一指挥，统一爆破信号，协调爆破时间
10	采场大爆破引起爆破震动	（1）未采用分段微差起爆；（2）最大一段装药量过大；（3）临近地表工业设施和生活区	（1）地表滚石、滑坡或垮塌；（2）生产设备破坏；（3）破坏临近采场矿柱和井巷设施	系统设施损坏、财产损失及人员伤亡	Ⅲ	（1）进行分段爆破，合理计算最大一段装药量；（2）爆破前认真检查影响范围内的地上、地下设施和建（构）筑物，采取防范措施

序号	危险有害因素	诱发事故原因	事故模式	事故后果	危险等级	对策措施
11	盲炮事故	（1）起爆器材加工或炮眼装药问题；（2）爆破材料变质或质量不合格；（3）误触盲炮、打残眼、摩擦震动引起盲炮爆炸；（4）残药随矿石进入运输、加工过程中发生爆炸	盲炮爆炸、残药爆炸	人员伤亡、设备损坏	Ⅱ~Ⅲ	（1）爆破前检查有无不合格爆破材料；（2）加强现场装药施工管理；（3）有严格的爆破交接班制度
12	爆破中的飞石	（1）人员来不及充分躲避或躲避的地方不能完全保护人员安全；（2）没有及时发出警戒信号；（3）炮眼布置不合理；（4）设备安放的地点不合理	飞石伤害	（1）人员受到飞石伤害；（2）设备在爆破中损坏；（3）巷道内碎石较多，不利于运输	Ⅱ	（1）控制爆破，合理布局炮眼，减少飞石；（2）控制装药数量；（3）爆破前留有足够的时间，使人员及时躲避，人员和设备应在安全距离之外；（4）人员和设备避免正对着炮眼；（5）使用木板等拦截飞石，缩短飞行距离；（6）爆破前及时发出警戒信号，采场各个人行端口都应有人把守

从以上预先危险性分析可以看出，凿岩爆破单元的主要危险有害因素为爆破伤害、炮烟中毒；导致爆破事故发生的原因之一是人为因素造成的，因此加强爆破作业的安全管理，提高人员素质，将人为操作失误导致的爆破事故降到最低，可在很大程度上减少爆破事故的发生。

5.2.4.2　安全检查表分析

凿岩爆破安全检查见表 5-22。

5.2.4.3　爆破事故分析

放炮伤人事故树分析（FTA）：

放炮作业的安全性受爆破器材的质量、装药质量、爆破工素质、爆破管理等因素的制约。放炮伤人事故是矿山掘进作业和采矿作业的主要事故，通常产生事故因素也很多且后果较为严重，下面运用事故树进行分析评价，对影响灾害发生的各种客观因素进行剖析和评价，将为矿山安全生产和安全管理提供依据。

表5-22 二郎铜矿凿岩爆破单元安全检查表

检查项目	检查内容	检查依据	检查情况	结论
凿岩爆破	爆破作业人员应参加培训经考核并取得有关部门颁发的相应类别和作业范围、级别的安全作业证，持证上岗	GB 6722—2014	爆破工持证上岗	符合
	在爆破工程中推广应用爆破新技术、新工艺、新器材、新仪表，应经有关部门或经授权的行业协会批准	GB 6722—2014	采用非电导爆管起爆网络起爆	符合
	爆破设计书和爆破说明书，应具备相应资质的设计单位和设计人员编制	GB 6722—2014	有开采设计	符合
	浅孔爆破采场，应通风良好，支护可靠，留有安全矿柱，设有两个或两个以上安全出口。特殊情况下不具备两个安全出口时，应报矿总工程师批准	GB 6722—2014	有两个安全出口	符合
	凿岩必须采取湿式作业。缺水地区或湿式作业有困难的地点，应采取干式捕尘或其他有效防尘措施	GB6722—2014	采用湿式作业	符合

根据故障树图，如图5-16~图5-18所示，可以计算出最小割集和结构重要度，根据故障树图和最小割集、结构重要度分析，采取相应的安全对策措施：

（1）安全管理：明确规定爆破的地点和时间，并有爆破范围内设置可靠警戒信号或警戒人员；爆破后，爆破员必须在规定的等待时间后进入爆破地点，确认炮烟散尽且检查无冒顶、危石、支护破坏和盲炮等现象。

（2）检查检验：购进及发放爆破器材时要求予以检验；爆破作业前检查爆破器材是否完好；爆破作业前检查点火作业范围内是否淋水；检查作业范围内是否有残盲炮。

（3）爆破设计及操作：采用一次点火，杜绝多头点火；合理设计起爆方式，避免产生残盲炮；在残眼一定距离外打新眼，严禁处理残炮时硬拉；严格按设计规定作业，避免出现装药过于集中或装药量过大等现象。

（4）作业人员素质：加强作业人员的教育，提高其业务能力，尽量避免操作失误现象的发生；严格按安全规程要求作业。

5.2.4.4 单元小结

二郎铜矿井下采掘采用浅孔凿岩机凿岩，非电导爆管起爆网络微差爆破。爆破作业人员均持有爆破作业证，有爆破作业安全规程及爆破物品管理规定，施工现场设置有安全员负责施工安全管理。凿岩爆破工作符合《爆破安全规程》要求。矿山在下一步开采过程中应重视以下整改意见：

（1）全矿均改为非电导爆管爆破网路系统进行爆破。

（2）严禁打残眼、老眼和瞎炮，对残眼和瞎炮应按《爆破安全规程》规定进行处理。

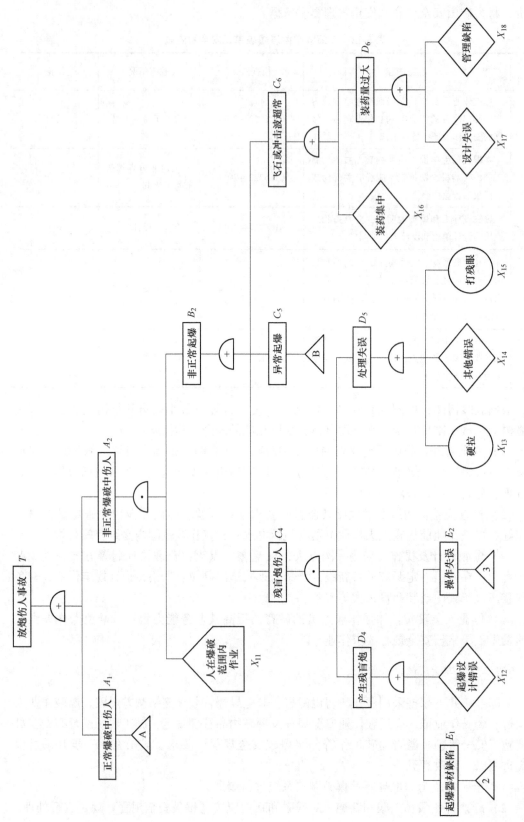

图 5-16 放炮伤人事故的故障树 （一）

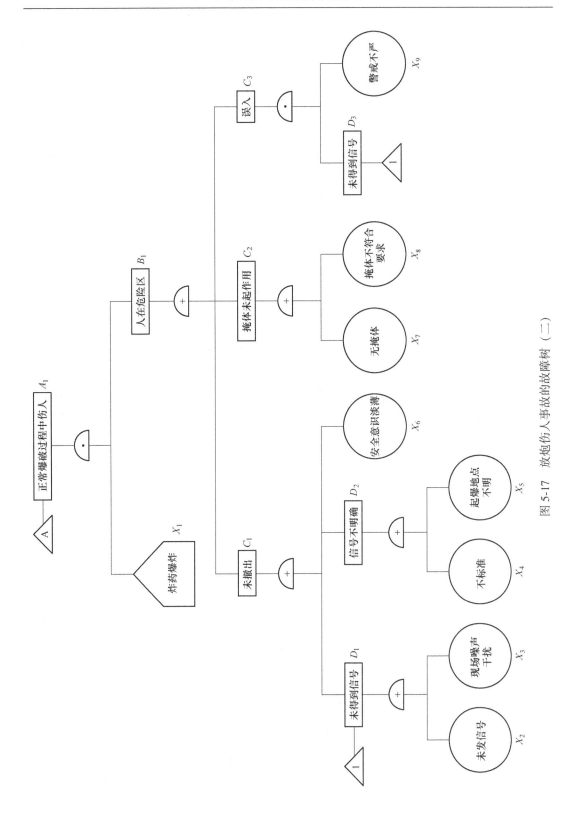

图 5-17 放炮伤人事故的故障树（二）

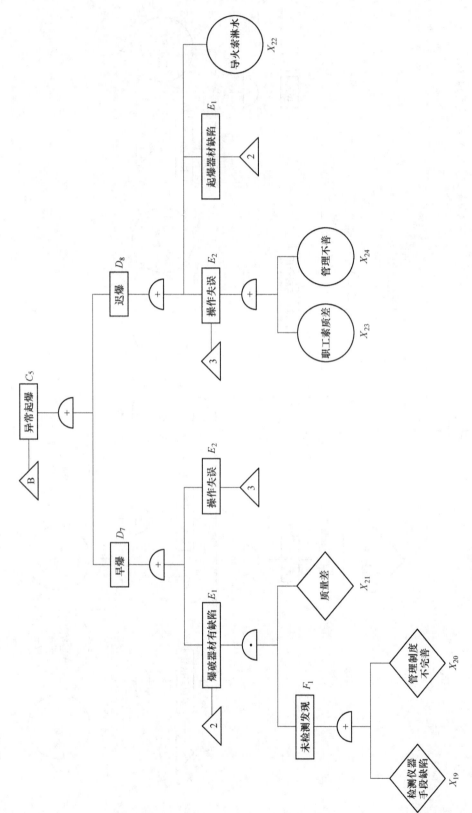

图 5-18　放炮伤人事故的故障树（三）

5.2.5 提升运输单元评价

该单元选用预先危险性分析法、安全检查表分析法及事故树分析法进行分析。

5.2.5.1 预先危险性分析

提升运输单元预先危险性分析见表 5-23。

表 5-23 二郎铜矿坑内运输预先危险性分析表

序号	危险有害因素	诱发事故原因	事故模式	事故后果	危险等级	对策措施
1	轨道不符合要求	（1）轨道铺设坡度大于 10‰；（2）轨道铺设质量差，轨道有滑动	掉道车辆伤害事故	人员伤亡、设备设施损坏	II	（1）轨道铺设坡度不得大于 10‰；（2）使用稳定性符合要求的钢轨；（3）控制地压，防止道轨隆起变形；（4）利用轨枕承受行车的震动，保证车辆平稳而安全的运行，轨距符合要求
2	井巷断面规格不合理	（1）设计计算有误，巷道断面过小；（2）地压作用导致井巷严重变形	车辆伤害	人员伤亡、设备损坏	III	（1）严格《金属非金属矿山安全规程》GB 16423—2006 有关规定进行设计，并按设计要求施工、验收；（2）及时处理采空区，控制地压；（3）对巷道断面局部不足的地段按规程设置躲避硐室；（4）巷道内支护应规范，各种管线吊挂整齐
3	照明不良	（1）运输巷道内照明不足；（2）推车人员未携带矿灯	车辆相撞车辆伤人事故	人员伤亡、设备损坏事故	II	（1）增设运输巷道的照明装置；（2）矿车运输作业时应装设有效的声光信号装置
4	未设安全装置	矿车上未设置可靠的制动装置	车辆伤害	人员伤亡、设备设施损坏	II	（1）矿车上应增设可靠的制动装置；（2）加强作业人员的安全教育培训，提高安全防范意识和能力
5	违章操作	（1）推车人员每人推车数量超过 1 辆；（2）放飞车	车辆伤害	人员伤亡、设备损坏	II	（1）加强管理，严格执行推车人员每人每次只能推一辆车；（2）严禁推车作业人员放飞车；（3）行车速度不得超过 3m/s

通过以上预先危险性分析，二郎铜矿项目的运输主要危险因素是车辆伤害。引发坑内运输事故的因素是多种多样，除运输平硐的断面及运输轨道参数的设计、建设不符合安全要求外，人的不安全行为和安全管理也是导致运输事故的原因。

5.2.5.2   安全检查表分析

提升运输单元安全检查见表 5-24。

表 5-24   二郎铜矿提升运输单元安全检查表

序号	检查项目	检查内容	检查依据	检查情况	结论
1	斜井运输	供人员上、下的斜井，垂直深度超过50m的，应设专用人车运送人员。斜井用矿车组提升时，不应人货混合串车提升	GB 16423—2006/6.3.2.1	垂高 30m，斜井不提人	符合
		斜井运输，应有专人负责管理；斜井运输时，不应蹬钩；人员不应在运输道上行走	GB 16423—2006/6.3.2.4	无违章作业	符合
		倾角大于10°的斜井，应设置轨道防滑装置，轨枕下面的道碴厚度应不小于50mm	GB 16423—2006/6.3.2.5	有道桩防滑，轨碴厚 70mm	符合
		提升矿车的斜井，应设常闭式防跑车装置，并经常保持完好；斜井上部和中间车场，应设阻车器或挡车栏。阻车器或挡车栏在车辆通过时打开，车辆通过后关闭。斜井下部车场应设躲避硐室	GB 16423—2006/6.3.2.6	有阻车器但无躲避硐室	基本符合
		斜井运输的最高速度，不应超过下列规定：运输人员或用矿车运输物料，斜井长度不大于300m时，3.5m/s；斜井长度大于300m时，5m/s	GB 16423—2006/6.3.2.7	平均3m/s	符合
2	提升设备	提升装置的天轮、卷筒、主导轮和导向轮的最小直径与钢丝绳直径之比，必须符合规程和技术规范	GB 16423—2006/6.3.5.2	卷筒、主导轮和导向轮的最小直径与钢丝绳直径之比符合要求	符合
		对提升钢丝绳，除每日进行检查外，应每周进行一次详细检查，每月进行一次全面检查；人工检查时的速度应不高于0.3m/s，采用仪器检查时的速度应符合仪器的要求	GB 16423—2006/6.3.4.6	有检查制度	符合
		各种提升装置的卷筒缠绕钢丝绳的层数，必须符合规程和技术规范	GB 16423—2006/6.3.5.3	缠绕2层	符合

序号	检查项目	检查内容	检查依据	检查情况	结论
3	平巷运输	行人的水平运输巷道应设人行道，其有效净高应不小于 1.9m，有效宽度，人力运输的巷道，不小于 0.7m	GB 16423—2006/6.1.1.8	局部巷道宽度不足	基本符合
		在水平巷道和斜井中，有轨运输设备之间以及运输设备与支护之间的间隙，应不小于 0.3m；带式输送机与其他设备突出部分之间的间隙，应不小于 0.4m；无轨运输设备与支护之间的间隙，应不小于 0.6m	GB 16423—2006/6.1.1.10	安全距离符合要求	符合
		人力推车，坡度大于 10‰ 的，不应采用人力推车	GB 16423—2006/6.3.1.5	坡度小于 10‰	符合
		永久性轨道应及时敷设。永久性轨道路基应铺以碎石或砾石道碴，轨枕下面的道碴厚度应不小于 90mm。轨枕埋入道碴的深度应不小于轨枕厚度的 2/3	GB 16423—2006/6.3.1.7	辅轨符合要求	符合
		曲线段轨道加宽和外轨超高，应符合运输技术条件的要求。直线段轨道的轨距误差应不超过 +5mm 和 -2mm，平面误差应不大于 5mm，钢轨接头间隙宜不大于 5mm。	GB 16423—2006/7.1.9	—	符合
		轨道的曲线半径，应符合下列规定： （1）行驶速度 1.5m/s 以下时，不小于车辆最大轴距的 7 倍； （2）行驶速度大于 1.5m/s 时，不小于辆辆最大轴距的 10 倍； （3）轨道转弯角度大于 90° 时，不小于车辆最大轴距的 10 倍； （4）对于带转向架的大型车辆（如梭车、底卸式矿车等），应不小于车辆技术文件的要求	GB 16423—2006/6.3.1.8	转弯半径 12m	符合

5.2.5.3 人推矿车伤害事故分析

A 构造事故树

构造的事故树如图 5-19 所示。

B 最小割集、最小径集

事故树的最小割集有 168 个，而最小径集只有 8 个，所以采用最小径集分析较为简便。

最小径集为：

$$P_1 = \{x_1, x_2, x_3\}$$
$$P_2 = \{x_4, x_5, x_6, x_7, x_8, x_9, x_{10}\}$$
$$P_3 = \{x_{11}, x_{12}, x_{13}, x_{14}, x_{15}, x_{16}, x_{17}, x_{18}\}$$

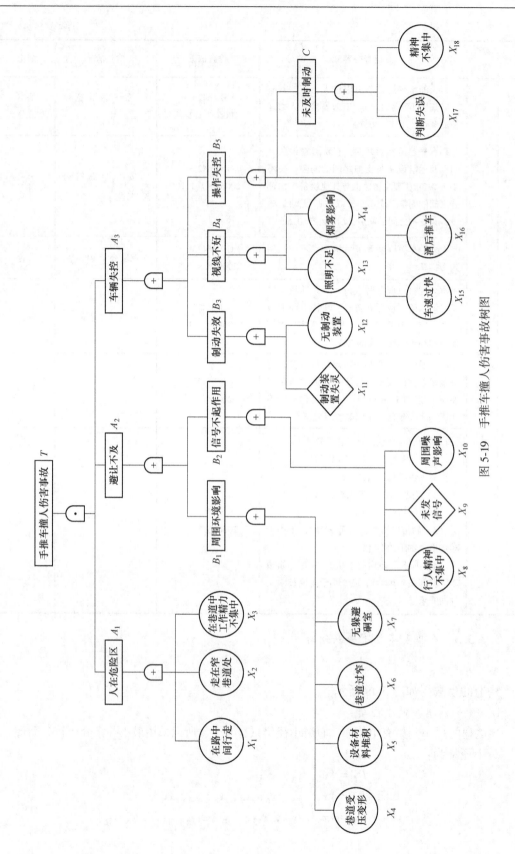

图 5-19　手推车撞人伤害事故树图

C 结构重要度

$$I_{\phi(1)} = I_{\phi(2)} = I_{\phi(3)} > I_{\phi(4)} = I_{\phi(5)} = I_{\phi(6)} = I_{\phi(7)} = I_{\phi(8)} = I_{\phi(9)} = I_{\phi(10)} >$$

$$I_{\phi(11)} = I_{\phi(12)} = I_{\phi(13)} = I_{\phi(14)} = I_{\phi(15)} = I_{\phi(16)} = I_{\phi(17)} = I_{\phi(18)}$$

D 分析结论

（1）从事故树结构来看，导致手推车运输事故的中间事件共有 9 个，基本原因事件有 18 个，这些因素独立作用或相互结合都可能导致事故的发生，因此系统的危险性必须引起足够的重视。同时，由事故树还可以直观地看出顶上事件 T 与导致这一事件发生的中间事件 A~C、初始原因事件 X_1~X_{18} 间的逻辑关系。

（2）从手推车运输事故的 FT 图可以看出，组成该树的逻辑门共有 10 个，其中"或"门 9 个，占 90%，"与"门 1 个，占 10%，所以发生手推车运输事故的危险性较大。

（3）从最小割集和最小径集的组数来看，手推车运输事故最小割集为 168 组，最小径集为 3 组。可知，发生事故的可能途径有 168 条，预防途径只有 3 条，相比起来，预防和控制难度较大。

（4）从结构重要度来看，结构重要度最大基本事件：X_1，X_2，X_3。处于第二位的是 X_4，X_5，X_6，X_7，X_8，X_9，X_{10}。

可见，人在危险区行走是人工推车伤人事故发生的必要条件之一。因此，要防止人工推车伤人事故，杜绝人在危险区内行走很重要。要达此目的，必须加强对员工的安全教育，以提高安全意识。行人精力不集中、周围噪声太大、未发信号、设备材料堆积、巷道变形、巷道过窄和无躲避硐室等基本事件均能导致行人避让不及时而发生伤人事故。其中前 3 个基本事件使行人未能及时发现矿车行进，后几个基本事件将使行人虽然发现矿车行进，但却无法避让。

可以看出，制动不及时、车速过快、酒后推车和巷道中照度不足这 4 个基本事件均能导致人工推车失控，从而导致矿车伤人事故的发生。其中前 2 个基本事件均为操作失控，制动不及时将会发生本可避免的事故；车速过快使车制动距离加大，容易发生伤人事故或翻车等非伤亡事故。后 2 个基本事件导致推车工人视线不良，不能或不容易看清前方道路的状况，以致无法及时采取措施。

（5）安全对策措施。要防止行人避让不及时而导致推车伤人事故的发生必须采取下列措施：

1）巷道设计施工时必须保证 0.7m 的人行宽度，或增设躲避硐室，躲避硐室的规格为：宽 1.2m，高 1.8m，深 0.7m；

2）严禁在运输巷道内堆放杂物，以免行人避让不及时而发生伤人事故；

3）严格按照矿山安全规程规定布置照明设备，并且应及时更换损坏的照明设备；

4）杜绝酒后推车；

5）加强员工教育，严禁超速行驶。

5.2.5.4 井下运输事故鱼刺图分析

矿山采用人推矿车运输，运输事故是常见事故，下面采用鱼刺图对其进行分析，以查找事故发生原因，便于采取针对性对策措施。井下运输事故鱼刺图如图 5-20 所示。

从图 5-20 分析可知，导致井下运输事故的主要因素有当事人、技术条件、安全管理

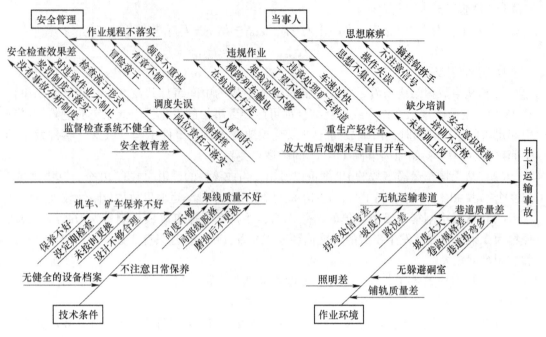

图 5-20 井下运输事故鱼刺图

以及作业环境 4 个方面，每一个方面又是由若干个分枝事件组成，各分枝事件是安全管理的要点。

5.2.5.5 单元小结

二郎铜矿各中段采用人推矿车运输矿岩，下部 1800m 中段拟采用明斜井提升矿岩。矿山运输设备有翻斗式有轨矿车和两轮手推车两种。现场检查时未发现违章作业，但斜井底部未设置避车硐室，巷道局部宽度不够，灯光昏暗，部分矿车无刹车等，另外，企业未提供卷扬机司机操作证。因此，矿山在下一步开采过程中应重视以下整改意见：

（1）运输车辆应配挂行灯，巷道照明需良好，斜井底部应设置一个人行避车硐室，运输平巷每间隔 150m 设置一个错车道。

（2）矿车应有完好的刹车，严禁运输过程中放飞车。

（3）完善斜井提升信号系统建设，尽快完成斜井防跑车装置安设工作。

（4）卷扬机司机应持证上岗。

（5）提升钢丝绳、挂钩、卷扬机等应定期检查维修、更换。

5.2.6 通风防尘单元评价

该单元可用预先危险性分析法、安全检查表分析法及事件树分析法进行分析。

5.2.6.1 预先危险性分析

通风防尘单元预先危险性分析见表 5-25。

表 5-25 二郎铜矿通风防尘单元预先危险性分析表

序号	危险有害因素	诱发事故原因	事故模式	事故后果	危险等级	对策措施
1	通风系统不完善	（1）设计基础资料不详实；（2）设计有缺陷；（3）未按设计要求施工；（4）未采用机械通风系统	中毒窒息、矿尘危害	人员伤亡、职业病	IV	（1）核实设计基础资料；（2）选择有资质经验的设计单位；（3）对设计进行认真审查；（4）严格按照设计施工；（5）对地下开采采用机械通风
2	风机不符合要求	（1）风机选型不当；（2）风机安设位置不当	中毒窒息、矿尘危害	人员伤亡、职业病	III	（1）严格按照《金属非金属矿山安全规程》GB 16423—2006 对井下风量进行计算，确定风机型号；（2）根据各巷道、硐室的通风需求安设局扇
3	通风构筑物不符合要求	（1）通风构筑物严密性不好；（2）未及时封闭采空区；（3）通风构筑物安设的位置不准确；（4）通风构筑物的构造形状不符合要求	漏风	人员伤亡、职业病	II	（1）对通风构筑物严格按照《金属非金属矿山安全规程》GB 16423—2006 进行设计；（2）及时封闭采空区
4	有毒有害气体浓度超标	（1）井下通风不良；（2）进入废旧等通风不良巷道；（3）矿井火灾	中毒窒息	人员伤亡	III	（1）爆破后及时通风，经充分通风后作业人员才能进入爆破地点；（2）加强通风，稀释、排出有毒气体；（3）废弃采场、巷道，应封闭，防止人员进入
5	井下风量不足	（1）扇风机供风量不足；（2）井巷漏风大；（3）分风不均，有效风量（风速）合格率低	中毒窒息、矿尘危害	人员伤亡、职业病	III	（1）调整扇风机供风量或重新选型；（2）井下各用风点风速、风量和风质必须满足作业安全要求；（3）掘进工作面和通风不良的采场必须采用局部通风

序号	危险有害因素	诱发事故原因	事故模式	事故后果	危险等级	对策措施
6	粉尘浓度超标	（1）入井风质不合格； （2）井下产尘量大； （3）未执行风水为主的综合防尘措施； （4）缺少个体防护，设备缺少防尘保护； （5）通风不良	矿尘危害、降低工作效率	人员伤亡、职业病	II	（1）净化入井风质； （2）加强对各个工作面及巷道所需实际风量的计算，确保通风满足除尘需要； （3）加强个体防护
7	污风循环	（1）通风线路混乱； （2）辅扇选择不当； （3）局扇选择不当或局部通风管理较差，风筒漏风严重	中毒窒息、矿尘危害	人员伤亡、职业病	II	（1）理顺通风风路，采用并联通风，避免串联通风； （2）使用辅扇、局扇等通风动力时，选型恰当
8	井巷、采场通风不畅	（1）矿井有效风量低； （2）采场通风管理不善	中毒窒息、矿尘危害	人员伤亡、职业病	II	（1）具体计算各井巷，采场所需风量，有效确定风量； （2）计算、调控风量分配，提高矿井有效风量率，井下各用风点的风速满足要求

5.2.6.2　安全检查表分析

通风防尘单元安全检查见表 5-26。

表 5-26　二郎铜矿通风防尘单元安全检查表

检查项目	检查内容	检查依据	检查情况	结论
通风防尘	矿井应建立机械通风系统。应根据生产变化，及时调整矿井通风系统，并绘制全矿通风系统图。通风系统图应标明风流的方向和风量、与通风系统分离的区域、所有风机和通风构筑物的位置等	GB 16423—2006/6.4.2.1	1930m 平硐口安装有通风机，有通风系统图	符合
	矿井主要进风风流，不得通过采空区和塌陷区，需要通过时，应砌筑严密的通风假巷引流	GB 16423—2006/6.4.2.3	通风线路畅通，未通过空区	符合

检查项目	检查内容	检查依据	检查情况	结论
通风防尘	箕斗井不应兼作进风井。混合井作进风井时，应采取有效的净化措施，以保证风源质量。主要回风井巷，不应用作人行道	GB 16423—2006/6.4.2.5	无箕斗井	符合
	采空区应及时密闭。采场开采结束后，应封闭所有与采空区相通的影响正常通风的巷道	GB 16423—2006/6.4.2.8	1930m 中段空区已封闭	符合
	掘进工作面和通风不良的采场，应安装局部通风设备。局扇应有完善的保护装置	GB 16423—2006/6.4.4.1	采场及掘进工作面采用局扇通风	符合
	凿岩应采取湿式作业。缺水地区或湿式作业有困难的地点，应采取干式捕尘或其他有效防尘措施	GB 16423—2006/6.4.5.1	凿岩采取湿式作业	符合

5.2.6.3 炮烟中毒事故分析

为了更准确、直观的分析事故发生原因，为矿山在以后的工作中有针对性的采取措施防范中毒或窒息事故的发生，再对该事故采用事件树分析法（ETA）进行分析，如图 5-21 所示。

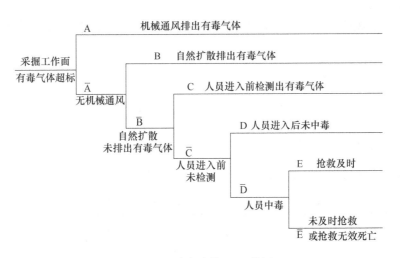

图 5-21 中毒事故 ETA 分析

从事件树（ETA）分析结果可看出，出现采掘中工作中毒或窒息事故是一个动态的顺序发展过程，中毒（窒息）事故在矿井采用自然通风方式时发生的可能性较大。自然通风矿井依靠矿井进风口、出风口之间大气的自然压差形成的风量运动进行通风，其风速低、风量小，且风向随地表气候的变化而变化，系统不稳定。井下爆破产生的有毒有害气体和粉尘长时间滞留在工作面附近，虽采用局扇进行局部通风，但由于矿井进风量和回风量不足，导致污风在采掘工作面附近循环，危害作业人员，严重时可能造成人员中毒或窒息。此外，当井下可燃物着火时，由于没有足够的氧气供应，燃烧不充分，容易产生大量的 CO，发生中毒窒息事故。

从事件树分析可知，为了避免中毒或窒息事故的发生，其根本措施是将矿井从原有的自然通风改造为机械通风，保证爆破后足够的通风时间，工人进入工作面之前应进行必要的风质检测，合格后方可进入工作面作业。同时，矿山应制定事故应急救援预案并定期演练，一旦发生中毒或窒息事故后，能及时有效的启动救援预案，使受伤人员得到及时有效的抢救，尽量减少事故带来的损失。

5.2.6.4　单元小结

二郎铜矿目前 1880m 中段开采时采用抽出式通风，下部开拓中段采用局部通风，采场爆破作业后采用局扇加强通风。现场检查发现：1880m 中段端部采场已采空，空区未及时封闭；通风构筑物较少；矿山未成立通风防尘机构。矿山在下一步开采过程中应重视以下整改意见：

（1）应坚持采用主扇进行全矿通风，尽量采用抽出式通风，风机应安设于回风平硐口，加强风门、风墙等构筑物的建设工作。

（2）空区应及时封闭，防止漏风。

（3）掘进工作面加强通风，保证足够的通风时间，长距离掘进（超过 200m）时应采用压抽混合式局部通风并加强风筒的悬挂密封管理。

（4）坚持湿式凿岩，作业前和爆破作业后进行喷雾、洒水除尘，减少粉尘对作业人员的职业危害。

（5）建立通风防尘机构，加强管理，配备检测仪表仪器和测尘人员、通风专职人员，做到定期检测和进行通风管理。

5.2.7　防排水单元评价

该单元可用预先危险性分析法、安全检查表分析法进行分析。

5.2.7.1　预先危险性分析

供排水预先危险性分析见表 5-27。

表 5-27　二郎铜矿供排水单元预先危险性分析表

序号	危险有害因素	诱发事故原因	事故模式	事故后果	危险等级	对策措施
1	排水不畅导致淹井	（1）巷道坡度不能满足自流要求； （2）水沟断面设计或不及时清理淤积物导致断面过小，不满足最大涌水量排放要求	运输巷道涌水涌沙导致其他事故	巷道设施不良	I	（1）设计时应充分考虑井下作业用水排放量、尾砂充填时的溢水量的特点，采用井底水仓集中排放； （2）及时清理巷道内的排水沟，确保过流通畅

序号	危险有害因素	诱发事故原因	事故模式	事故后果	危险等级	对策措施
2	井巷采场掘进方向及附近有积水老硐、溶洞及流沙层	（1）对矿区水文地质不熟悉；（2）未掌握老采空区位置及面积；（3）溶洞、暗河及流沙层与巷道贯通	淹井泥石流	人员伤亡、财产损失	Ⅲ	（1）加强地质工作，熟悉矿区水文地质；（2）进行超前探水，坚持"有疑必探，先探后掘"的原则，编制探水设计
3	井口位置不合理	（1）井口位置低于当地历年最高洪水位；（2）洪水	淹井	人员伤亡、财产损失	Ⅳ	（1）确保井口位置高于当地历年最高洪水位；（2）制定周密的防洪计划和采取可靠的防洪措施
4	淹井	塌陷区周围地表汇水灌入井下	井下涌水	人员伤亡、财产损失	Ⅳ	（1）在塌陷区周围设置有效的截排水沟；（2）雨季井下自流排水沟必须畅通
5	工作面用水水压过大	（1）从集中供水水池至工作面自然压差过大；（2）供水管路未设减压装置	人员伤害	人员伤害	Ⅱ	供水管路设减压装置
6	井下供水水量不足	（1）设计需水量有误导致供水不足；（2）干旱或供水设施故障	粉尘浓度激增	人员伤害	Ⅱ	（1）确保设计供水量计算正确；（2）建立干旱时从普度河取水设施

5.2.7.2 安全检查表分析

防排水安全检查见表 5-28。

表 5-28 二郎铜矿防排水安全检查表

序号	检查项目	检查内容	检查依据	检查情况	结论
1	井下防排水	存在水害的矿山企业，建设前应进行专门的勘察和防治水设计。勘察和设计应由具有相应资质的单位完成。防治水设计应为矿山总体设计的一部分，与矿山总体设计同时进行	GB 16423—2006/6.6.1.1	设计中已提出探放水措施	符合
		矿山企业应调查核实矿区范围内的小矿井、老井、老采空区，现有生产井中积水区、含水层、岩溶带、地质构造等详细情况，并填绘矿区水文地质图。应查明矿坑水的来源，掌握矿区水的运动规律，摸清矿井水与地下水、地表水和大气降雨的水力关系，判断矿井突然涌水的可能性	GB 16423—2006/6.6.3.1	有水文地质图，有水文地质调查资料	符合

续表 5-28

序号	检查项目	检查内容	检查依据	检查情况	结论
1	井下防排水	对积水的旧井巷、老采区、流沙层、各类地表水体、沼泽、强含水层、强岩溶带等不安全地带，应留设防水矿（岩）柱。防水矿（岩）柱的尺寸由设计确定，在设计规定的保留期内不应开采或破坏。在上述区域附近开采时，应事先制定预防突然涌水的安全措施	GB 16423—2006/6.6.3.2	有地表露天采空区，有防水矿柱尺寸设计	符合
		井下主要排水设备，至少应由同类型的三台泵组成。工作水泵应能在 20h 内排出一昼夜的正常涌水量；除检修泵外，其他水泵应能在 20h 内排出一昼夜的最大涌水量。井筒内应装设两条相同的排水管，其中一条工作，一条备用	GB 16423—2006/6.6.4.1	设临时水窝及一台排水泵	不符合
		井底主要泵房的出口应不少于两个，其中一个通往井底车场，其出口应装设防水门；另一个用斜巷与井筒连通，斜巷上口应高出泵房地面标高 7m 以上。泵房地面标高，应高出其入口处巷道底板标高 0.5m（潜没式泵房除外）	GB 16423—2006/6.6.4.2	未建设水泵房	不符合
		水仓应由两个独立的巷道系统组成。涌水量较大的矿井，每个水仓的容积，应能容纳 2~4h 的井下正常涌水量。一般矿井主要水仓总容积，应能容纳 6~8h 的正常涌水量	GB 16423—2006/6.6.4.3	未建设水仓	不符合
2	地面防排水	应查清矿区及其附近地表水流系统和汇水面积、河流沟渠汇水情况、疏水能力、积水区和水利工程的现状和规划情况，以及当地日最大降雨量、历年最高洪水位，并结合矿区特点建立和健全防水、排水系统	GB 16423—2006/6.6.2.1	地表无截排水沟	不符合
		每年雨季前，应由主管矿长组织一次防水检查，并编制防水计划。其工程应在雨季前竣工	GB 16423—2006/6.6.2.2	每年检查	符合
		矿井（竖井、斜井、平硐等）井口的标高，应高出当地历史最高洪水位 1m 以上	GB 16423—2006/6.6.2.3	井口不受洪水影响	符合
		矿区及其附近的积水或雨水有可能侵入井下时，应根据具体情况，修筑泄水沟；泄水沟应避开矿层露头、裂缝和透水岩层；不能修筑沟渠时，可用泥土填平压实；范围太大无法填平时，可安装水泵排水	GB 16423—2006/6.6.2.5	地面无排水沟	不符合
		废石、矿石和其他堆积物，应避开山洪方向，以免淤塞沟渠和河道	GB 16423—2006/6.6.2.6	废石场设在山沟，但无排水沟	不符合

5.2.7.3 单元小结

二郎铜矿上部三个中段采用平硐水沟自流排水，斜井井底设置有临时水窝采用机械排水，各坑口不受洪水影响。但现场检查发现：地表移动范围外无截水沟；平巷排水沟局部堵塞；斜井井底未建设排水泵房、水仓等排水设施。矿山在下一步开采过程中应重视以下整改意见：

（1）在主要运输平硐内设置一定坡度的排水沟，以便平硐内渗透水或地表灌入水均能自流排出坑外，对原有简易水沟进行改造。

（2）斜井井底应尽快按安全设施设计要求建设 1800m 中段水仓及水泵房和排水设施。

（3）地表移动范围外及废石场上方应设置截水沟。

5.2.8 供配电及压气单元评价

该单元可用预先危险性分析法、安全检查表分析法进行分析。

5.2.8.1 预先危险性分析

预先危险性分析见表 5-29。

表 5-29 二郎铜矿供配电及压气单元预先危险性分析表

序号	危险有害因素	诱发事故原因	事故模式	事故后果	危险等级	对策措施
1	电源不稳	（1）单回路供电； （2）缺少备用电源	缺少照明、空气流通不畅	人员伤亡	Ⅱ	（1）采用双回路供电； （2）安装自备电源，保证停电后及时供给各关键设备用电； （3）井下工人配备照明工具
2	照明电压不符合要求	（1）设计缺陷； （2）未按规范设置井下照明用电	触电	人员伤亡	Ⅱ	（1）采区变电所到照明用的变压器的 220V 供电线路应设专用线，不宜与动力线共用； （2）照明电压，运输巷道、井底车场应不超过 220V； （3）采掘工作面、出矿巷道、天井和天井至回采工作面之间，应不超过 36V； （4）行灯电压应不超过 36V

序号	危险有害因素	诱发事故原因	事故模式	事故后果	危险等级	对策措施
3	电气设备缺乏保护	（1）设备带电； （2）串入高压电； （3）电流超过额定值	触电火灾	人员伤亡、设备损坏	Ⅲ	（1）井下采用矿用变压器，若用普通变压器，禁止中性点直接接地；地面中性点直接接地的变压器或发电机，不得向井下供电； （2）井下电气设备禁止接零； （3）井下所有电气设备的金属外壳及电缆的配件、金属外皮等，都应接地，巷道中接近电缆线路的金属构筑物等也应接地； （4）井下电网设置漏电、触电、短路、过电流保护装置； （5）变压器周围设围栏，配电室铺设供工作人员检查的绝缘地毯
4	井下供电电量、电压不足	（1）井口变压器不符合要求； （2）电器设备等的选型号与所处的环境不相符合； （3）供电线路未考虑路损	缺少照明、空气流通不畅	人员伤亡	Ⅱ	（1）根据井下用电所需的电压电量来设计井口变压器、电气设备、电缆等的合理型号； （2）高压网路的配电电压，应不超过 10kV，低压网路的配电电压，应不超过 1140V； （3）携带式电动工具的电压，应不超过 127V
5	触电（含电击、电伤）	（1）人体在防护措施不力时接触正常运行的带电体（供电设备、线路、用电设备）或故障状态下的带电体； （2）违章合闸和拉闸； （3）误操作或电气故障等引起短路	（1）电击伤人； （2）电弧伤人； （3）烧伤	人员伤亡	Ⅱ	（1）按规范进行供配电设施设计； （2）以防触电、防电气火灾、防雷击为重点，采取连锁保护、断路保护、漏电保护、接地保护、电气隔离、安全警示标志和标示等措施，预防事故发生

序号	危险有害因素	诱发事故原因	事故模式	事故后果	危险等级	对策措施
6	雷电伤害	（1）未设置防雷接地装置； （2）防雷接地装置不合理； （3）防雷接地装置失效	（1）雷电伤人； （2）毁坏建筑物； （3）诱发火灾和爆炸	人员伤亡、财产损失	Ⅱ	（1）各类建构筑物按其防护等级严格按规范设置防雷接地装置； （2）定期对防雷接地装置进行检测，确保装置符合规范要求
7	空压机积炭	（1）积炭燃烧； （2）机器正在运转； （3）静电放电产生火花； （4）环境温度的影响	爆炸事故、积炭自燃	人员伤亡、设备损坏	Ⅱ	（1）合理选用润滑油，矿用往复式空压机一般压力不大于 1MPa，所以选用 13 号压缩机油为宜； （2）润滑油用量要合适，润滑油的消耗量，应有记录，并保存一年以上； （3）安装排气温度测量装置，控制排气温度； （4）空压机安装在空气清洁的地方或加空气清洁装置； （5）气缸、气阀等处加强清扫； （6）提高填料箱的密封作用
8	空压机冷却器水管壁及气缸冷却水腔壁结垢	气缸、气阀内积炭过多	爆炸、燃烧、人员烫伤	人员伤亡、设备损坏	Ⅱ	（1）合理选择冷却水水质； （2）硬度大于 10 度（100×10^{-6} CaO）时，必须进行软化处理； （3）及时清除已结成的水垢
9	空压机防护装置缺陷	（1）压力过高； （2）管路阻塞	发生爆炸	人员伤亡、设备损坏	Ⅱ	（1）安装防止超温、超压、断油、断水保护装置，并保持可靠性； （2）各种压力表校正准确，保证数字显示正确； （3）空压机与周围设施留有足够的防爆距离
10	移动空压机站设于井下	（1）无消音装置或消音效果差； （2）空压机周围为污染空气	井下噪声污染和将污风压至工作面导致污染	职业危害	Ⅰ	（1）移动空压机加装合格的消音器，控制噪声； （2）确保并控制移动空压机站周围空气质量符合要求

从以上分析可知，电气设备选型不当、缺乏保护是矿山供电系统存在的主要危险因素，空压机积炭爆炸也是压气系统常见的危险。

5.2.8.2　安全检查表分析

安全检查见表5-30。

表 5-30　二郎铜矿供配电及压气单元安全检查表

序号	检查项目	检查内容	检查依据	检查情况	结论
1	井下供电	矿山企业应备有地面、井下供（配）电系统图，井下变电所、电气设备布置图，电力、电话、信号、电机车等线路平面图	GB 16423—2006/6.6.1.1	有供配电系统设计图	符合
		照明电压，运输巷道、井底车场应不超过220V；采掘工作面、出矿巷道、天井和天井至回采工作面之间，应不超过36V；行灯电压应不超过36V	GB 16423—2006/6.5.12	井下采用 24V 照明	符合
		井下电气设备不应接零。井下应采用矿用变压器，若普通，其中性点不应直接接地，变压器二次侧的中性点不应引出载流中性线。地面中性点直接接地的变压器或发电机，不应用于向井下供电	GB 16423—2006/6.5.1.4	符合要求	符合
		在水平巷道或倾角45°以下的巷道内，电缆悬挂高度和位置，应使电缆在矿车脱轨时不致受到撞击、在电缆坠落时不致落在轨道上，电力电缆悬挂点的间距应不大于3m，与巷道周边最小净距应不小于50mm	GB 16423—2006/6.5.2.6	平巷内局部线缆悬挂不规范	基本符合
		井下所有作业地点、安全通道和通往作业地点的人行道，都应有照明	GB 16423—2006/6.5.5.1	有照明	符合
		井下所有电气设备的金属外壳及电缆的配件、金属外皮等都应接地	GB 16423—2006/6.5.6.1	有接地	符合
		停电检修时，所有已切断的开关把手均要加锁，必须验电、放电和将线路接地，并且悬挂"有人作业，严禁送电"的警示牌。只有执行这项工作的人员，才有权取下警示牌并送电	GB 16423—2006/6.5.7.3	无违章	符合
2	供气	储气罐应布置在站外阴凉的一面，与机器间外墙净距不小于3m	有色金属矿山技术规程	压气房简陋	基本符合
		安全阀的开启压力，不得超过工作压力的5%，对安全阀应进行定期检查、校准	有色金属矿山技术规程	按要求检查	符合
		储气罐上应有压力表、安全阀、管路附件、放油水阀等安全保护装置，并要准确、灵活、可靠	有色金属矿山技术规程	有相关安全配件	符合
		压气管道应采用无缝钢管或电焊钢管。除球形阀和闸阀外，禁止使用铸铁管和铸铁管件	有色金属矿山技术规程	管材符合要求	符合

5.2.8.3 单元小结

二郎铜矿为生产矿山，其供配电系统及压气系统已形成，供配电设施及线路架设符合相关规定要求，空压机为正规厂家生产设备，定期检查维护。现场检查发现存在：井下局部地段电线悬挂不规范，空压机房较简陋、部分防护罩缺失。矿山在下一步开采过程中应重视以下整改意见：

（1）空压机转动部位安设防护装置，加强空压机的维修和保养，避免机械伤人及积炭爆炸，空压机房应进行修改完善。

（2）对井下线路进行清理，铺设不规范的地方进行整改。

（3）井下坚持采用 36V 以内的安全电压照明。

（4）加强卷扬机等主要用电设备的防漏电保护、安全接地设施检查。

5.2.9 爆破器材库单元评价

该单元可用预先危险性分析法、安全检查表、事故树分析法进行分析。

5.2.9.1 预先危险性分析

地面爆破器材库预先危险性分析见表 5-31。

表 5-31 二郎铜矿爆破器材库单元预先危险性分析表

序号	危险有害因素	诱发事故原因	事故模式	事故后果	危险等级	对策措施
1	选址设计不当造成滑坡、泥石流	（1）库区位于滑坡体、危险岩体下坡侧；（2）库区上游存在较大汇水面；（3）库区上游、库区工程、水文地质条件复杂	（1）库区易受滚石、滑坡冲击；（2）库区易受洪水、泥石流威胁	滑坡、泥石流	II	（1）库区应最大限度地避免山洪暴发、泥石流、滚石、滑坡、塌陷等不良工程地质条件区域；（2）摸清当地气象资料和场址的工程地质、水文地质资料
2	制度不严造成爆炸事故	领用爆炸物品没有严格手续，没有登记账目或账物不符	爆破器材流失，诱发爆炸事故	人员伤亡	III	（1）建立健全炸药库管理安全责任制；（2）制定安全管理规章制度和健全出入库记录台账
3	管理不善造成爆炸事故	（1）库房内通风不良，温度过高；（2）防火、防爆危险警示牌不齐全；（3）爆破器材堆垛过大、过高；（4）进入爆破器材库房人员身着化纤服装，穿带铁钉皮鞋，在库房内使用无线电通讯设备；（5）库内有散落的爆炸物品或药粉、粉尘	（1）诱发火灾；（2）搬运过程中，容易滑落冲击，引发爆炸；（3）产生火星、杂散电流、静电，引发爆炸	人员伤亡	III	（1）库房建筑设计应确保良好通风和采光；（2）完善库区防火、防爆危险警示；（3）严格按爆破安全规程的要求进行储存；（4）爆破器材堆垛（炸药、导火索堆垛不宜超过 1.8m 高，雷管堆垛不宜超过 1.6m 高）；（5）进入爆破器材库房（特别是电雷管库房）人员不得身着化纤服装，穿带铁钉皮鞋，在库房内不得使用无线电通讯设备

续表 5-31

序号	危险有害因素	诱发事故原因	事故模式	事故后果	危险等级	对策措施
4	安全设施不完善造成火灾、爆炸	（1）防爆土堤的覆土坍塌，高度不够；（2）雷电防护装置的保护范围不够，接地电阻超过规定或需要接地的金属物而未接地；（3）库内、库外照明灯具、电气设备及供电线路不符合要求；（4）消防设施缺乏、损坏或不能发挥作用；（5）防盗报警设施不完善	（1）殉爆；（2）雷击引发库房爆炸；（3）电气火灾；（4）火灾；（5）爆破器材流失，诱发爆炸事故	人员伤亡、财产损失	Ⅲ	（1）严格按规范设置防护土堤；（2）库房第一类防雷建筑物设置库区防雷接地设施，满足 GB 50070—1994 的要求；（3）电气设计按 GB 50089—1998《民用爆破器材工厂设计安全规范》和 GB 50070—1994《矿山电力设计规范》的要求进行；电气装置的选择符合 GB 50058—1992《爆破和火灾危险环境电力装置设计规范》的规定；（4）根据 GB 50089—1998《民用爆破器材工厂安全规范》、GB J16—1987《建筑设计防火规范》进行库区消防设计
5	失效与变质造成早爆、延爆、拒爆	（1）爆炸物品过期失效，安定性降低，不能继续储存，影响运输和使用安全；（2）爆炸物品吸湿、硬化，不符合国家标准，影响使用安全	早爆、延爆、拒爆	爆破事故	Ⅱ	（1）根据采矿爆破器材消耗及运输条件，合理确定爆破器材存储期，并符合《爆破安全规程》的要求；（2）完善储存库房的通风防潮设施；（3）爆破器材分期、分批储存、发放和使用；（4）定期对爆破器材性能进行检测和检验
6	超量或混存乱存乱放造成爆炸事故	（1）单库中的储存量超过最大允许储量，性质相抵触的爆破器材同库存放；（2）爆炸物品不存入专用库房内，而乱存在车间、办公室、宿舍、工棚、其他仓库或乱埋在施工工地、塞在洞穴里	（1）产生爆炸事故隐患；（2）爆破器材流失；（3）诱发爆炸事故	人员伤亡、财产损失	Ⅲ	（1）爆破器材严格按《爆破安全规程》的规定，分类设独立库房和按设计库容存放；（2）加强爆破器材的发放、使用和退库管理

通过预先危险性分析，可以看出爆破器材库建设及爆破器材储存的主要危险因素爆破器材库火药爆炸；其主要原因是选址不当及管理不善造成的，因此爆破器材库的选址、建设及建成后的管理是十分重要的。

5.2.9.2 安全检查表分析

安全检查见表5-32。

表 5-32 二郎铜矿爆破器材库单元安全检查表

序号	检查项目	检查内容	检查依据	检查情况	结论
1	一般规定	爆破器材库管理员应持证上岗	GB 6722—2014	未持证	不符合
		贮存爆破器材的单位设置爆破器材库，应报主管部门批准，并经当地县（市）公安机关审查同意。持有"爆破器材贮存许可证"后，方准贮存爆破器材		有贮存许可证	符合
		地面总库的总容量：炸药不得超过本单位半年生产用量，起爆器材不得超过一年生产用量		最大为5t，未超标	符合
		爆破器材应贮存在专用的爆破器材库里		有专库	符合
		爆破器材宜单一品种专库存放。同库存放不同品种的爆破器材应符合规定		每间只存一种爆破器材	符合
		炸药与雷管必须分开存放，并用砖或混凝土隔墙隔开，隔墙厚度不小于25cm		分开存放	符合
		应建立爆炸器材收发账、领取和清退制度，定期核对账目，做到账物相符		有台账	符合
		库房建立后，任何单位不应在爆破器材库的危险区域内修建任何建筑物和构筑物		库房旁边有工棚	不符合
		爆破器材库库区不应布置在有山洪、滑坡和地下水活动危害的地方，宜设在偏僻地带；雷管库应布置在库区的一端；在库区周围应设密实围墙，围墙到最近库房的距离不应小于15m（小型库不应小于5m），围墙高度不应低于2m		选址符合要求，围墙按规范设置	符合

序号	检查项目	检查内容	检查依据	检查情况	结论
2	结构	贮存爆破器材的库房应为平房，房屋宜为钢筋混凝土梁柱承重，墙体应坚固，严密和隔热，并注意合理的方位	GB 50089—1998	库房结构符合要求	符合
		库房应具有足够的采光通风窗；库房采光比应为 1/25 ~ 1/30；窗门为三层，外层为包覆铁皮的板窗门，里层为玻璃窗门，中层为铁栅栏；采光窗台距地板高度不小于 1.8m；地板下应设金属网通风窗		有采光通风窗，但通风窗结构不符合要求	基本符合
		库房地面应平整、坚实、无裂缝、防潮、防腐蚀，不得有铁器之类的东西表露；雷管库房的地板应铺软垫		雷管库房地板未铺软垫	不符合
3	采光通风	库房宜采用钢筋混凝土屋盖，房顶应有隔热层；采用木屋顶，必须经防火处理	GB 6722—2014	按要求建设	符合
		库房内不应安装灯具，宜自然采光或在库外安设探照灯进行投射照明，灯具距库房的距离不应小于 3m		无照明	符合
		库内应整洁、防潮和通风良好，杜绝鼠害		通风窗网络过稀	基本符合
4	防雷接地	凡有雷击的地区，地面爆破器材库应设防雷装置	GB 50089—1998	有避雷设施	符合

5.2.9.3　火药爆炸事故分析

爆破器材库火药爆炸事故一般在矿山不易发生，但是它带来的损失是极其重大的。产生该事故原因较多、较杂，是矿山生产企业必须控制的重点之一。所以，特选取爆破器材库火药爆炸事故作为事故树分析的对象，图 5-22 所示为爆破器材库火药爆炸事故树。

从图中可看出，造成爆破器材库火药爆炸事故的原因主要有：炸药雷管违章存放、管理失误、看守失效、爆破器材库选址不合理和库房不规范等，在矿山危险源控制的时候要重点从这几方面入手。

根据事故树分析（FTA）计算最小割集和最小径集如下：

$$T = T_1 \cdot T_2 = T_1 \cdot T_3 \cdot T_4 = T_1 \cdot T_4 \cdot (T_5 + T_6)$$
$$= (X_1 + X_2)(X_3 + X_4 + X_5 + X_6 + X_7 + X_8 + X_9)(X_{10} + X_{11} + X_{12})$$

故得最小径集共三组：

$$\{X_1, X_2\} 、 \{X_3, X_4, X_5, X_6, X_7, X_8, X_9\} 、 \{X_{10}, X_{11}, X_{12}\}$$

最小割集共 42 组：

$$K_1 = \{X_1, X_3, X_{10}\}$$
$$K_2 = \{X_1, X_3, X_{11}\}$$
$$\vdots$$

$$K_{41} = \{X_2, X_9, X_{11}\}$$
$$K_{42} = \{X_2, X_9, X_{12}\}$$

由以上最小割集的分析可知，爆破器材库火药爆炸伤亡事故共有 12 个基本事件，42 种组合的可能性。可见发生该类事故的可能性很大，必须采取有效措施加以预防。从最小径集的计算可知，防止爆破器材库火药爆炸伤亡事故的对策共有三种，每一对策都能控制爆破器材库火药爆炸伤亡事故的发生。

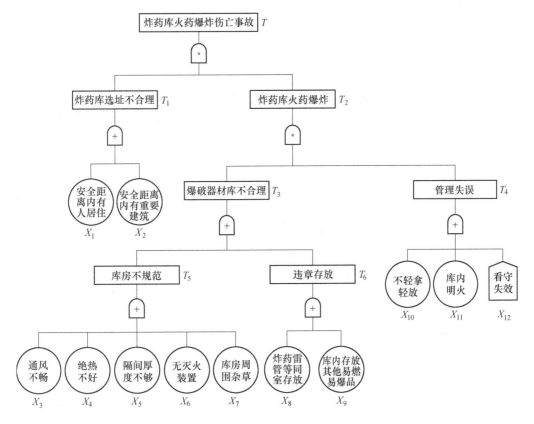

图 5-22　爆破器材库火药爆炸伤亡事故树

5.2.9.4　单元小结

二郎铜矿为生产矿山，厂址选择经过安全设施设计论证，各设施基本按功能综合考虑交通运输条件布置，均位于开采终了岩石移动范围以外，不受地质灾害影响，厂址及总平面布置符合《工业企业总平面设计规范》的要求。现场检查发现：库房旁边有一工棚仍在使用，部分安防措施不完善，库房通风孔孔网过稀，炸药堆放层数超标，雷管库房的地板未铺软垫及库管员未持证等。矿山在下一步开采过程中应重视以下整改意见：

（1）库房旁边的工棚应停止使用。

（2）加强安防措施：增设看守犬、监控器等技防措施。

（3）通风孔应采用密铁丝网制作，防止小动物窜入。

（4）规范爆破器材的堆放，严格按照《爆破安全规程》的规定存放，雷管库房地板应铺设软垫。

（5）库管员应经培训取证并持证上岗；

（6）加强爆炸物品管理、储存、领用、退库等方面的培训教育，提高认识，增强责任感。

5.2.10　废石场单元评价

该单元选用预先危险性分析法、安全检查表进行分析。

5.2.10.1　预先危险性分析

废石场预先危险性分析见表5-33。

表5-33　二郎铜矿废石场单元预先危险性分析表

序号	危险有害因素	诱发事故原因	事故模式	事故后果	危险等级	对策措施
1	选址和设计不当造成滑坡、泥石流	（1）废石场选址的基底地形太陡；基底工程地质条件、水文地质条件差；（2）上游汇水面积大，气象条件不详实，截排水设施能力不足	（1）易引起沿基底接触面的滑坡或基底鼓起引起滑坡；（2）易引起泥石流、泥石流；（3）易发生排土场内部滑坡	危害下游建筑、设施	Ⅲ	（1）了解掌握排弃岩土的物理力学性质；（2）排土场布置在工业场地和居民区的下风向；（3）了解并掌握当地气象资料和场址的工程地质、水文地质资料；（4）严格按照规程设计
2	无安全设施导致滚石打击、泥石流、高处坠落	（1）废石场下游未设置拦渣坝；（2）废石场上部及周围未设置截排洪设施；（3）废石场下游及周围有可能造成滚石伤害的范围内无安全警示标志；（4）排废平台无车挡及返坡	（1）大块滚落、坍方和泥石流；（2）尘害；（3）车辆伤害；（4）台阶顶面坠落	滑坡、滚石伤人、环境污染	Ⅲ	（1）严格按照设计的废石场台阶高度、总堆置高度、平台宽度、相邻台阶同时作业的超前堆置宽度等参数作业；（2）设置可靠的截流、防洪和排水设施；（3）废石场下部设置拦渣坝；（4）设置车挡、挡拦指标和灯光示警；（5）废石场下游及周围有可能造成滚石伤害的范围设置安全警示标志
3	安全设施不完善	安全管理责任制、安全管理、安全作业规程等的欠缺、违章作业、违章指挥、违反劳动纪律，安全警示	诱发高处坠落、滚石伤人、车辆倾翻等各种事故	人员伤害、财产损失	Ⅱ	（1）健全废石场安全责任制、安全管理制度和安全作业规程；（2）圈定危险范围并设立警戒标志，以防人畜进入

通过预先危险性分析，废石场的主要危险因素是泥石流、滑坡，滚石伤害和高处坠落等。导致废石场泥石流、滑坡的主要因素是选址不当，未设置拦渣坝及防排洪沟，导致滚石伤害及高处坠落的主要原因是安全意识不高，未设置安全警示标志等。

5.2.10.2 安全检查表分析

安全检查见表5-34。

表5-34 废石场单元安全检查表

检查项目	检查内容	检查依据	检查情况	结论
废石场	矿山排土场应由有资质的中介机构进行设计	GB 16423—2006/5.7.1	由有资质的单位进行设计	符合
	排土场选址避免成为矿山泥石流重大危险源，必要时，采取有效控制措施	GB 16423—2006/5.7.2	建在沟谷，发生泥石流可能性小	符合
	保证排弃土岩时不致因滚石、滑坡、塌方等威胁采矿场、工业场地（厂区）、居民点、铁路、道路、输电网线和通讯干线、耕种区、水域、隧道涵洞、旅游景区、固定标志及永久性建筑等的安全；其安全距离在设计中规定	GB 16423—2006/5.7.2	排废不影响采矿生产，下游无重大设施、建筑等	符合
	排土场位置的选择，依据的工程地质资料可靠；不宜设在工程地质或水文地质条件不良的地带；若因地基不良而影响安全，应采取有效措施	GB 16423—2006/5.7.2	无不良工程地质水文地质条件	符合
	排土场位置要符合相应的环保要求；排土场场址不应设在居民区或工业建筑主导风向的上风侧和生活水源的上游。含有污染物的废石要按照 GB 18599—2001 要求进行堆放、处置	GB 16423—2006/5.7.2	距离矿区办公生活区 50 余米	基本符合
	山坡排土场周围，修筑可靠的截洪和排水设施拦截山坡汇水	GB 16423—2006/5.7.19	无排水设施	不符合

5.2.10.3 单元小结

二郎铜矿废石场设在1830m坑口前方山箐沟内，上游汇水面积不大，发生泥石流可能性小，下游环境简单，排废不会对采矿生产造成影响。但现场检查发现：废石场上方无截排水沟，下方未设置拦渣坝体，安全警示标志不全。矿山在下一步开采过程中应重视以下整改意见：

（1）废石场上方修筑截排水沟，并在雨季到来之前及时疏通废石场外的截排水沟，让雨水有序排放。

（2）建议在废石场下方设置警示标志，避免对误入人员造成滚石伤害。

（3）按照开采设计方案使废石有序排放。

（4）废石场边缘应设置足够反坡度及挡车设施，下部设置拦渣坝。

（5）排废过程应有专人指挥，严禁上下同时作业。

5.2.11　地下矿山 LEC 分析评价

根据地下矿山实际情况，选取该地下矿山容易发生事故的作业地点作为评价对象。矿山风险评价见表 5-35。

表 5-35　二郎铜矿风险评价表

| 序号 | 评价对象 | 危险源及潜在危险 | 风险值 | | | | 结　论 |
			L	E	C	D	
1	采掘工作面	爆破事故	3	6	40	720	极其危险，需有特别措施
2	斜井提升及平巷运输	提升运输事故	3	6	40	720	极其危险，需有特别措施
3	采掘工作面及采空区	冒顶片帮	3	3	40	360	极其危险，需有特别措施
4	采掘工作面及采空区	中毒窒息	1	6	40	240	高度危险，需立即整改
5	斜井及采矿作业面	高处坠落	1	6	15	90	显著危险，需要整改
6	炸药库	火药爆炸	1	6	15	90	显著危险，需有整改
7	凿岩机、空压机及卷扬机附近	机械伤害	3	6	3	54	一般危险，需要注意
8	矿井	触电	1	6	15	45	一般危险，需要注意
9	矿石装卸、采掘工作面、天井、溜井放矿口	物体打击	1	6	7	42	一般危险、需要注意
10	主运输大巷、斜井井口、矿石或废石运输	车辆伤害	1	6	7	42	一般危险、需要注意
11	矿井	矿山火灾	1	3	15	45	一般危险、需要注意
12	矿井	水灾	1	6	7	42	一般危险、需要注意
13	空压机房	容器爆炸	1	6	7	42	一般危险、需要注意
14	矿井	地面塌陷	1	3	15	45	一般危险、需要注意

序号	评价对象	危险源及潜在危险	风险值				结　论
			L	E	C	D	
15	采掘工作面、装载及卸载点、回风巷	粉尘	3	6	3	54	一般危险、需要注意
16	空压机及通风机房、凿岩及爆破工作面、局扇安装地点	噪声与振动	3	3	3	27	一般危险、需要注意

根据表5-35计算结果，对照危险性等级划分标准，可以得出以下结论：

爆破事故、提升运输事故、冒顶片帮、中毒窒息、高处坠落和火药爆炸等是该矿井的主要危险、有害因素；机械伤害、触电、物体打击、矿山火灾、水灾、容器爆炸、地面塌陷、粉尘、噪声与振动是该矿井的次要危险、有害因素。因此，在井下采掘过程中应加强顶板支护、"敲帮问顶"等管理措施，特别要加强对斜井提升系统的管理及维护，加强爆破作业的规范性，加强井下采空区、废弃巷道及高处作业的管理。对可能发生的触电、机械伤害、物体打击、车辆伤害、矿山火灾、水灾、受压容器爆炸和地表塌陷等事故也应加强重视。对于粉尘伤害、噪声与振动危害应加强个人防护措施，监督职工正确使用、佩戴劳动防护用品等。

5.3　矿山安全管理单元评价

矿山安全管理单元主要用于评价矿山安全管理系统的健全及适应性，一般应从安全生产管理机构、管理人员、安全生产责任制、安全生产规章制度、作业安全操作规程、安全教育培训、管理档案、安全生产资金投入、事故应急救援预案、职业危害防范和个体劳动防护和安全警示标志等方面进行评价。下面以二郎铜矿安全现状评价报告为例来说明安全管理单元的评价方法。

5.3.1　安全检查表分析

安全检查见表5-36。

表5-36　二郎铜矿安全管理单元检查表

序号	检查项目	检查内容	检查依据	检查情况	结论
1	安全生产管理机构	（1）矿山、金属冶炼、建筑施工、道路运输单位和危险物品的生产、经营、储存单位，应设置安全生产管理机构或者配备专职安全生产管理人员	安全生产法第二十一条	设置了安全生产管理机构并配备专职安全生产管理人员	符合
		（2）矿山企业工会依法维护职工生产安全的合法权益，组织职工对矿山安全工作进行监督	矿山安全法第二十三条	按规定执行	符合

序号	检查项目	检查内容	检查依据	检查情况	结论
2	安全生产管理人员	（1）生产经营单位的主要负责人对本单位安全生产工作负有下列职责：建立、健全本单位安全生产责任制；组织制定本单位安全生产规章制度和操作规程；组织制定并实施本单位安全生产教育和培训计划；保证本单位安全生产投入的有效实施；督促、检查本单位的安全生产工作，及时消除生产安全事故隐患；组织制定并实施本单位的生产安全事故应急救援预案；及时、如实报告生产安全事故	安全生产法第十八条	主要负责人按规定履行了职责	符合
		（2）生产经营单位的安全生产管理机构以及安全生产管理人员履行下列职责：组织或者参与拟订本单位安全生产规章制度、操作规程和生产安全事故应急救援预案；组织或者参与本单位安全生产教育和培训，如实记录安全生产教育和培训情况；督促落实本单位重大危险源的安全管理措施；组织或者参与本单位应急救援演练；检查本单位的安全生产状况，及时排查生产安全事故隐患，提出改进安全生产管理的建议；制止和纠正违章指挥、强令冒险作业、违反操作规程的行为；督促落实本单位安全生产整改措施	安全生产法第二十二条	主要负责人按规定履行了职责	符合
		（3）生产经营单位的主要负责人和安全生产管理人员必须具备与本单位所从事的生产经营活动相应的安全生产知识和管理能力	安全生产法第二十四条	主要负责人和安全生产管理人员均持证	符合
		（4）危险物品的生产、经营、储存单位以及矿山、金属冶炼、建筑施工、道路运输单位的主要负责人和安全生产管理人员，应当由主管的负有安全生产监督管理职责的部门对其安全生产知识和管理能力考核合格。考核不得收费			
		（5）危险物品的生产、储存单位以及矿山、金属冶炼单位应当有注册安全工程师从事安全生产管理工作		无注安师	不符合

续表 5-36

序号	检查项目	检查内容	检查依据	检查情况	结论
3	安全生产责任制	（1）矿山企业必须建立、健全安全生产责任制	矿山安全法第二十条	基本健全	基本符合
		（2）生产经营单位的安全生产责任制应当明确各岗位的责任人员、责任范围和考核标准等内容	《安全生产法》第十九条	已明确相应内容	符合
		（3）生产经营单位应当建立相应的机制，加强对安全生产责任制落实情况的监督考核，保证安全生产责任制的落实		有相关管理制度	符合
		（4）非煤矿山企业取得安全生产许可证，应建立健全主要负责人、分管负责人、安全生产管理人员、职能部门、岗位安全生产责任制	《非煤矿山企业安全生产许可证实施办法》（国家安全生产监督管理总局令第20号）第六条	按规定建立了各层次责任制	符合
4	安全生产规章制度	（1）制定安全检查制度	国家安全生产监督管理总局令第20号第六条	有	符合
		（2）制定职业危害预防制度		无	不符合
		（3）制定安全教育培训制度		有	符合
		（4）制定生产安全事故管理制度		有	符合
		（5）制定重大危险源监控和重大隐患整改制度		有	符合
		（6）制定设备安全管理制度		有	符合
		（7）制定安全生产档案管理制度		有	符合
		（8）制定安全生产奖惩制度		有	符合
5	作业安全规程和工种操作规程	制定作业安全规程和各工种操作规程	国家安全生产监督管理总局令第20号第六条	有操作规程	符合
6	安全教育培训	（1）生产经营单位应当对从业人员进行安全生产教育和培训，保证从业人员具备必要的安全生产知识，熟悉有关的安全生产规章制度和安全操作规程，掌握本岗位的安全操作技能，了解事故应急处理措施，知悉自身在安全生产方面的权利和义务。未经安全生产教育和培训合格的从业人员，不得上岗作业	安全生产法第二十五条	组织了相关培训	符合
		（2）生产经营单位应当建立安全生产教育和培训档案，如实记录安全生产教育和培训的时间、内容、参加人员以及考核结果等情况		未建立安全生产教育和培训档案	不符合
		（3）生产经营单位的特种作业人员必须按照国家有关规定经专门的安全作业培训，取得相应资格，方可上岗作业	安全生产法第二十七条	爆破器材保管员、空压机工、电工、卷扬机工等未取证	不符合

序号	检查项目	检查内容	检查依据	检查情况	结论
7	安全生产管理档案	企业应制定有安全生产档案管理制度，并按照制度要求制定有相应的管理档案，如各级安全生产会议记录档案，各类从业人员安全教育培训、考核、持证情况档案，设备、设施安全管理档案，现场安全检查、事故隐患及其整改情况档案，职工劳动防护用品发放管理档案，职工违章处罚情况档案，伤亡事故分析、处理及统计档案，特种作业人员记录档案，安全生产责任制签订、考核情况档案，安全奖惩档案，特种设备安全技术档案等	对照矿山企业应制定的"安全生产档案管理制度"	无安全生产管理档案	不符合
8	安全生产资金投入	（1）生产经营单位应当具备的安全生产条件所必需的资金投入，由生产经营单位的决策机构、主要负责人或者个人经营的投资人予以保证，并对由于安全生产所必需的资金投入不足导致的后果承担责任	安全生产法第二十条	有资金投入计划及专项经费	符合
		（2）有关生产经营单位应当按照规定提取和使用安全生产费用，专门用于改善安全生产条件；安全生产费用在成本中据实列支		按规定执行	符合
		（3）生产经营单位新建、改建、扩建工程项目（以下统称建设项目）的安全设施，必须与主体工程同时设计、同时施工、同时投入生产和使用；安全设施投资应当纳入建设项目概算	安全生产法第二十八条	按规定执行	符合
		（4）生产经营单位应当安排用于配备劳动防护用品、进行安全生产培训的经费	安全生产法第四十四条	有	符合
		（5）生产经营单位必须依法参加工伤保险，为从业人员缴纳保险费	安全生产法第四十八条	参加了保险	符合
9	事故应急救援预案	生产经营单位应当制定本单位生产安全事故应急救援预案，与所在地县级以上地方人民政府组织制定的生产安全事故应急救援预案相衔接，并定期组织演练	安全生产法第七十八条	有预案，但未演练	基本符合

序号	检查项目	检查内容	检查依据	检查情况	结论
10	职业危害防范和个体劳动防护	（1）建设项目的职业病防护设施所需费用应当纳入建设项目工程预算，并与主体工程同时设计，同时施工，同时投入生产和使用	职业病防治法第十八条	按规定执行	符合
		（2）用人单位应当采取下列职业病防治管理措施：设置或者指定职业卫生管理机构或者组织，配备专职或者兼职的职业卫生管理人员，负责本单位的职业病防治工作；制定职业病防治计划和实施方案；建立、健全职业卫生管理制度和操作规程；建立、健全职业卫生档案和劳动者健康监护档案；建立、健全工作场所职业病危害因素监测及评价制度；建立、健全职业病危害事故应急救援预案	职业病防治法第二十一条	按规定执行	符合
		（3）用人单位必须采用有效的职业病防护设施，并为劳动者提供个人使用的职业病防护用品	职业病防治法第二十三条		
		（4）矿山企业必须向职工发放保障安全生产所需的劳动防护用品	矿山安全法第二十八条	按规定执行	符合
		（5）生产经营单位必须为从业人员提供符合国家标准或者行业标准的劳动防护用品，并监督、教育从业人员按照使用规则佩戴和使用	安全生产法第四十二条		
11	安全警示标志	生产经营单位应当在有较大危险因素的生产经营场所和有关设施、设备上，设置明显的安全警示标志。如在机械设备、供配电设施、废石场、井口、爆破器材库、地表移动范围、油库等危险场所设置安全警示、标示牌	安全生产法第三十二条	不全	基本符合

本单元根据相关法律、法规、规范制作安全检查表，检查被评价项目在安全管理方面（或设计）是否符合相关法律、法规、规范的要求，是否满足安全管理的要求。

5.3.2 单元小结

二郎铜矿安全管理机构已建立，各种管理规章制度基本健全，有相关的安全生产投入，按规定规范化日常安全管理。但现场检查发现：矿山未建立职业危害预防制度、管理档案缺失、部分特种作业人员未培训取证、矿山安全警示标志不全等管理缺陷。矿山在下一步开采过程中应重视以下整改意见：

（1）进一步补充企业的各级安全生产责任制和操作规程，制定各种管理制度并根据生产情况的变化不断完善。按照相关规定要求，尽快补充完善职业危害预防制度。

（2）补充建立并完善下列管理档案：

1）各级安全生产会议记录档案；

2）各类从业人员安全教育培训、考核、持证情况档案；

3）设备、设施安全管理档案；

4）现场安全检查、事故隐患极其整改情况档案；

5）职工违章处罚情况档案；

6）职工劳动防护用品发放管理档案；

7）伤亡事故统计档案；

8）安全生产责任制签订、考核情况档案。

（3）对安全生产责任制、安全生产管理制定、安全操作规程和安全管理台账的执行和落实应贯穿生产全过程。

（4）爆破人员、爆破器材保管员、空压机工、电工、卷扬机司机等特种作业人员，要依据国家相关规定全部培训考试持证上岗。

（5）定期组织全体从业人员进行安全学习培训，熟悉相关安全生产知识安全生产规章制度、安全操作规程，提高从业人员识别、预防和处理事故的能力。

（6）对危险源点应按危险源管理办法进行分级管理，使危险源点处于受控状态。

（7）加大矿山安全资金的投入，用于开展安全宣传教育活动，对从业人员进行安全培训教育，特殊工种的培训和取证，配备合格的劳保用品，以及完善安全设备、实施、治理安全隐患等；按规定提取安全生产费用。

（8）定期组织矿山重大事故隐患应急救援预案演练。

（9）加强安全检查工作的力度，对检查出的安全隐患要及时进行整改。

（10）企业与从业人员订立劳动合同时，应当载明有关保障从业人员劳动安全、防止职业危害的事项。

（11）矿山应在坑口、废石场、井下危险区域内设置安全警示标志。

 复习思考题

5-1 为什么要对矿山主要危险因素进行定性定量分析？

5-2 露天矿厂址和总平面布置单元应重点分析哪些危险因素？

5-3 露天矿采场单元存在的主要危险因素有哪些？

5-4 露天矿爆破施工是一种高危作业，其危险性体现在哪几方面？

5-5 地下矿采矿方法单元应重点评价哪些内容？

5-6 提升运输单元存在哪些主要危险因素？

5-7 发生炮烟中毒的主要原因是什么？

5-8 地下矿山冒顶片帮危险主要出现在哪些部位？

5-9 爆破器材库应从哪几个方面进行安全检查？

5-10 试对井下运输事故鱼刺图作定性分析描述？

5-11 应从哪些方面评价矿山安全管理系统的健全性和适应性？

5-12 实作题：编制被评价矿山（第2章　实作题矿山）安全现状评价报告"第5章　定性定量安全评

价"章节。具体要求：根据各评价单元的评价内容，利用相关法律、法规、规程、规范及标准编制安全检查表，并利用安全检查表对各单元进行安全检查；利用 PHA 分析法对各单元危险因素进行分析，并进行危险性分级；利用 ETA、FTA、FDA 等评价方法对各单元的主要危险因素进行深入分析；利用 LEC 分析法分析该矿山各生产单元（环节）或作业场所的作业条件危险性；对矿山安全管理系统进行安全检查；对各单元作出单元评价小结。

6 安全对策措施

学习目标：

（1）能根据被评价矿山项目各单元存在的主要危险有害因素及定性定量评价结果，有针对性地为各单元提出科学合理的安全技术措施及安全管理措施。

（2）能编制非煤矿山安全评价报告的"安全对策措施"章节。

安全对策措施是要求设计单位、生产单位、经营单位在建设项目的设计、生产经营、管理中采取的消除或减弱危险危害因素的技术措施和管理措施，是预防事故和保障整个生产、经营过程安全的对策措施。

安全技术措施是以工程技术手段解决安全问题，预防事故发生及减少事故造成的伤害和损失，是预防和控制事故的最佳安全措施；安全管理措施是以制度手段解决安全问题，是有效地预防和控制事故的切实可行措施；事故应急救援预案措施是预防和控制事故的关键。

6.1 安全对策措施基本要求

在考虑、提出安全对策措施时，应满足如下基本要求：

（1）能消除或减弱生产过程中产生的危险危害。

（2）能处置危险和有害物，并降低到国家规定的限值内。

（3）能预防生产装置失灵和操作失误产生的危险危害。

（4）能有效地预防重大事故和职业危害的发生。

（5）发生意外事故时，能为遇险人员提供自救和互救条件。

提出的安全对策措施必须要有针对性，针对危险有害因素识别与分析的结果提出可操作的、经济合理的对策措施，同时，提出的对策措施必须要符合相关的法律法规、技术标准及行业安全设计规范的要求。

6.2 制定安全对策措施的原则

制定安全对策措施的原则如下：

（1）安全对策措施应具有针对性、可操作性和经济合理性原则如下：

1）针对性。针对性是指针对不同行业的特点和评价中提出的主要危险、有害因素及其后果，提出对策措施。由于危险、有害因素及其后果具有隐蔽性、随机性、交叉影响性，对策措施不仅要针对某项危险、有害因素孤立地采取措施，而且为使系统全面地达到国家安全指标要采取优化组合的综合措施。

2）可操作性。提出的对策措施是设计单位、建设单位、生产经营单位进行安全设计、生产、管理的重要依据，因而对策措施应在经济、技术、时间上可行，能够落实和实施。此外，要尽可能具体指明对策措施所依据的法规、标准，说明应采取的具体对策措施，以便于应用和操作。

3）经济合理性。经济合理性是指不应超越国家及建设项目生产经营单位的经济、技术水平，按过高的安全指标提出安全对策措施。即在采用先进技术的基础上，考虑到进一步发展的需要，以安全法规、标准和指标为依据，结合评价对象的经济、技术状况，使安全技术装备水平与工艺装备水平相适应，求得经济、技术、安全的合理统一。

（2）消除潜在危险的原则：这一原则的实质是面向科学技术进步，在工艺流程中和生产设备上设置安全防护装置，增加系统的安全可靠性，即使人的不安全行为已发生，或者设备的某个零部件发生了故障，也会由于安全装置的作用而避免伤亡事故的发生。

（3）减弱原则：对无法消除和预防的应采取措施减弱其危险（害）。当危险和有害因素无法根除时，应采取措施使之降低到人们可接受的水平。例如：依靠个体防护降低吸入尘毒数量，以低毒物质代替高毒物质等。

（4）距离防护原则：生产中的危险因素对人体的伤害往往与距离有关，依照距离危险因素越远事故的伤害越减弱的道理，采取安全距离防护是很有效的。例如：对触电的防护、放射性或电离辐射的防护，都可应用距离防护的原理来减弱危险因素对人体的危害。

（5）防止接近原则：使人不能落入危险、有害因素作用地带，或防止危险、有害因素进入人的操作地带。例如：采用安全栅栏等。

（6）时间防护原则：使人处于危险和有害因素作用环境中的时间缩短到安全限度之内。例如：对高温高湿环境作业实行缩短工时制度。

（7）屏蔽和隔离原则：屏蔽原理即在危险因素的作用范围内设置障碍，同操作人员隔离开来，避免危险因素对人的伤害。例如：转动、传动机械的防护罩、放射线的铅板屏蔽、高频屏蔽等。

（8）坚固原则：这个原则是以安全为目的，提高设备的结构强度，提高安全系数，尤其在设备设计时更要充分运用这一原则。例如：矿井提升绞车的钢丝绳、坚固性防爆电机外壳等。

（9）设置薄弱环节原则：这个原则与坚固原则恰恰相反，是利用薄弱的元件，在设备上设置薄弱环节，在危险因素未达到危险值以前，已预先将薄弱元件破坏，使危险终止。例如：压力容器的防爆片、电气设备空气开关等。

（10）闭锁原则：它就是以某种方法使一些元件强制发生互相作用，以保证安全操作。如载人或载物的升降机，其安全门不关上就不能合闸开启；高压配电屏的网门，当合闸送电后就自动锁上，维修时只有停闸停电后网门才能打开，以防触电。

（11）取代操作人员的原则：在不能用其他办法消除危险因素的条件下，为摆脱危险因素对操作人员的伤害，可用机器人或自动控制装置代替人工操作。

（12）禁止、警告和报警原则：这是以人为目标，对危险部位给人以文字、声音、颜色、光等信号，提醒人们注意安全。例如：设置警告牌，写上"禁止烟火"、"注意安全"等。

6.3　安全对策措施实例

下面是大理白族自治州弥渡二郎矿业有限公司二郎铜矿安全现状评价报告的"第 6
章　安全对策措施"。

例 6-1　《大理白族自治州弥渡二郎矿业有限公司二郎铜矿安全现状评价报告》第
6 章

第 6 章　安全对策措施

6.1　总平面布置单元

（1）1880m、1830m 及提升斜井口上方需设置柔性防护网，防止地表滚石对坑口工
业设施及人员造成安全影响。

（2）地表露天空区及移动范围外开挖截水沟，防止地表水大量积灌入井下，造成
突水、淹井事故。

（3）各坑口工业场地、采矿工业场地设专人负责管理，排查安全隐患，设备、设
施有序化停放。

6.2　开拓单元

（1）1830m 中段及斜井井口段需采用混凝土支护，保证开采期间两安全出口不会
同时失效。

（2）加强巷道日常安全检查、浮石排查处理，采用混凝土或其他支护方式更换木
支护。

（3）1830m、1800m 中段未开拓完成之间严禁采矿，尽快完成中段间联络天井的掘
进工作。

（4）尽快完善井上井下对照图及避灾线路图的绘制工作。

（5）巷道局部断面较小处需进行刷大处理，保证有专用人行道且宽度符合安全规
程要求。

6.3　采矿方法单元

（1）对采场结构参数进行优化，联络道垂距不应大于 5m。

（2）掘进和采场作业时要建立顶板管理制度，处理浮石要有充足的照明，要配备
长短配套的撬毛工具，坚持做到作业前作业中处理浮石的制度，处理浮石时应仔细观察
岩面构造和浮石分布情况，做到在保障作业人员安全情况下排除浮石的危害。

（3）天井人行梯子及中间平台进行定期维修，严禁两人同时爬同一段梯子。

（4）井下采掘应有准确的测量作指导，避免突然贯通原露天空区，造成安全事故。

6.4 凿岩爆破单元

（1）全矿均改为采用非电导爆管爆破网路系统进行爆破。

（2）严禁打残眼、老眼和瞎炮，对残眼和瞎炮应按《爆破安全规程》规定进行处理。

6.5 提升运输单元

（1）运输车辆应配挂行灯，巷道照明需良好，斜井底部应设置一个人行避车硐室，运输平巷每间隔 150m 设置一个错车道。

（2）矿车应有刹车，严禁运输过程中放飞车。

（3）完善斜井提升信号系统建设，尽快完成斜井防跑车装置安设工作。

（4）卷扬机司机应持证上岗。

（5）提升钢丝绳、挂钩、卷扬机等应定期检查维修、更换。

6.6 通风防尘单元

（1）应坚持采用主扇进行全矿通风，尽量采用抽出式通风，风机应安设于回风平硐口，加强风门、风墙等构筑物的建设工作。

（2）空区应及时封闭，防止漏风。

（3）掘进工作面加强通风，保证足够的通风时间，长距离掘进（超过 200m）时应采用压抽混合式局部通风并加强风筒的悬挂密封管理。

（4）坚持湿式凿岩，作业前和爆破作业后进行喷雾、洒水除尘，减少粉尘对作业人员的职业危害。

（5）建立通风防尘机构，加强管理，配备检测仪表仪器和测尘人员、通风专职人员，做到定期检测和进行通风管理。

6.7 防排水单元

（1）在主要运输平硐内设置一定坡度的排水沟，以便平硐内渗透水或地表灌入水均能自流排出坑外，对原有简易水沟进行改造。

（2）斜井井底应尽快按安全设施设计要求建设 1800m 中段水仓及水泵房和排水设施。

（3）地表移动范围外及废石场上方应设置截水沟。

6.8 供配电及压气单元

（1）空压机转动部位安设防护装置，加强空压机的维修和保养，避免机械伤人及积炭爆炸，空压机房应进行修改完善。

（2）对井下线路进行清理，铺设不规范的地方进行整改。

（3）井下坚持采用 36V 以内的安全电压照明。

（4）加强卷扬机等主要用电设备的防漏电保护、安全接地设施检查。

6.9　爆破器材库单元

（1）库房旁边的工棚应停止使用。

（2）加强安防措施：增设看守犬、监控器等技防措施。

（3）通风孔应采用密铁丝网制作，防止小动物窜入。

（4）规范爆破器材的堆放，严格按照《爆破安全规程》的规定存放，雷管库房地板铺设软垫。

（5）库管员应经培训取证并持证上岗。

（6）加强爆炸物品管理、储存、领用、退库等方面的培训教育，提高认识，增强责任感。

6.10　废石场单元

（1）废石场上方修筑截排水沟，并在雨季到来之前及时疏通废石场外的截排水沟，让雨水有序排放。

（2）建议在废石场下方设置警示标志，避免对误入人员造成滚石伤害。

（3）按照开采设计方案使废石有序排放。

（4）废石场边缘应设置足够反坡度及挡车设施，下部设置拦渣坝。

（5）排废过程应有专人指挥，严禁上下同时作业。

6.11　安全管理单元

（1）进一步补充企业的各级安全生产责任制和操作规程，制定各种管理制度并根据生产情况的变化不断完善。按照相关规定要求，尽快补充完善《职业危害预防制度》。

（2）补充建立并完善下列管理档案：

1）各级安全生产会议记录档案；

2）各类从业人员安全教育培训、考核、持证情况档案；

3）设备、设施安全管理档案；

4）现场安全检查、事故隐患及其整改情况档案；

5）职工违章处罚情况档案；

6）职工劳动防护用品发放管理档案；

7）伤亡事故统计档案；

8）安全生产责任制签订、考核情况档案。

（3）对安全生产责任制、安全生产管理制定、安全操作规程和安全管理台账的执行和落实应贯穿生产全过程。

（4）爆破人员、爆破器材保管员、空压机工、电工和卷扬机司机等特种作业人员，要依据国家相关规定全部培训考试持证上岗。

（5）定期组织全体从业人员进行安全学习培训，熟悉相关安全生产知识安全生产规章制度、安全操作规程，提高从业人员识别、预防和处理事故的能力。

（6）对危险源点应按危险源管理办法进行分级管理，使危险源点处于受控状态。

（7）加大矿山安全资金的投入，用于开展安全宣传教育活动，对从业人员进行安全培训教育，特殊工种的培训和取证，配备合格的劳保用品，以及完善安全设备、实施、治理安全隐患等；按规定提取安全生产费用。

（8）定期组织矿山重大事故隐患应急救援预案演练。

（9）加强安全检查工作的力度，对检查出的安全隐患要及时进行整改。

（10）企业与从业人员订立劳动合同时，应当载明有关保障从业人员劳动安全、防止职业危害的事项。

（11）矿山应在坑口、废石场、井下危险区域内设置安全警示标志。

 ## 复习思考题

6-1 简述安全对策措施制定原则。

6-2 简述安全对策的基本要求。

6-3 安全管理对策措施包括哪几个方面？

6-4 实作题：根据被评价矿山（第2章 实作题矿山）各单元存在的主要危险有害因素及定性定量评价结果，有针对性地为各单元提出科学合理的安全技术措施及安全管理措施，并编制该项目安全评价报告的"第6章 安全对策措施"章节。

7 安全评价结论编写

学习目标：

能根据被评价矿山项目存在的危险有害因素及各单元评价结果编制安全评价结论，包括评价结果分析、综合评价结论及持续改进方向。

7.1 安全评价结论基本要求

安全评价结论应体现系统安全的概念，要阐述整个被评价系统的安全能否得到保障，是否符合安全生产条件，系统客观存在的固有危险及危害因素在采取安全对策措施后能否得到控制及其受控的程度如何。

安全评价结论不是将各评价单元的评价小结简单地罗列起来，而是要将各单元评价小结进行高度概括。安全评价结论应着眼于整个被评价系统的安全状况，应遵循客观公正、观点明确的原则，做到概括性、条理性强且文字表达精练。

7.2 安全评价结论的主要内容

（1）评价结果分析。包括各单元评价结果概述以及项目存在的主要危险、有害因素，指出评价对象应重点防范的重大危险、有害因素。对于风险可接受的单元，需提出进一步关注对应安全设施的可靠性和有效性；对于风险不可接受的单元，应指出存在的问题并列出充足的理由。

（2）综合评价结论。阐述项目建设程序是否符合法律法规要求；说明项目选址及总平面布置、生产工艺系统、公辅设施等是否符合安全生产要求或相关法规、规程规范或标准的要求；说明矿山安全管理系统是否健全，能否适应矿山安全生产要求；明确评价对象潜在的危险、有害因素在采取安全对策措施后，能否得到控制以及受控的程度；给出评价对象从安全生产角度是否符合国家有关法律、法规、标准和规范的要求。

（3）持续改进方向。对于安全预评价：提出可行性研究报告中存在的主要问题及下一步设计需要补充或修改完善的建议；提出矿山建设过程需要注意的安全注意事项。

对于安全验收评价和安全现状评价：提出保持现已达到安全水平的要求；提出进一步提高安全水平的建议。

7.3 安全评价结论实例

例 7-1 《丽江玉龙铁矿安全预评价报告》第 7 章

第7章 安全预评价结论

7.1 评价结果分析

本次安全预评价通过对《丽江玉龙铁矿 20 万吨/a 可行性研究报告》所提出的建设方案进行分析，划分了厂址及总平面布置、开拓运输、露天采场、穿孔爆破、铲装作业、排土、矿山电气、防排水及安全管理等单元进行评价。

根据危险有害因素辨识与分析以及各单元评价结果：本项目存在的主要危险、有害因素为坍塌、高处坠落、物体打击、机械伤害、车辆伤害、爆破（炸）伤害、触电、雷击、水危害、粉尘、噪声和其他伤害等。

7.2 矿山需要重点采取的措施

（1）本项目应重点防范的危险、有害因素有：

1）采场作业中的坍塌、高处坠落、物体打击、爆破伤害等；

2）爆破物品使用过程中的火药爆炸；

3）车辆运输过程中的车辆伤害。

（2）本项目应重视的安全对策措施及建议有：

1）下一步安全设施设计中应对采场边坡参数进行科学合理的设计；对最小工作平台宽度作明确规定；对上、下台阶之间的超前距离作明确规定；

2）安全设施设计中进一步明确露天采场防止边坡失稳、滑坡、滚石、高处坠落等事故的安全措施；

3）下一步安全设施设计中应对爆破工艺进行优化、孔网参数进行详细设计；补充爆破作业对边坡稳定的影响分析；补充爆破作业时对其警界范围内建筑物采取的安全预防措施；

4）完善排土场截洪沟、挡石坝等的参数设计；

5）查明采场的汇水面积及降雨量的大小，对排土场、采场的排水沟技术参数做具体的设计和说明。

7.3 安全预评价结论

安全预评价结论如下：

（1）企业证照齐全、合法、有效，建设项目立项经过有关部门批准，立项程序合法。

（2）丽江玉龙铁矿建设项目选址及总图布置结合了矿区现状实际情况，符合国家安全生产法规和标准的要求。

（3）项目工艺方案、主要和辅助生产设施的设立及作业场所安全技术措施设置，符合国家安全生产法规、标准和规范的要求。

（4）项目中虽然存在滑坡、垮塌、泥石流、爆破伤害、高处坠落、物体打击、车辆伤害、机械伤害、火灾、电危害、容器爆炸、起重伤害、雷击、噪声和粉尘、安全管理因素缺陷等危险和有害因素，但在项目建设施工和生产过程中，通过落实设计的对策措施和本次预评价报告补充的对策措施，切实针对项目中危险有害因素对设计和生产设施进一步优化和完善，认真落实国家相关安全生产的法规、标准、规程、规范，加强事故预防和安全管理工作，从而满足本项目安全生产的要求，其项目风险是可以控制和接受的。

（5）该项目设计的开采方式、采剥工艺成熟可靠，采场布置参数选取基本合理，所采取的安全对策措施可行。评价认为该项目可行性设计在经济上合理可行，在安全上可靠，在技术上符合国家有关法律、法规、技术标准要求。

经评价认为：丽江玉龙铁矿 20 万吨/年采矿工程建设项目的安全条件符合国家有关法律、法规、技术标准要求。

在今后的安全生产过程中，应根据安全生产条件的变化和国家法规的进一步要求，不断完善安全技术措施和管理措施，提升安全技术水平，防止安全事故的发生，切实保障人民生命和企业财产的安全。

矿山在实际建设和生产过程中应严格按照相关规范、行业标准以及本次预评价报告提出的安全对策措施和可行性研究报告的要求进行基础建设及生产，是可满足本项目安全生产的要求。

例 7-2　《大姚县王家寨铜矿安全验收评价报告》第 7 章

第 7 章　安全验收评价结论

7.1　评价结果分析

本着合法性、科学性、公正性和针对性的评价原则及对工作高度负责的精神，根据《中华人民共和国安全生产法》、《金属非金属矿山安全规程》和《安全验收评价导则》等法律法规、标准规范的相关要求，受大姚县王家寨铜矿的委托，对大姚县王家寨铜矿开采范围内的地下开采系统、总平面布置、公辅设施和安全管理系统等进行了安全验收评价。通过检查建设项目安全设施与主体工程同时设计、同时施工、同时投入生产和使用的情况，检查安全生产管理措施到位情况，检查安全生产规章制度健全情况，检查事故应急救援预案建立情况，审查确定建设项目满足安全生产法律法规、规章、标准和规范要求的符合性，从整体上确定建设项目的运行状况和安全管理情况，做出安全验收评价结论。同时对该项目安全设施设计及安全预评价报告中提出的对策措施进行检查评价。

针对该项目总平面布置、所选用设备、所采用的工艺流程等情况，通过危险因素辨识，该项目存在坍塌、滑坡、泥石流、冒顶片帮、放炮伤害、火药爆炸、高处坠落、机械伤害、物体打击、车辆伤害、触电、容器爆炸、粉尘、噪声等危险和有害因素。主要危险因素有坍塌、冒顶片帮、放炮伤害、火药爆炸，需要进行重点防范；其次，高处坠落、机械伤害、触电、物体打击、车辆伤害、容器爆炸等危险因素，其危害程度虽然较低，但也应采取措施进行防范。

建设项目符合性和有效性见例表7-1。

例表 7-1 建设项目符合性和有效性

序号	项　目	设　计	现　状	符合性	有效性
1	开采矿体	铅矿、锌矿	铅矿、锌矿	符合	
2	开采规模	5万吨/年	5万吨/年	符合	
3	开采范围	矿区拐点内	矿区拐点内	符合	
4	开采标高	1527~1430m	1527~1430m	符合	
5	基建矿体	V1、V2矿体	V1、V2矿体	符合	
6	开拓系统	平硐+盲斜井开拓	平硐+盲斜井开拓	符合	有效
7	运输系统	汽车运输	汽车运输	符合	有效
8	通风系统	混合式	机械通风、辅以局扇	符合	有效
9	供气系统	硐外压缩机供气	硐外压缩机供气	符合	有效
10	供水系统	高位水池、供水网	坑内水池水泵供水	符合	有效
11	防排水系统	水仓汇集，水泵排水	水仓汇集，水泵排水	符合	有效
12	供电系统	二级负荷单电源供电	单电源供电	符合	
13	照明系统	主巷220V，作业面36V	主巷220V，作业面36V	符合	
14	安全出口	均有两个以上安全出口	开采系统有3个安全出口	符合	有效

7.2 综合评价结论

结论如下：

（1）该项目建设程序合法，按规定进行了《安全设施设计》的编制和建设项目《安全预评价》，主要安全设施与主体工程同时设计、同时施工、同时建成投入使用，符合国家有关法规对建设项目"三同时"的要求。

（2）该矿的地下生产系统、总体布局和常规防护设施参数符合初步设计及安全设施设计的要求。

（3）本项目设备均为有资质厂家生产，并附有合格证。

（4）本项目所处位置周边环境相对简单，交通较为方便，发生重大事故时便于社会力量救援。

（5）在本项目的建设过程中，针对存在的危险、有害因素采取了相应的安全措施，符合相关法律、法规及标准的要求。

（6）企业经营证照齐全有效，配备了专职安全生产管理人员，建立健全了安全生产责任制、安全管理制度、安全操作规程和事故应急救援预案，日常安全管理台账建立但不健全。

（7）矿山主要负责人和专职安全员均持有安全任职资格证，具备相应的安全知识和管理能力。

综上所述：大姚县王家寨铜矿符合建设项目"三同时"要求，具备安全验收条件。

7.3　矿山需要重点采取的措施

（1）矿山目前已经完成开拓系统及通风系统的建设，但开拓、采准、切割工程未达到三级矿量的要求，今后矿山开拓及采切工作必须按照设计组织施工。

（2）目前矿山未对"六大系统"进行建设，企业应尽快与有相应资质的单位取得联系，对"六大系统"进行建设。

（3）企业应为职工购买工伤保险，按规定提取安全生产费用。

（4）企业应对照《生产经营单位安全生产事故应急预案编制导则》AQ/T 9002—2006 的要求编制预案，并按规定进行备案并定期演练。

总之，安全生产条件是一个不断完善的过程，在今后的安全生产过程中，企业应根据安全生产条件的变化和国家法规的进一步要求，不断完善安全技术措施和管理措施，依靠科技进步提升安全技术水平，防止重特大事故的发生，切实保障作业人员生命和企业财产的安全。

例7-3　《大理白族自治州弥渡二郎矿业有限公司二郎铜矿安全现状评价报告》第 7 章

第 7 章　安全现状评价结论

7.1　评价结果分析

云南云天咨询有限公司本着合法性、科学性、公正性和针对性的评价原则及对工作高度负责的精神，根据《安全生产法》、《矿山安全法》、《安全生产许可证条例》、《非煤矿矿山企业安全生产许可证实施办法》、《云南省安全生产条例》和《金属非金属矿山安全规程》等国家和地方法律、法规、标准、规范及政策文件的要求，对大理白族自治州弥渡二郎矿业有限公司二郎铜矿的厂址及总平面布置、开拓、采矿方法、凿岩爆破、提升运输、通风防尘、防排水、供配电及压气、爆破器材库、废石场及安全管理等单元进行了安全现状综合评价。其中采矿方法、防排水单元不具备安全生产条件，其余单元具备安全生产条件。

根据危险有害因素辨识与分析以及各单元评价结果：该矿山存在的主要危险因素是冒顶片帮、火药爆炸、爆破伤害、中毒窒息、机械伤害、车辆伤害、物体打击、高处坠落、触电、容器爆炸、火灾、透水和其他伤害；存在的有害因素是粉尘、噪声。

7.2　综合评价结论

（1）大理白族自治州弥渡二郎矿业有限公司二郎铜矿企业证照合法有效。

（2）二郎铜矿安全管理体系已建立，能适应目前生产安全管理要求。

（3）矿山开拓、提升运输、凿岩爆破、提升运输、通风防尘、防排水、供配电及供水供气、爆破器材库、废石场等单元具备安全生产条件。

综合评价结论：大理白族自治州弥渡二郎矿业有限公司二郎铜矿具备安全生产条件。

7.3 矿山需要重点采取的措施

（1）应尽快落实重要工业场地及坑口上方防滚石安全措施。

（2）完善地表原露天采空区及移动范围的防排水系统。

（3）尽快完善井上井下对照图及避灾线路图的绘制工作。

（4）采场结构进行优化，联络道垂距不应大于 5m。

（5）斜井井底应尽快按安全设施设计要求建设 1800m 中段水仓及水泵房和排水设施。

（6）爆破器材库房旁边的工棚应停止使用，并尽快完善库房的安防措施。

（7）尽快完成废石场排水沟、防滚石坝的建设工作。

（8）完善安全管理制度、管理档案。

（9）定期组织矿山重大事故隐患应急救援预案演练。

（10）按规定提取安全生产费用。

总之，矿山安全生产是一个动态的过程，企业在今后的安全生产过程中，应根据矿山生产条件的变化，把安全生产管理工作贯穿于生产的全过程，不断完善矿山安全管理，依靠科学管理提升安全生产技术水平，防止安全生产事故的发生，实现本质化安全生产，切实保障人民生命和财产的安全。

 复习思考题

7-1 安全评价结论的主要内容有哪些？

7-2 编写安全评价结论注意哪些问题？

7-3 实作题：根据被评价矿山（第 2 章 实作题矿山）存在的危险有害因素及各单元评价结果编制该项目安全评价报告的"第 7 章 安全评价结论"章节，包括评价结果分析、综合评价结论及持续改进方向。

8 安全评价报告附件及附图

学习目标：

（1）能根据被评价矿山项目的特点及评价类别，分类整理安全评价报告附件及附图。

（2）能编制非煤矿山安全评价报告附件及附图目录。

安全评价报告的附件及附图是评价报告的重要组成部分，是安全评价报告的评价内容及评价结论的重要支撑资料。

金属与非金属矿山安全评价报告一般应有的附件见表 8-1，可根据实际情况进行调整。

表 8-1　安全评价报告附件

评价项目类别	安全评价报告附件清单（露天矿山/地下矿山）
预评价	（1）采矿许可证（改、扩建矿山）； （2）企业营业执照； （3）可行性研究报告（封面、扉页）； （4）安全预评价所需的其他资料和数据
验收评价	（1）采矿许可证； （2）企业营业执照； （3）立项批准文件； （4）可行性研究报告（封面、扉页）； （5）初步设计（安全设施设计）（封面、扉页）； （6）初步设计（安全设施设计）批准文件； （7）安全预评价报告（封面、扉页）； （8）矿山建设、监理合同； （9）矿山安全管理机构设置及人员配置文件； （10）矿山主要负责人、安全管理人员从业资格证； （11）矿山特种作业人员从业资格证； （12）矿山安全管理规章制度； （13）矿山安全生产责任制度； （14）矿山试生产期间安全管理记录、台账； （15）安全专项投资及其使用情况； （16）安全检验、检测和测定的数据资料； （17）安全验收评价所需的其他资料和数据

评价项目类别	安全评价报告附件清单（露天矿山/地下矿山）
现状评价	（1）采矿许可证； （2）企业营业执照； （3）安全生产许可证； （4）初步设计（安全设施设计）（封面、扉页）； （5）初步设计（安全设施设计）批准文件； （6）矿山安全管理机构设置及人员配置文件； （7）矿山主要负责人、安全管理人员从业资格证； （8）矿山特种作业人员从业资格证； （9）矿山安全管理规章制度； （10）矿山安全生产责任制度； （11）矿山安全管理记录、台账； （12）安全专项投资及其使用情况； （13）安全生产事故统计资料； （14）安全现状评价所需的其他资料和数据

金属非金属矿山安全评价报告应附以下图纸，见表8-2，可根据实际情况进行调整。

表8-2 安全评价报告附图

评价项目类别	安全评价报告附图清单	
	露天矿山	地下矿山
预评价	（1）地形地质及矿区范围图； （2）矿区总平面布置设计图； （3）露天开采设计终了境界平面图； （4）露天采场设计基建终了平面图； （5）露天开采设计采剥方法图； （6）露天开采设计开拓运输系统图； （7）露天矿设计排水系统图； （8）排土场设计图、拦土坝设计图； （9）供电系统设计图	（1）地形地质及矿区范围图； （2）矿区总平面布置设计图； （3）开拓系统井上下对照图； （4）开拓系统复合平面图； （5）开拓系统纵投影（水平投影）设计图； （6）设计采矿方法图； （7）中段平面设计图； （8）主、副井剖面设计图； （9）主要井巷断面设计图； （10）井底车场设计图； （11）提升系统设计图； （12）安全避险"六大系统"设计图； （13）通风系统设计图； （14）排水系统设计图； （15）供电系统设计图

评价项目类别	安全评价报告附图清单	
	露天矿山	地下矿山
验收评价	(1) 地形地质及矿区范围图； (2) 矿区总平面布置竣工图； (3) 露天开采（设计）终了境界平面图； (4) 露天采场开采现状图/基建竣工平面图； (5) 露天开采采剥方法图； (6) 露天开采开拓运输系统竣工图； (7) 露天矿排水系统竣工图； (8) 排土场现状图、拦土坝竣工图； (9) 供电系统竣工图	(1) 地形地质及矿区范围图； (2) 矿区总平面布置竣工图； (3) 井上下对照图； (4) 开拓系统坑内外平面复合竣工图； (5) 开拓系统纵投影（水平投影）竣工图； (6) 典型采矿方法图； (7) 中段平面竣工图； (8) 主、副井剖面竣工图； (9) 主要井巷断面竣工图； (10) 井底车场竣工图； (11) 提升系统竣工图； (12) 安全避险"六大系统"竣工图； (13) 通风系统竣工图； (14) 排水系统竣工图； (15) 供电系统竣工图
现状评价	(1) 地形地质及矿区范围图； (2) 矿区总平面布置图； (3) 露天开采（设计）终了境界平面图； (4) 露天采场开采现状图； (5) 露天开采采剥方法图； (6) 露天开采开拓运输系统图； (7) 露天矿排水系统图； (8) 排土场现状图； (9) 供电系统图	(1) 地形地质及矿区范围图； (2) 矿区总平面布置图； (3) 开拓系统井上下对照图； (4) 开拓系统纵投影（水平投影）图； (5) 采矿方法图； (6) 中段平面图； (7) 主、副井剖面图； (8) 主要井巷断面图； (9) 井底车场平剖面图； (10) 提升系统图； (11) 安全避险"六大系统"布置图； (12) 通风系统图； (13) 排水系统图； (14) 供电系统图

 复习思考题

8-1 实作题：根据被评价矿山（第 2 章　实作题矿山）的特点及评价类别，分类整理安全评价报告附件及附图，并编制该安全评价报告的"附件及附图目录"。

9　安全评价过程控制要点

学习目标：

（1）了解安全评价过程控制的目的和意义，掌握安全评价过程控制体系的主要内容。

（2）能读懂安全评价机构安全评价过程控制体系文件。

9.1　安全评价过程控制概述

9.1.1　安全评价过程控制的含义

安全评价过程控制是保证安全评价工作质量的一系列文件。安全评价作为一项有目的的行为，必须具备一定的质量水平，才能满足企业安全生产的需求。所谓安全评价的质量是指安全评价工作的优劣程度，也就是安全评价工作体现客观公正性、合法性、科学性和针对性的程度。

安全评价质量有狭义和广义之分。狭义的安全评价质量仅指安全评价项目的操作过程和评价结果对安全生产发挥作用的优劣程度。广义的安全评价质量则以安全评价机构为考察单位，是指安全评价机构全部工作的优劣程度，包括安全评价操作和评价的作用、评价机构内部组织机构、安全评价管理工作对评价过程及评价结果的保障程度以及安全评价的社会效益等。

前者主要体现安全评价项目执行过程中技术性、规范性的要求，如法律、法规及标准是否清楚；获取的资料是否确凿；评价是否公正；评价方法的使用是否准确；评价单元划分是否合理；措施建议是否可行等。后者体现评价机构在运行中所要达到一定目标的要求，包括评价工作的深度，安全评价机构内部职能部门分工协作，安全评价人员及专家的资格要求和配备，安全评价的信息反馈和综合效益等。

9.1.2　安全评价过程控制的内容

安全评价过程控制按其内容可划分为硬件管理和软件管理。

硬件管理主要指安全评价机构建设的管理，包括安全评价机构内部机构的设置，各职能部门职责的划定，相互间分工协作的关系，安全评价人员及专家的配备等。

软件管理主要指硬件运行中的管理，包括项目单位的选定、合同的签署、安全评价资料的收集、安全评价报告的编写、安全评价报告内部评审、安全评价技术档案的管理、安全评价信息的反馈和安全评价人员的培训等一系列管理活动。

9.1.3　安全评价过程控制的目的和意义

9.1.3.1　安全评价过程控制的目的

在《中华人民共和国安全生产法》颁布后，安全评价工作得到了迅速的发展，安全评价机构数量也迅速增长。但由于我国的机构改革等一些客观原因，对安全评价的质量管理工作尚不够规范。安全评价是安全生产管理的一个重要组成部分，是预测、预防事故的重要手段。要使安全评价工作真正发挥作用，必须要有质量的保证。在安全评价机构中建立一套科学的安全评价过程控制体系指导安全评价工作势在必行。

9.1.3.2　安全评价过程控制的意义

安全评价机构建立过程控制体系的重要意义，主要体现在以下几个方面：
（1）强化安全评价质量管理，提高安全评价工作质量水平。
（2）有利于安全评价规范化、法制化及标准化的建设和安全评价事业的发展。
（3）提高了安全评价的质量就能使安全评价在安全生产工作中发挥更有效的作用，确保人民生命安全、生活安定，具有重要的社会效益。
（4）有利于安全评价机构管理层实施系统和透明的管理，学习运用科学的管理思想和方法。
（5）促进安全评价工作的有序进行，使安全评价人员在评价过程中各负其责，提高工作效率。
（6）可加强对安全评价人员的培训，促进其工作交流，持续不断地提高其业务技能和工作水平。
（7）提高安全评价机构的市场信誉，在市场竞争中取胜。

9.2　安全评价过程控制体系

学习目标：通过学习本节内容，了解安全评价过程控制体系建立的依据，掌握过程控制体系的主要内容、文件的构成与编制，以及体系的建立、运行和持续改进。

9.2.1　安全评价机构建立过程控制体系的主要依据

安全评价机构建立过程控制体系的主要依据为：管理学原理、国家对安全评价机构的监督管理要求和安全评价机构自身的特点。
安全评价过程控制体系以戴明原理、目标原理和现场改善原理为基础，遵循戴明原则——PDCA管理模式，基于法制化的管理思想，即预防为主、领导承诺、持续改进、过程控制，运用了系统论、控制论和信息论的方法。
国家对安全评价机构的监督管理是安全评价过程控制体系建立的根本基础和依据。分析国家对安全评价机构监督管理的相关法律、法规，主要涉及以下内容：人员基本要求和管理、组织机构及职责、安全评价过程控制程序、相关作业指导书和资料档案管理等。
对于安全评价机构而言，一方面是对机构的管理，另一方面是保证评价过程的质量安全评价机构应运用管理学的原理——全过程控制、强调持续改进的 PDCA 循环，原理和目标管理原理，结合自身的特点，建立适合机构自身发展的过程控制体系。

9.2.2 安全评价过程控制体系的主要内容

9.2.2.1 安全评价过程控制方针和目标

（1）安全评价过程控制方针。安全评价过程控制方针是评价机构安全评价工作的核心，评价工作的发展方向和行动纲领。

安全评价机构应有经最高管理者批准的安全评价过程控制方针，以阐明安全评价机构的质量目标和改进安全评价绩效的管理承诺。

方针在内容上应适合安全评价机构安全评价工作的性质和规模，确保其对具体工作的指导作用，应包括对持续改进的承诺，并包括遵守现行的安全评价法律、法规和其他要求的承诺。

方针需经最高管理者批准，确保与员工及其代表进行协商，并鼓励员工积极参与，文件化，付诸实施，予以保持，方针应传达到全体员工，可为相关方所获取。

安全评价过程控制方针应定期评审，以适应评价机构不断变化的内外部条件和要求，确保体系的持续适宜性。

（2）安全评价过程控制目标。评价机构应针对其内部相关职能和层次，建立并保持文件化的安全评价机构过程控制目标。评价机构在确立和评审其过程控制目标时，应考虑法律、法规及其他要求，可选安全评价技术方案，财务、运行和经营要求。目标应符合安全评价过程控制方针，并遵循过程控制体系对持续改进的承诺。

9.2.2.2 机构与职责

为了做好安全评价工作，必须对安全评价机构相关部门与人员的作用、职责和权限加以界定，使之文件化并予以传达。而且，机构应提供充足的资源，以确保能够顺利地完成安全评价任务。

安全评价机构要求有独立的法人资格，即有明确的法定代表人。评价机构的最高管理者应确定评价机构的过程控制方针，提供实施安全评价方案和活动以及绩效测量和监测工作所需的人力、专项技能与技术、财力资源，并在安全评价活动中起领导作用。评价机构还应明确与评价资质业务范围相适应的技术负责人和安全评价过程控制负责人。

明确安全评价机构内部的组织机构及职责是安全评价过程控制体系运行的关键环节。职责不清、权限不明，会造成许多问题。只有评价机构中的每一个人按照规定做好自己的本职工作，共同参与安全评价过程控制体系的建设和维护，过程控制体系才能真正实现持续改进和保证安全评价的工作质量。体系的建立、实施和维护均是以评价机构为单位，按职能和层次展开，在体系运行过程中明确各职能部门与层次间的相互关系，规定其作用、职责与权限是体系建立的必要条件，也是体系运行的有力保障。而且组织机构与职责的明确也为培训需求的确定、信息沟通的渠道与方式、文件的编写与管理等提供了基本的框架。

9.2.2.3　人员培训、业务交流

安全评价人员的水平对安全评价的质量起着至关重要的作用。定期的人员培训非常重要，同时应加强与外部的业务交流。人员培训、业务交流是保持一支高质量的安全评价队伍所必需的。具体要求如下：

（1）根据评价人员的作用和职责，确定各类人员所必需的安全评价能力。

（2）制订并保持使各类人员具备相应能力的培训计划。

（3）定期评审培训计划，必要时予以修订，以保证其适宜性和有效性。

（4）在制订和保持培训计划或方案时，其内容应重点针对以下领域：

1）机构人员的作用与职责培训；

2）新员工的安全评价知识培训；

3）安全评价的法律、法规、标准和指导性文件的培训；

4）中高层管理者的管理责任和管理方法的培训；

5）分包方、委托方等所需要的培训。

9.2.2.4　合同评审

合同评审是安全评价工作中非常重要的一部分，同时也是财务进行合同监督的重要组成部分。安全评价机构的合同评审要求市场开发人员、安全评价技术负责人等共同参与完成。

合同评审应包括以下内容：客户的各项要求是否明确；合同要求与委托书内容是否一致；所有与委托书不一致的要求是否得到解决；安全评价机构能否满足全部要求。

在签订了一个评价项目的合同之后，安全评价机构便开始了一次针对某个企业的评价活动，即启动了安全评价质量保证程序，每一次评价活动都将为下一次评价活动提供新的经验、新的技术支持和现场改进的依据。

9.2.2.5　安全评价计划编制

在安全评价项目签订之后，要制订安全评价计划，以保证评价项目有效地实施，确保评价项目根据合同规定的进度和质量要求完成。

9.2.2.6　编制安全评价报告

编制安全评价报告是安全评价工作的核心问题。安全评价报告编制程序文件是编制各项目安全评价报告的通用程序规范。对于不同的评价项目编制安全评价报告的具体操作的指导属于作业指导书的内容，应根据评价对象的不同编制安全评价作业指导书。

9.2.2.7　安全评价报告内部评审

安全评价报告内部评审是保证安全评价报告质量的一个重要环节。在适当的时候，应有计划地对安全评价报告进行内部评审。安全评价报告内部评审的主要内容应包括：报告的格式是否符合要求；报告文字是否准确；报告的依据是否充分、有效；报告中的危险源辨识是否全面；报告中评价方法的选择是否适当；报告的对策措施是否切实可行；报告的

结论是否准确等。安全评价机构应确定安全评价报告内部评审的时机和选取的准则，将内部评审工作细致化和规范化，使内部评审真正发挥质量监督的作用。

9.2.2.8　跟踪服务

规定跟踪服务的基本要求，对跟踪服务各环节实施控制，妥善解决客户提出的问题，提高服务质量，密切与客户的关系，保证为顾客提供满意的服务。

在合同规定的项目全部完成之后，对于评价机构而言，还应进行跟踪服务，对评价报告中提出的对策措施与建议的实施情况进行跟踪，考察其适用性及有效性，及时调整安全措施。

9.2.2.9　档案管理和数据库管理

评价项目完成后，应对评价项目涉及的所有文件进行归档，并在此基础上生成数据库，设专人管理，以方便查询资料，保证安全评价的质量。

数据库在为评价项目提供支持的同时，新的评价项目反过来又不断充实数据库的内容。

9.2.2.10　纠正预防措施

纠正预防措施、投诉申诉是对过程控制运行情况的监督。对发生偏离方针、目标的情况应及时加以纠正，预防不合格事件的再次发生。评价机构应建立并保持投诉申诉处理程序，用来规定有关的职责和权限，以满足以下要求：调查和处理事故和不符合事件；制定措施纠正和预防由事故和不符合事件产生的影响；采取纠正和预防措施；确认所采取的纠正和预防措施的有效性。

在策划、启动纠正和预防措施时，应考虑如下因素：国家法律、法规、自愿计划和共同协议，评价机构的质量目标，内部审核的结果，管理评审的结果，评价机构成员对持续改进的建议，所有新的相关信息，有关安全评价报告质量改进计划的结果。

9.2.2.11　文件记录

记录应字迹清楚、标示明确，并可追溯相关的活动。安全评价过程控制体系记录应便于查询，避免损坏、变质或遗失，应规定并记录其保存期限。

文件记录规定了对各项工作过程中形成的各类记录编目、归档、保存及处理实施的控制，以确定记录的完整有效。

A　对记录的要求

（1）建立并保持程序以规范安全评价机构记录。

（2）记录应便于查询，避免损坏、变质或遗失，并规定记录保存期限。

（3）记录应字迹清楚、标示明确，并能追溯安全评价机构的相关活动和证明体系对机构运作的符合性。

B　安全评价过程控制体系记录的主要内容

（1）实施安全评价过程控制体系所产生的记录。

（2）有关安全评价过程的记录。

9.2.3　安全评价过程控制体系文件的构成及编制

9.2.3.1　安全评价过程控制体系文件的构成及层次关系

安全评价过程控制体系是安全评价机构为保障安全评价工作的质量而形成的文件化的体系，是安全评价机构实现其质量管理方针、目标和进行科学管理的依据。

安全评价过程控制体系文件一般分为 3 个层次：管理手册（一级）、程序文件（二级）、作业文件（三级），其层次关系和内容如图 9-1 和图 9-2 所示。

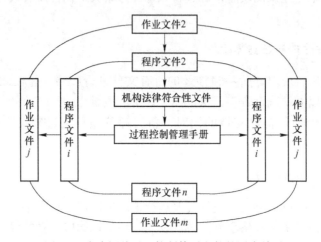

图 9-1　安全评价过程控制体系文件的层次关系

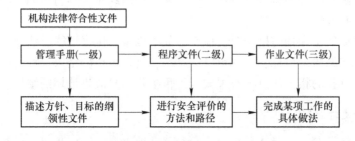

图 9-2　安全评价过程控制体系文件的内容

A　过程控制管理手册

过程控制管理手册是评价机构根据安全评价过程控制的方针、目标全面地描述安全评价过程控制体系的文件，主要供机构中、高层管理人员和客户以及第三方审核机构使用。

管理手册应表述本机构的安全评价质量保证能力。管理手册涉及以下内容：方针目标、职责权限、人员培训和安全评价过程控制的有关要求，关于程序文件的说明和查询途径，关于手册的评审、修改和控制规定。

B　程序文件

程序文件是机构根据安全评价过程控制体系的要求，为达到既定的安全评价过程控制方针、目标所需要的程序和对策，描述实施安全评价涉及的各个职能部门活动的文件，供各职能部门使用。程序文件处于安全评价过程控制体系文件的第二层，因此，起到一种承上启下的作用：对上，它是管理手册的展开和具体化，使得管理手册中原则性和纲领性的要求得到展开和落实；对下，它应引出相应的支持性文件，包括作业指导书和记录表格等。

C 作业文件

作业文件是围绕管理手册和程序文件的要求，描述在具体的工作岗位和工作现场如何完成某项工作任务的具体做法，是一个详细的操作性工作文件。作业文件是第三层文件，包括作业指导书、记录表格等。

（1）作业指导书的内容。作业指导书通常包括三方面内容：干什么、如何干和出了问题怎么办。根据安全评价机构申请的资质类型及业务范围的不同，需要编制的作业指导书种类也有所不同。按评价类型的不同，作业指导书分为安全预评价作业指导书、安全验收评价作业指导书和安全现状评价作业指导书等。

（2）记录是体系文件的组成。记录是体系文件的组成部分，是安全评价职能活动的反映和载体，是验证安全评价过程控制体系的运行结果是否达到预期目标的主要证据，是过程控制有效性的证明文件，具有可追溯性，为采取预防和纠正措施提供了依据。

在编写程序文件和作业文件的同时，应分别编制与各程序相适应的记录表格，附在程序文件和作业文件的后面。需要指出的是：安全评价过程控制体系文件应相互协调一致。各评价机构可以根据自身的规模大小和实际情况来划分体系文件的层次等级。

9.2.3.2 安全评价过程控制体系文件的编制

A 安全评价过程控制管理手册的编写

安全评价过程控制管理手册的编写要有系统性，避免面面俱到、冗长重复。管理手册不可能像具体工作标准或管理制度那样详尽，对各重要环节和控制要求只需概括地做出原则规定。在编写时，要求文字准确、语言精练、结构严谨，还要通俗易懂，以便评价机构全体员工能理解和掌握。

（1）编写手册应遵循的原则：

1）指令性原则。安全评价过程控制管理手册应由机构最高管理者批准签发。手册的各项规定是机构全体员工（包括最高管理者）都必须遵守的内部法规，它能够保证安全评价过程控制体系管理的连续性和有效性。因此，手册各项规定具有指令性。

2）目的性原则。手册应围绕质量方针、目标，对实现安全评价质量方针、目标所要开展的各项活动做出规定。

3）符合性原则。手册应符合国家有关法律法规、条例、标准，同时还要与外部环境条件相适应。

4）系统性原则。手册所阐述的安全评价质量保障体系，应当具有整体性和层次性。手册应就安全评价全过程中影响安全评价的技术、管理和人员的各环节进行控制。手册所阐述的安全评价过程控制体系，应当结构合理、接口明确、层次清楚，各项活动有序而且连续，要从整体出发，对安全评价机构运行的重要环节进行阐述，做出明确规定。

5）协调性原则。手册中各项规定之间，手册与机构其他安全评价文件之间，必须协调一致。首先，手册中各项规定要协调；其次，手册与机构其他文件（管理程序、标准、制度）之间要协调。无论是在手册编写阶段，还是在体系运行阶段，都应该及时记录、处理手册中的规定与目前管理制度不一致的部分。

6）可行性原则。手册中的规定，应从机构运行的实际情况出发，应该能够做到或经过努力可以达到。某些规定，尽管内容先进，如果组织不具备实施条件，可暂不列入手册中。

7）先进性原则。手册的各项规定，应当在总结机构安全评价管理实践经验的基础上，尽可能采用国内外的先进标准、技术和方法，加以科学化、规范化。

8）可检查性原则。手册的各项规定不但要明确，而且要有定量的考核要求，便于监督和审核，使编写出来的手册有可检查性。也只有可检查、可考核的手册，才能真正被认真实施。手册内容要简练，重点要突出。

（2）手册编写程序。手册应当按照评价机构安全评价工作分析的结果，对体系的构成、涉及的内容及其相互之间的联系做出系统、明确地规定。手册编写程序如图 9-3 所示。

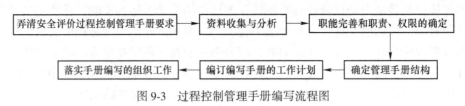

图 9-3　过程控制管理手册编写流程图

安全评价过程控制管理手册一般应包括如下内容：

（1）安全评价过程控制方针目标。

（2）组织结构及安全评价管理工作的职责和权限。

（3）描述安全评价机构运行中涉及的重要环节。

（4）安全评价过程控制管理手册的审批、管理和修改的规定。

B　程序文件的编写

程序是为实施某项活动而规定的方法，安全评价过程控制体系程序文件是指为进行某项活动所规定的途径。由于程序文件是管理手册的支持性文件，是手册中原则性要求的进一步展开和落实，因此，编制程序文件必须以安全评价管理手册为依据，符合安全评价管理手册的有关规定和要求，并从评价机构的实际出发，进行编制。

程序文件的编写要求如下：

（1）程序文件至少应包括体系重要控制环节的程序。

（2）每一个程序文件在逻辑上都应是独立的，程序文件的数量、内容和格式由机构自行确定。程序文件一般不涉及纯技术的细节，细节通常在工作指令或指导书中规定。

（3）程序文件应结合评价机构的业务范围和实际情况具体阐述。

（4）程序文件应有可操作性和可检查性。

机构程序文件的多少，每个程序的详略、篇幅和内容，在满足安全评价过程的前提下，应做到越少越好。每个程序之间应有必要的衔接，但要避免相同的内容在不同的程序之间重复。

在编写程序文件时，应明确每个环节包括的内容，规定由谁干，干什么，干到什么程度，达到什么要求，如何控制，形成什么样的记录和报告等；同时，应针对可能出现的问题，规定相应的预防措施和纠正措施。

程序文件的结构和格式由机构自行确定，文件编排应与安全评价过程控制管理手册和作业指导书以及机构的其他文件形成一个完整的整体。

程序文件编写的工作程序如图9-4所示。

C　作业文件的编写

作业文件是程序文件的支持性文件。为了使各项活动具有可操作性，一个程序可能涉及几个作业文件。能在程序文件中交代清楚的活动，不用再编制作业文件。作业文件应与程序文件相对应，是对程序文件的补充和细化。

评价机构现行的许多制度、规定、办法等文件，很多具有与作业文件相同的编写作业文件时，可按作业文件的格式和要求进行改写。到目前为止，国家已经制定了安全评价通则、安全预评价导则、安全现状评价导则、安全验收评价导则、非安全评价导则、危险化学品经营单位安全评价导则（试行）、陆上及海上石油天然气原则、民用爆破器材安全评价导则以及危险化学品生产企业安全评价导则（试行）指导安全评价工作。

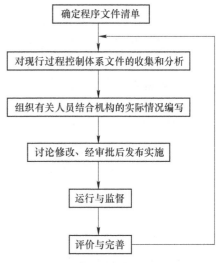

图9-4　程序文件编写流程图

评价机构在建立评价过程控制体系的过程中，应密切结合导则的要求，编制具有指导意义的安全评价作业指导书。

D　记录的编写

记录是为已完成的活动或达到的结果提供客观证据的文件，它是重要的信息资料，为证实可追溯性以及采取预防措施和纠正措施提供依据。安全评价机构所产生的记录覆盖于过程控制的各个环节。

（1）记录具有的功能。一般包括以下几个方面：

1）记录是安全评价过程控制体系文件的组成部分，是安全评价职能活动的反映和载体。

2）记录是验证评价过程控制体系运行结果是否达到预期目标的主要证据，具有可追溯性。记录可以是书面形式，也可以是其他形式，如电子格式等。

3）安全评价质量管理记录为采取预防和纠正措施提供了依据。

记录的设计应与编制程序文件和作业文件同步进行，应使记录与程序文件和作业文件协调一致、接口清楚。

（2）记录编制要求。根据管理手册和程序文件的要求，应对安全评价过程控制所需的记录进行统一规划，同时对表格的标记、编目、表式、表名、审批程序等做出统一规定。记录可附在程序文件和作业文件的后面，将所有的记录表格统一编号，汇编成册发布执行。必要时，对某些较复杂的记录表格要规定填写说明。记录编制要求如下：

1）应建立并保持有关评价过程控制记录的标识、收集、编目、查阅、归档、储存、保管、收集和处理的文件化程序。

2）记录应在适宜的环境中储存，以减少编制或损坏并防止丢失，且便于查询。

3）应明确记录所采用的方式。

4）按规定表格填写或输入记录，做到记录内容准确、真实。

5）应根据需要规定记录的保存期限。一般应遵循的原则是，需要永久保存的记录应整理成档案，长期保管。

6）应规定对过期或作废记录的处理方法。

（3）记录的内容。一般应包括以下几个方面：

1）记录名称。简短反映记录的对象。

2）记录编码。编码是每种记录的识别标记，每种记录只有一个编码。

3）记录顺序号。顺序号是某种记录中每张记录的识别标记，如记录为成册票据，印有流水序号，可视为记录顺序号。

4）记录内容。按记录对象要求，确定编写内容。

5）记录人员。记录填写人、审批人等。

6）记录时间。按活动时间填写，一般应写清年月日。

7）记录单位名称。

8）保存期限和保存部门。

9.2.4　安全评价过程控制体系的建立、运行与持续改进

9.2.4.1　安全评价过程控制体系的建立

A　建立安全评价过程控制体系时应考虑的因素

从图 9-5 中可以很清楚地看出，安全评价过程控制体系是依据管理学原理、国家对评价机构的监督管理要求及机构自身的特点三方面因素建立的。

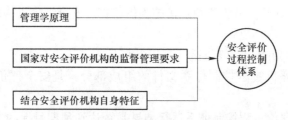

图 9-5　安全评价过程控制体系的确立

就管理学原理而言，安全评价过程控制体系以戴明原理和目标原理为基础，遵循 PDCA 管理模式，预防为主、领导承诺、持续改进、过程控制。另一方面，体系的建立还应考虑国家安全生产监督管理部门对安全评价机构的要求。国家主要从人员管理、机构管理、质量控制和内部管理制度这 4 方面对安全评价机构提出要求。安全评价机构在考虑前两个因素的基础上，应详细分析机构自身的特点，建立适合自己的安全评价体系。

B　建立安全评价过程控制体系的原则

安全评价机构建立质量保证体系应遵循以下原则：

（1）领导层真正重视。任何管理模式的成功建立，任何管理方法的有效实施，任何改革措施的真正落实都离不开领导层的重视，尤其是最高管理者的重视和支持。"重视"

就是充分明白和理解在市场经济和竞争的大环境下，质量管理的重要性和迫切性，重视安全评价过程控制体系的实质内容的确定和实施，而不是仅仅停留在文件上。

（2）员工积极参与。任何具体工作的落实，都需要通过各级人员的积极参与来实现。从安全评价过程控制体系的建立、运行到持续改进，都需要各级员工的积极参与，包括提供安全评价项目策划的依据，收集资料，总结过去的经验教训，提出合理化建议，参与规章制度的策划，提出持续改进的建议等。

（3）专家把关。安全评价过程控制体系的核心是对安全评价过程的质量控制，整个体系的运行，都是围绕着安全评价工作开展的。在安全评价过程中，从合同评审、现场勘察、资料收集、危险辨识、评价报告的编制直到报告的评审，整个过程都应配备技术专家审查把关，以确保各个环节的质量。通过技术专家的工作，使评价人员的业务水平得以提升，从而不断提高安全评价工作的质量。

C 建立安全评价过程控制体系的步骤

（1）建立安全评价过程控制的方针和目标。

（2）确定实现过程控制目标必需的过程和职责。

（3）确定和提供实现过程控制目标必需的资源。

（4）规定测量评价每个过程的有效性和效率的方法。

（5）应用这些测量方法确定每个过程的有效性和效率。

（6）确定防止不合格并消除其产生原因的措施。

9.2.4.2 安全评价过程控制体系的运行和持续改进

安全评价机构在建立了过程控制体系之后，应使过程控制体系真正运行起来，使质量管理职能得到充分的实施。安全评价过程控制体系建立和保持示意图如图9-6所示。

持续改进是安全评价过程控制体系的一个核心思想，它体现了管理持续发展的过程。持续改进包括：

（1）分析和评价现状，以便识别改进区域。

（2）确定改进目标。

（3）为实现改进目标寻找可能的解决办法。

（4）评价这些解决办法。

（5）实施选定的解决办法。

（6）测量、验证、分析和评价实施的结果以证明这些目标已经实现。

（7）正式采纳更改。

（8）必要时，对结果进行评审，以确定进一步的改进机会。

持续改进是一个整体和系统的过程，是一个观念转变、思维进化和思想进步的过程。它不同于不符合的纠正预防，相对于不符合纠正预防的"点"（某一具体问题）或"面"（举一反三至某一类问题）上的变化，持续改进属于全方位的"形"的变化。因此，持续改进必须经过更长期的过程，需要经过无数次的不符合纠正预防，从不断的量变逐渐转化为质变，从行为的改变到思维和观念的进步，从管理结果的持续改进到管理能力的持续改进，逐步实现持续改进的飞跃。

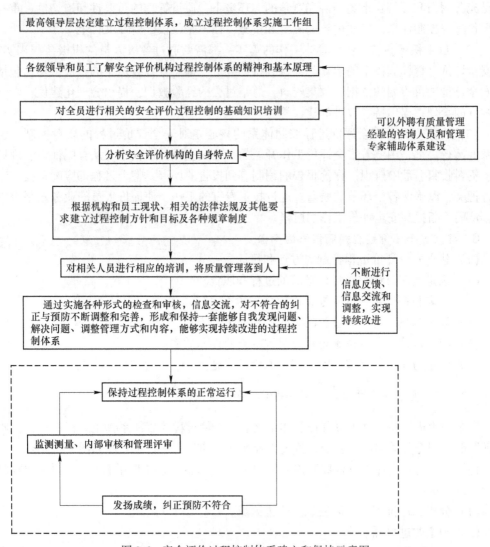

图 9-6 安全评价过程控制体系建立和保持示意图

 复习思考题

9-1 什么是安全评价过程控制，为什么要进行安全评价过程控制？

9-2 安全评价过程控制的内容有哪些？

9-3 安全评价过程控制体系文件的主要内容有哪些？

附　　录

附录1　安全评价通则（AQ 8001—2007）

（General Principle of Safety Assessment）
国家安全生产监督管理总局
自 2007-04-01 起执行

0　前言

　　为促进安全评价工作的开展，规范安全评价行为，根据《中华人民共和国安全生产法》、《中华人民共和国行政许可法》、《安全生产许可证条例》等有关法律法规制定本标准。本标准对有关安全评价的管理、程序、内容等基本要求做出了规定。

1　范围

　　本标准规定了安全评价的管理、程序、内容等基本要求。

　　本标准适用于安全评价及相关的管理工作。

2　规范性引用文件

　　下列文件中的条款通过本标准的引用而成为本标准的条款。凡是注明日期的引用文件，其随后所有的修改本（不包括勘误的内容）或修订版不适用于本标准。然而，鼓励根据本标准达成协议的各方研究是否可使用这些文件的最新版本。凡是不注明日期的引用文件，其最新版本适用于本标准。

　　GB 4754 国民经济行业分类

3　术语和定义

3.1　安全评价（Safety Assessment）

　　以实现安全为目的，应用安全系统工程原理和方法，辨识与分析工程、系统、生产经营活动中的危险、有害因素，预测发生事故或造成职业危害的可能性及其严重程度，提出科学、合理、可行的安全对策措施建议，做出评价结论的活动。安全评价可针对一个特定的对象，也可针对一定区域范围。

　　安全评价按照实施阶段的不同分为三类：安全预评价、安全验收评价和安全现状评价。

3.2　安全预评价（Safety Assessment Prior to Start）

　　在建设项目可行性研究阶段、工业园区规划阶段或生产经营活动组织实施之前，根据相关的基础资料，辨识与分析建设项目、工业园区、生产经营活动潜在的危险、有害因素，确定其与安全生产法律法规、标准、行政规章、规范的符合性，预测发生事故的可能性及其严重程度，提出科学、合理、可行的安全对策措施建议，做出安全评价结论的活动。

3.3 安全验收评价（Safety Assessment Upon Completion）

在建设项目竣工后正式生产运行前或工业园区建设完成后，通过检查建设项目安全设施与主体工程同时设计、同时施工、同时投入生产和使用的情况或工业园区内的安全设施、设备、装置投入生产和使用的情况，检查安全生产管理措施到位情况，检查安全生产规章制度健全情况，检查事故应急救援预案建立情况，审查确定建设项目、工业园区建设满足安全生产法律法规、标准、规范要求的符合性，从整体上确定建设项目、工业园区的运行状况和安全管理情况，做出安全验收评价结论的活动。

3.4 安全现状评价（Safety Assessment In Operation）

针对生产经营活动中、工业园区的事故风险、安全管理等情况，辨识与分析其存在的危险、有害因素，审查确定其与安全生产法律法规、规章、标准、规范要求的符合性，预测发生事故或造成职业危害的可能性及其严重程度，提出科学、合理、可行的安全对策措施建议，做出安全现状评价结论的活动。

安全现状评价既适用于对一个生产经营单位或一个工业园区的评价，也适用于某一特定的生产方式、生产工艺、生产装置或作业场所的评价。

3.5 安全评价机构（Safety Assessment Organization）

安全评价机构是指依法取得安全评价相应的资质，按照资质证书规定的业务范围开展安全评价活动的社会中介服务组织。

3.6 安全评价人员（Safety Assessment Professional）

是指依法取得《安全评价人员资格证书》，并经从业登记的专业技术人员。其中，与所登记服务的机构建立法定劳动关系。专职从事安全评价活动的安全评价人员，称为专职安全评价人员。

4 管理要求

4.1 评价对象

4.1.1 对于法律法规、规章所规定的、存在事故隐患可能造成伤亡事故或其他有特殊要求的情况，应进行安全评价。也可根据实际需要自愿进行安全评价。

4.1.2 评价对象应自主选择具备相应资质的安全评价机构按有关规定进行安全评价。

4.1.3 评价对象应为安全评价机构创造必备的工作条件，如实提供所需的资料。

4.1.4 评价对象应根据安全评价报告提出的安全对策措施建议及时进行整改。

4.1.5 同一对象的安全预评价和安全验收评价，宜由不同的安全评价机构分别承担。

4.1.6 任何部门和个人不得干预安全评价机构的正常活动，不得指定评价对象接受特定安全评价机构开展安全评价，不得以任何理由限制安全评价机构开展正常业务活动。

4.2 工作规则

4.2.1 资质和资格管理

4.2.1.1 安全评价机构实行资质许可制度。

安全评价机构必须依法取得安全评价机构资质许可，并按照取得的相应资质等级、业务范围开展安全评价。

4.2.1.2 安全评价机构需通过安全评价机构年度考核保持资质。

4.2.1.3 取得安全评价机构资质应经过初审、条件核查、许可审查、公示和许可决定等程序。

安全评价机构资质申报、审查程序详见附录 A。

（1）条件核查包括：材料核查、现场核查和会审三个阶段。

（2）条件核查实行专家组核查制度。材料核查 2 人为 1 组；现场核查 3 至 5 人为 1 组，并设组长 1 人。

（3）条件核查应使用规定格式的核查记录文件。核查组独立完成核查、如实记录并做出评判。

（4）条件核查的结论由专家组通过会审的方式确定。

（5）政府主管部门依据条件核查的结论，经许可审查合格，并向社会公示无异议后，做出资质许可决定；对公示期间存在异议或受到举报的申报机构，应在进行调查核实后再做出决定。

（6）政府主管部门依据社会区域经济结构、发展水平和安全生产工作的实际需要，制订安全评价机构发展规划，对总体规模进行科学、合理控制，以利于安全评价工作的有序、健康发展。

4.2.1.4　业务范围

（1）依据国民经济行业分类类别和安全生产监管工作的现状，安全评价的业务范围划分为两大类，并根据实际工作需要适时调整。安全评价业务分类详见附录 B。

（2）工业园区的各类安全评价按本标准规定的原则实施。

（3）安全评价机构的业务范围由政府主管部门根据安全评价机构的专职安全评价人员的人数、基础专业条件和其他有关设施设备等条件确定。

4.2.1.5　安全评价人员应按有关规定参加安全评价人员继续教育保持资格。

4.2.1.6　取得《安全评价人员资格证书》的人员，在履行从业登记，取得从业登记编号后，方可从事安全评价工作。安全评价人员应在所登记的安全评价机构从事安全评价工作。

4.2.1.7　安全评价人员不得在两个或两个以上安全评价机构从事安全评价工作。

4.2.1.8　从业的安全评价人员应按规定参加安全评价人员的业绩考核。

4.2.2　运行规则

4.2.2.1　安全评价机构与被评价对象存在投资咨询、工程设计、工程监理、工程咨询、物资供应等各种利益关系的，不得参与其关联项目的安全评价活动。

4.2.2.2　安全评价机构不得以不正当手段获取安全评价业务。

4.2.2.3　安全评价机构、安全评价人员应遵纪守法、恪守职业道德、诚实守信，并自觉维护安全评价市场秩序，公平竞争。

4.2.2.4　安全评价机构、安全评价人员应保守被评价单位的技术和商业秘密。

4.2.2.5　安全评价机构、安全评价人员应科学、客观、公正、独立地开展安全评价。

4.2.2.6　安全评价机构、安全评价人员应真实、准确地做出评价结论，并对评价报告的真实性负责。

4.2.2.7　安全评价机构应自觉按要求上报工作业绩并接受考核。

4.2.2.8　安全评价机构、安全评价人员应接受政府主管部门的监督检查。

4.2.2.9　安全评价机构、安全评价人员应对在当时条件下做出的安全评价结果承担法律责任。

4.3　过程控制

4.3.1　安全评价机构应编制安全评价过程控制文件，规范安全评价过程和行为、保证安全评价质量。

4.3.2　安全评价过程控制文件主要包括机构管理、项目管理、人员管理、内部资源管理和公共资源管理等内容。

4.3.3　安全评价机构开展业务活动应遵循安全评价过程控制文件的规定，并依据安全评价过程控制文件及相关的内部管理制度对安全评价全过程实施有效的控制。

5　安全评价程序

安全评价的程序包括前期准备，辨识与分析危险、有害因素；划分评价单元，定性、定量评价，提出安全对策措施建议，做出评价结论，编制安全评价报告。

安全评价程序框图见附录 C。

6　安全评价内容

6.1　前期准备

明确评价对象，备齐有关安全评价所需的设备、工具，收集国内外相关法律法规、标准、规章、规范等资料。

6.2　辨识与分析危险、有害因素

根据评价对象的具体情况，辨识和分析危险、有害因素，确定其存在的部位、方式，以及发生作用的途径和变化规律。

6.3　划分评价单元

评价单元划分应科学、合理、便于实施评价、相对独立且具有明显的特征界限。

6.4　定性、定量评价

根据评价单元的特性，选择合理的评价方法，对评价对象发生事故的可能性及其严重程度进行定性、定量评价。

6.5　对策措施建议

6.5.1　依据危险、有害因素辨识结果与定性、定量评价结果，遵循针对性、技术可行性、经济合理性的原则，提出消除或减弱危险、危害的技术和管理对策措施建议。

6.5.2　对策措施建议应具体翔实、具有可操作性。按照针对性和重要性的不同，措施和建议可分为应采纳和宜采纳两种类型。

6.6　安全评价结论

6.6.1　安全评价机构应根据客观、公正、真实的原则，严谨、明确地做出安全评价结论。

6.6.2　安全评价结论的内容应包括高度概括评价结果，从风险管理角度给出评价对象在评价时与国家有关安全生产的法律法规、标准、规章、规范的符合性结论，给出事故发生的可能性和严重程度的预测性结论，以及采取安全对策措施后的安全状态等。

7　安全评价报告

7.1　安全评价报告是安全评价过程的具体体现和概括性总结。安全评价报告是评价对象实现安全运行的技术行指导文件，对完善自身安全管理、应用安全技术等方面具有重要作用。安全评价报告作为第三方出具的技术性咨询文件，可为政府安全生产监管、监察部门、行业主管部门等相关单位对评价对象的安全行为进行法律法规、标准、行政规章、规范的符合性判别所用。

7.2　安全评价报告应全面、概括地反映安全评价过程的全部工作，文字应简洁、准确，提出的资料清楚可靠，论点明确，利于阅读和审查。

7.3　安全评价报告的格式见附录 D。

附录 A　安全评价机构资质申报、审查程序图

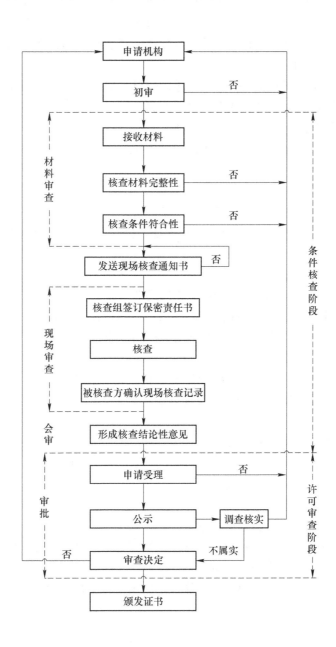

附录 B　安全评价业务分类

B. 1　一类

B. 1. 1　（1）煤炭开采；（2）煤炭洗选业。

B. 1. 2　（2）金属采选业；（2）非金属矿采选业；（3）其他矿采选业；（4）尾矿库。

B. 1. 3　（1）陆上石油开采业；（2）天然气开采业；（3）管道运输业。

B. 1. 4　（1）石油加工业；（2）化学原料及化学品制造业；（3）医药制造业；（4）燃气生产和供应业；（5）炼焦业。

B. 1. 5　（1）烟花爆竹制造业；（2）民用爆破器材制造业；（3）武器弹药制造业。

B. 1. 6　（1）房屋和土木工程建筑业；（2）仓储业。

B. 1. 7　（1）水利工程业；（2）水力发电业。

B. 1. 8　（1）火力发电业；（2）热力生产和供应业。

B. 1. 9　核工业设施。

B. 2　二类

B. 2. 1　（1）黑色金属冶炼及压延加工业；（2）有色金属冶炼及压延加工业。

B. 2. 2　（1）铁路运输业；（2）城市轨道交通运输业；（3）道路运输业；（4）航空运输业；（5）水上运输业。

B. 2. 3　公众聚集场所。

B. 2. 4　（1）金属制品业；（2）非金属矿物制品业。

B. 2. 5　（1）通用设备、与用设备制造业；（2）交通运输设备制造业；（3）电气机械及器材制造业；（4）仪器仪表及文化、办公用机械制造业；（5）通信设备、计算机及其他电子设备制造业；（6）邮政服务业；（7）电信服务业。

B. 2. 6　（1）食品制造业；（2）农副食品加工业；（3）饮料制造业；（4）烟草制品业；（5）纺织业；（6）纺织服装、鞋、帽制造业；（7）皮革、毛皮、羽毛（绒）及其制品业。

B. 2. 7　（1）木材加工及木、竹、藤、棕、草制品业；（2）造纸及纸制品业；（3）家具制造业；（4）印刷业；（5）记录媒介的复制业；（6）文教、体育用品制造业；（7）工艺品制造业。

B. 2. 8　水的生产和供应业。

B. 2. 9　废弃资源和废旧材料回收加工业。

注1：公众聚集场所包括住宿业、餐饮业、体育场馆、公共娱乐旅游场所及设施、文化艺术表演场馆及图书馆、档案馆、博物馆等。

注2：在业务范围内可以从事经营、储存、使用及废弃物处置等企业（项目或设施）的安全评价。

附录 C　安全评价程序框图

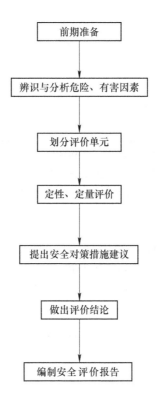

附录 D　安全评价报告格式

D.1　评价报告的基本格式要求有：

（1）封面；

（2）安全评价资质证书影印件；

（3）著录项；

（4）前言；

（5）目录；

（6）正文；

（7）附件；

（8）附录。

D.2　规格

安全评价报告应采用 A4 幅面，左侧装订。

D.3　封面格式

D.3.1　封面的内容应包括：

（1）委托单位名称；

（2）评价项目名称；

（3）标题；

（4）安全评价机构名称；

（5）安全评价机构资质证书编号；

（6）评价报告完成时间。

D.3.2　标题

标题应统一写为"安全××评价报告"，其中××应根据评价项目的类别填写为：预、验收或现状。

D.3.3　封面样张

封面式样如图 D.1 所示。

委托单位名称（二号宋体加粗）

评价项目名称（二号宋体加粗）

安全××评价报告（一号黑体加粗）

安全评价机构名称（二号宋体加粗）

安全评价机构资质证书编号（三号宋体加粗）

评价报告完成日期（三号宋体加粗）

图 D.1　封面式样

D.4　著录项格式

D.4.1　"安全评价机构法定代表人、评价项目组成员"等著录项一般分为两页布置。第一页署明安全评价机构的法定代表人、技术负责人、评价项目负责人等主要责任者姓名，下方为报告编制完成的日期及安全评价机构公章用章区；第二页为评价人员、各类技术专家以及其他有关责任者名单，评价人员和技术专家均应亲笔签名。

D.4.2　样张

著录项样张如图 D.2 和图 D.3 所示。

委托单位名称（三号宋体加粗）

评价项目名称（三号宋体加粗）

安全××评价报告（二号宋体加粗）

法定代表人：（四号宋体）

技术负责人：（四号宋体）

评价项目负责人：（四号宋体）

评价报告完成日期：（小四号宋体加粗）

（安全评价机构公章）

图 D.2　著录项首页样张

评价人员（三号宋体加粗）

	姓名	资格证书号	从业登记号	签名
项目负责人				
项目组成员				
报告编制人				
报告审核人				
过程控制负责人				
技术负责人				

（此表应根据具体项目实际参与人数编制）

技术专家

姓名 签字

（列出各类技术专家名单）

（以上全部用小四号宋体）

图 D.3 著录项次页样张

附录 2　安全预评价导则（AQ 8002—2007）

（Guidelines for Safety Assessment Prior to Start）
国家安全生产监督管理总局 发布
2007-01-04 发布 2007-04-01 实施

0　前言

安全预评价是安全评价的一个重要组成部分，是切实落实建设项目安全生产"三同时"、工业园区建设安全生产规划的技术支撑与保障。本标准对安全预评价的程序、内容和基本要求以及报告格式等做出明确规定，为进一步制定各行业安全预评价细则提供了基础依据，对确保安全预评价工作的有效实施具有重要意义。本标准是在《安全预评价导则》（安监管技装字［2009］77 号）的基础上制定的。

本标准的附录 A 为规范性附录，附录 B 为资料性附录。

本标准为强制性标准，所有安全预评价行为应遵守本标准的规定。

本标准由国家安全生产监督管理总局提出并归口。

本标准起草单位：中国安全生产科学研究院、中国地质大学、中化化工标准化研究所和浙江省劳动保护科学研究所。

1　范围

本标准规定了安全预评价的内容、程序和基本要求，以及安全预评价报告的编制要求。

本标准适用于建设项目、工业园区和社会活动的安全预评价。

2　规范性引用文件

下列文件中的条款通过本标准的引用而成为本标准的条款。凡是注日期的引用文件，其随后所有的修改单（不包括刊误的内容）或修订版均不适用于本标准。然而，鼓励根据本标准达成协议的各方研究是否可使用这些文件的最新版本。凡是不注日期的引用文件，其最新版本适用于本标准。

AQ 8001—2007　安全评价通则

3　术语和定义

下列术语和定义适用于本标准。

3.1　建设项目

是指生产经营单位新建、改建、扩建工程项目。

3.2　社会活动

由活动的组织者按一定的目标、方案，在某一固定地点、场所或区域空间组织实施的，由社会公众参与、合法的商业、社会活动或集会等行为。

3.3　工业园区

是指由政府统一规划批准建设的集中工业产业区域，主要包括：工业园区、科技园区、化工园区、高新技术开发区等。

4　内容和程序

4.1　安全预评价的内容

（1）危险、有害因素的辨识；

（2）危险危害程度的评价；

（3）提出安全风险管理对策措施及建议等。

4.2　安全预评价程序

（1）前期准备；

（2）危险、有害因素辨识；

（3）划分评价单元；

（4）选择评价方法，定性、定量评价；

（5）提出安全风险管理对策措施及建议；

（6）形成评价结论；

（7）编制安全预评价报告。

安全预评价的程序框图见附录 A（规范性附录）。

4.2.1　前期准备

（1）明确被评价对象和评价范围；

（2）收集国内外相关法律法规、标准；

（3）组建评价组；

（4）实地调查被评价对象的基础资料，现场勘察、准确记录勘察结果。

应搜集的参考资料见附录 B（资料性附录）。

4.2.2　危险、有害因素辨识

辨识和分析被评价对象潜在的危险、有害因素，确定危险、有害因素存在的部位、存在的方式、发生作用的途径及其变化的规律。

4.2.3　划分评价单元

划分评价单元应符合以下原则：

（1）自然条件：

1）地理状况及气象条件；

2）水文地质条件；

3）周边环境、交通状况及居民分布。

（2）基本工艺条件：

1）工艺流程；

2）危险物质分布情况；

3）作业人员分布情况；

4）生产设施设备相对空间位置。

（3）符合安全状况：

1）危险有害因素类别；

2）发生事故的可能性；

3）事故严重程度及影响范围。

（4）便于实施评价：

　　1）评价单元相对独立；

　　2）具有明显的特征界限。

4.2.4　选择评价方法

　　根据评价的目的、要求和被评价对象的特点、工艺、功能或活动分布，选择科学、合理、适用的定性、定量评价方法。

　　能进行定量评价的应采用定量评价方法，不能进行定量评价的可选用半定量或定性评价方法。

　　对于不同评价单元，必要时可根据评价的需要和单元特征选择不同的评价方法。

4.2.5　定性、定量评价

　　依据有关法律法规、技术标准，采用选定的评价方法以实地调查、现场勘察的结果为基础，并可参考类比对象的实际状况对危险、有害因素导致事故发生或造成职业危害的可能性和严重程度进行定性、定量评价，以确定发生的部位、频次、严重程度。

4.2.6　提出安全风险管理对策措施及建议

　　（1）安全技术对策措施：

　　1）总图布置方面；

　　2）工艺、功能方面；

　　3）设施、设备、装置方面。

　　（2）安全管理对策措施：

　　1）组织机构设置方面；

　　2）人员管理方面；

　　3）设施、设备物料管理方面。

　　（3）其他。

　　4.2.7　评价结论

　　给出对被评价对象的评价结果。

5　安全预评价报告

5.1　概述

　　（1）评价依据。列出有关的法律、法规及标准；被评价对象被批准设立的相关文件；其他参考资料。

　　（2）被评价对象概况。选址、总图及平面布置、生产规模、工艺流程、功能分布、主要设施、设备、装置、主要原材料、经济技术指标、公用工程及辅助设施、人流、物流介绍等。

5.2　生产流程、工业园区规划、活动分布简介

5.3　评价方法和评价单元

　　（1）评价方法简介。

　　（2）评价单元划分。

5.4　定性、定量评价

　　（1）定性、定量评价。

　　（2）评价结果分析。

5.5　安全对策措施及建议

（1）已提出的安全风险管理对策措施。

（2）补充的安全风险管理对策措施及建议。

5.6　评价结论

6　安全预评价报告的格式

安全预评价报告的格式应符合《安全评价通则》（AQ 8001—2007）规定要求。

附录 A　（规范性附录）安全预评价程序框图

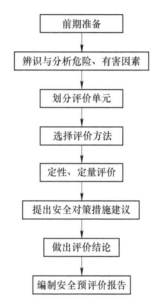

附录 B　（资料性附录）安全预评价应获取的参考资料

B.1　综合性资料

B1.1　概况

B1.2　总平面图

B1.3　与周边环境关系位置图

B1.4　生产流程图、工业园区规划图、活动分布图

B1.5　气象条件

B.2　设计依据

B2.1　立项批准文件

B2.2　地质、水文资料

B2.3　其他有关资料

B.3　设计文件

B3.1　可行性研究报告

B3.2　其他相关设计文件

B.4　设施、设备、装置

B4.1　工艺过程描述与说明、工业园区规划说明、活动过程介绍

B4.2　安全设施、设备、装置描述与说明

附录 3 安全验收评价导则（AQ 8003—2007）

（Guidelines for Safety Assessment Upon Completion）
国家安全生产监督管理总局 发布
2007-01-04 发布 2007-04-01 实施

0 前言

本标准对安全验收评价工作的主要程序和内容作出明确规定，对确保安全验收评价工作的有效实施、促进建设项目、生产经营活动或工业园区建设实现本质安全具有重要意义。本标准为制定各行业安全验收评价具体细则提供基础。

本标准的附录 A 为资料性附录，附录 B 为规范性附录。

本标准由国家安全生产监督管理总局提出。

本标准由全国安全生产标准化技术委员会归口。

本标准主要起草单位：中国安全生产科学研究院、中国石油和化学工业协会和浙江省劳动保护科学研究所。

1 范围

本标准规定了安全验收评价的程序、内容等基本要求，以及安全验收评价报告的编制格式。

本标准适用于对建设项目竣工验收前或工业园区建设完成后进行的安全验收评价。

各行业或领域可根据《安全评价通则》和本标准规定的原则制定实施细则。

2 规范性引用文件

下列文件中的条款通过本标准的引用而成为本标准的条款。凡是注明日期的引用文件，其随后所有的修改本（不包括刊误的内容）或修订版不适用于本标准。然而，鼓励根据本标准达成协议的各方研究是否可以使用这些文件的最新版本。凡是不注明日期的引用文件，其最新版本适用于本标准。

AQ 8001—2007 安全评价通则

3 安全验收评价程序

安全验收评价程序分为：前期准备；危险、有害因素辨识；划分评价单元；选择评价方法，定性、定量评价；提出安全风险管理对策措施及建议；做出安全验收评价结论；编制安全验收评价报告等。

安全验收评价程序见附录 B。

4 安全验收评价内容

安全验收评价包括：危险、有害因素的辨识与分析；符合性评价和危险危害程度的评价；安全对策措施建议；安全验收评价结论等内容。

安全验收评价主要从以下方面进行评价：评价对象前期（安全预评价、可行性研究报告、初步设计中安全卫生专篇等）对安全生产保障等内容的实施情况和相关对策实施建议的落实情况；评价对象的安全对策实施的具体设计、安装施工情况有效保障程度；评价对象的安全对策措施在试投产中的合理有效性和安全措施的实际运行情况；评价对象的安全管理制度和事故应急预案的建立与实际开展和演练有效性。

4.1　前期准备工作

包括：明确评价对象及其评价范围；组建评价组；收集国内外相关法律法规、标准、规章、规范；安全预评价报告、初步设计文件、施工图、工程监理报告、工业园区规划设计文件，各项安全设施、设备、装置检测报告、交工报告、现场勘察记录、检测记录、查验特种设备使用、特殊作业、从业等许可证明，典型事故案例、事故应急预案及演练报告、安全管理制度台账、各级各类从业人员安全培训落实情况等实地调查收集到的基础资料。

安全验收评价参考资料目录参见附录 A。

4.2　参考安全预评价报告

根据周边环境、平立面布局、生产工艺流程、辅助生产设施、公用工程、作业环境、场所特点或功能分布，分析并列出危险、有害因素及其存在的部位、重大危险源的分布、监控情况。

4.3　划分评价单元应符合科学、合理的原则

评价单元可按以下内容划分：法律、法规等方面的符合性；设施、设备、装置及工艺方面的安全性；物料、产品安全性能；公用工程、辅助设施配套性；周边环境适应性和应急救援有效性；人员管理和安全培训方面的充分性等。

评价单元的划分应能够保证安全验收评价的顺利实施。

4.4　依据建设项目或工业园区建设的实际情况选择适用的评价方法

4.4.1　符合性评价

检查各类安全生产相关证照是否齐全，审查、确认建设项目、工业园区建设是否满足安全生产法律法规、标准、规章、规范的要求，检查安全设施、设备、装置是否已与主体工程同时设计、同时施工、同时投入生产和使用，检查安全预评价中各项安全对策措施建议的落实情况，检查安全生产管理措施是否到位，检查安全生产规章制度是否健全，检查是否建立了事故应急救援预案。

4.4.2　事故发生的可能性及其严重程度的预测

采用科学、合理、适用的评价方法对建设项目、工业园区实际存在的危险、有害因素引发事故的可能性及其严重程度进行预测性评价。

4.5　安全对策措施建议

根据评价结果，依照国家有关安全生产的法律法规、标准、规章、规范的要求，提出安全对策措施建议。安全对策措施建议应具有针对性、可操作性和经济合理性。

4.6　安全验收评价结论

安全验收评价结论应包括：符合性评价的综合结果；评价对象运行后存在的危险、有害因素及其危险危害程度；明确给出评价对象是否具备安全验收的条件。

对达不到安全验收要求的评价对象，明确提出整改措施建议。

5　安全验收评价报告

5.1　安全验收评价报告的总体要求

安全验收评价报告应全面、概括地反映验收评价的全部工作。安全验收评价报告应文字简洁、准确，可采用图表和照片，以使评价过程和结论清楚、明确，利于阅读和审查。

符合性评价的数据、资料和预测性计算过程等可以编入附录。安全验收评价报告应根据评价对象的特点及要求，选择下列全部或部分内容进行编制。

5.2　安全验收评价报告的基本内容

5.2.1　结合评价对象的特点，阐述编制安全验收评价报告的目的

5.2.2　列出有关的法律法规、标准、行政规章、规范；评价对象初步设计、变更设计或工业园区规划设计文件；安全验收评价报告；相关的批复文件等评价依据

5.2.3　介绍评价对象的选址、总图及平面布置、生产规模、工艺流程、功能分布、主要设施、设备、装置、主要原材料、产品（中间产品）、经济技术指标、公用工程及辅助设施、人流、物流、工业园区规划等概况

5.2.4　危险、有害因素的辨识与分析

列出辨识与分析危险、有害因素的依据，阐述辨识与分析危险、有害因素的过程。明确在安全运行中实际存在和潜在的危险、有害因素。

5.2.5　阐述划分评价单元的原则、分析过程等

5.2.6　选择适当的评价方法并做简单介绍。描述符合性评价过程、事故发生可能性及其严重程度分析计算。得出评价结果，并进行分析

5.2.7　列出安全对策措施建议的依据、原则、内容

5.2.8　列出评价对象存在的危险、有害因素种类及其危险危害程度。说明评价对象是否具备安全验收的条件。对达不到安全验收要求的评价对象，明确提出整改措施建议。明确评价结论

5.3　安全验收评价报告的格式

安全验收评价报告的格式应符合《安全评价通则》中规定的要求。

附录 A　（资料性附录）

安全验收评价参考资料目录

A.1　概况

A.1.1　基本情况，包括隶属关系、职工人数、所在地区及其交通情况等

A.1.2　生产营活动合法证明材料，包括：企业法人证明、营业执照、矿产资源开采许可证和工业园区规划批准文件等

A.2　设计依据

A.2.1　立项批准文件、可行性研究报告

A.2.2　初步设计批准文件

A.2.3　安全预评价报告

A.3　设计文件

A.3.1　可行性研究报告、初步设计

A.3.2　工艺、功能设计文件

A.3.3　生产系统和辅助系统设计文件

A.3.4　各类设计图纸

A.4　生产系统及辅助系统生产及安全说明

A.5　危险、有害因素分析所需资料

A. 6　安全技术与安全管理措施资料

A. 7　安全机构设置及人员配置

A. 8　安全专项投资及其使用情况

A. 9　安全检验、检测和测定的数据资料

A. 10　特种设备使用、特种作业、从业许可证明、新技术鉴定证明

A. 11　安全验收评价所需的其他资料和数据

附录 B　（规范性附录）安全验收评价程序框图

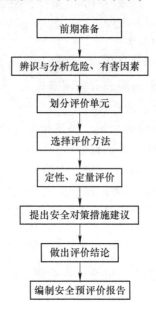

前期准备

辨识与分析危险、有害因素

划分评价单元

选择评价方法

定性、定量评价

提出安全对策措施建议

做出评价结论

编制安全预评价报告

附录4　金属非金属矿山建设项目
《安全预评价报告》 编写提纲

0　前言

简述项目基本情况、评价项目委托方及评价要求、评价工作过程等。

1　评价目的与依据

1.1　评价对象和范围

描述评价项目名称，根据建设项目立项文件、可行性研究报告（以下简称可研报告）和有关法律法规等明确安全预评价范围。安全预评价范围一般从空间范围或生产系统组成进行说明，应说明不包括哪些方面（一般不包括选矿厂〈供配电除外〉、地面炸药库、危险化学品等）。

1.2　评价目的和内容

结合评价对象的特点，简述编制安全预评价报告的目的和主要内容。

1.3　评价依据

1.3.1　法律法规

列出建设项目安全预评价应遵循的安全生产法律、行政法规、司法解释、部门规章、地方性法规、地方政府规章和有关规范性文件。

1.3.2　标准规范

列出建设项目安全预评价应遵循的国家标准、行业标准、地方标准和有关规范。

1.3.3　建设项目合法证明文件

列出建设项目安全预评价所依据的合法证明文件（包括发文单位、日期和文件号等相关内容）。包括但不限于下列文件：

（1）建设项目立项文件。

（2）建设项目安全预评价委托书（任务书、合同书）。

1.3.4　建设项目技术资料

列出建设项目安全预评价所依据的有关技术资料（包括文件名称、编制单位和日期等相关内容）。包括但不限于下列文件：

（1）建设项目可研报告。

（2）建设项目地质勘察报告。

1.3.5　其他评价依据

列出建设项目安全预评价所依据的其他有关文件。

1.4　评价程序

简要介绍开展金属非金属矿山建设项目安全预评价工作的主要步骤和内容。

2　建设项目概述

2.1　建设单位概况

简要介绍建设单位历史沿革、经济类型、隶属关系等基本情况，建设项目背景及立项情况。

简要介绍建设项目行政区划、地理位置及交通、矿区周边环境等。

2.2　自然环境概况

简要介绍区域地形地貌、气候（降雨量、风向、主导风向、气温、冻土深度、最高洪水位或山洪特征等）、地震烈度等。

2.3　地质概况

2.3.1　矿区地质概况

简要介绍矿区在大地构造中的位置、出露地层、脉岩和区域构造等区域地质情况，以及矿区地层、地质构造和岩石等矿区地质情况。

2.3.2　矿床地质特征

简要介绍矿体特征、矿石特征、夹石（层）分布规律及岩性特征、顶底板围岩等。

2.3.3　水文地质概况

简要介绍区域水文地质，矿区水文地质类型、条件及其特征，矿坑涌水量预测等。

2.3.4　工程地质概况

简要介绍矿区工程地质岩组、岩体结构特征、工程地质特征、工程地质条件复杂程度、可能出现的工程地质问题等。

2.4　建设方案概况

简要介绍矿山建设项目可研报告中建设方案主要内容，包括但不限于以下内容：

（1）矿山开采现状（改、扩建项目）。简要说明原有设计情况，开采现状、特点及存在的主要问题，利旧工程、与原系统的相互关系和影响，现有辅助设施等。

（2）建设规模及工作制度。简要介绍地质报告提交储量及范围、设计可采储量、矿山生产规模、服务年限、产品方案、工作制度等。

（3）总图运输。简要介绍矿区总体布置、总平面布置和内外部运输等。

（4）开采范围。简要介绍开采对象、开采范围、矿区开采顺序。联合开采时，简述露天、地下的界限和相互关系等。

（5）开拓运输。地下矿山简要介绍岩体移动范围、开拓运输方式、主要开拓工程、中段布置、提升和运输设备设施等。

露天矿山简要介绍开拓运输方式，露天采场各台阶与采矿工业场地、受矿仓、排土场等的联系，运输设备、设施等。

（6）采矿工艺。地下矿山简要介绍选用的采矿方法及采场结构参数、回采工艺和采空区处理等。对于采用充填采矿方法的矿山，应简要介绍充填材料、充填料制备及输送、充填系统计量和控制等。

露天矿山简要介绍露天采场境界方案、台阶参数、采剥方法和采剥工艺等。

（7）通风防尘。地下矿山简要介绍通风方式、风量和风压计算、风流风量控制措施、局部通风和主要通风防尘的装置及设施等。

露天矿山简要介绍尘毒污染控制工程技术措施，胶带运输斜井和平硐溜井等井巷工程的通风防尘装置及设施等。

（8）矿山电气。简要介绍供电电源、用电负荷、供电方案、总降压变电所及配电站、电气设备等。

（9）防排水与防灭火。地下矿山简要介绍矿井涌水量、防排水方案、排水设备设施和突水预防措施，井下消防供水系统和具有自燃倾向性矿山防灭火工程技术措施等。

露天矿山简要介绍防排水设计标准、涌水量及允许淹没条件、防排水方案和排水设备设施，采场消防供水系统等。

（10）排土场。简要介绍建设项目出坑岩石量、排土场选址、排土工艺、排土场堆置要素、防洪排水设施等。

（11）压风及供水系统。简要介绍压风设备及辅助设施，供水系统及设备等。

（12）公用辅助设施及土建工程。简要介绍给排水，自动化仪表、通信，机、汽、电修设施，热工及暖风和土建工程等。

（13）其他。简要介绍企业生产组织及劳动定员、综合技术经济指标等建设项目其他需要说明的内容。

3　危险、有害因素辨识及分析

3.1　主要危险、有害因素辨识与分析

根据矿山地质资料、可研报告采用的建设方案和周边环境等，对建设项目存在的危险、有害因素进行辨识，确定主要存在场所或部位，对可能导致事故发生的原因、危险特性、可能产生的后果予以分析。

地下矿山重点辨识与分析冒顶片帮、透水、中毒窒息、放炮、火药爆炸、高处坠落和火灾等危险、有害因素。

露天矿山重点辨识与分析坍塌、放炮、火药爆炸、车辆伤害和高处坠落等危险、有害因素。

3.2　重大危险源辨识分析

依据有关法律、法规、标准和规范对建设项目存在的重大危险源进行辨识，对可能导致事故发生的原因、危险特性、可能产生的后果进行分析。

4　评价单元划分及评价方法选择

4.1　评价单元划分

简述划分评价单元的依据和原则，根据建设项目特点和评价单元划分原则确定评价单元。一般宜根据矿山生产系统和工艺过程划分为总平面布置、地下矿山开拓、提升和运输、采掘（剥）、通风防尘、矿山电气、防排水与防灭火、排土场和其他等评价单元。

4.2　评价方法选择

简述评价方法选择的依据和原则，根据建设项目特点和评价方法选择原则确定评价方法，并分别介绍所选用的评价方法。一般宜选用但不局限于以下方法进行定性、定量分析评价：安全检查表法、预先危险性分析法、故障类型及影响分析法、专家评议法、类比分析法、事故树分析法等定性评价方法；稳定性计算、防排水能力计算、通风系统能力计算等定量评价方法。

5　定性定量评价

根据有关法律、法规、标准和规范的相关规定，借鉴同类矿山事故经验教训，针对建设项目建设方案，对每一单元应用所选用的评价方法进行定性、定量分析评价。主要针对建设项目潜在的危险、有害因素，分析和预测可能发生事故后果和危险等级；分析评价建设方案的安全法规符合性及其合理性。对每一单元进行评价总结。

5.1　总平面布置单元

根据建设项目建设方案，以及区域工程地质、水文地质、环境地质、气候条件、周边人文地理环境、地下开采岩石移动塌陷范围、露天开采爆破影响范围等，对采矿工业场地（主、副井工业场地）、辅助工业场地（风井、充填井等工业场地）、相关建筑物和设施等总体位置选择、相互关系及影响进行安全分析与评价。

5.2　地下矿山开拓单元

主要从地质条件、安全出口，以及竖井、斜井、平硐、主要斜坡道、主溜井、井底车场、井下炸药库等开拓工程等方面进行安全分析与评价。重点应针对冒顶片帮和高处坠落等进行安全评价。

5.3　提升和运输单元

地下矿山主要从提升和运输系统设备、设施及安全保护装置，提升和运输信号系统，提升和运输作业过程及作业环境，设备、设施安全检测检验，井下人车及运送人员等方面进行安全分析与评价。重点应针对车辆伤害和高处坠落进行安全评价。

露天矿山主要从开拓运输方式，矿山运输线路、设备设施及安全装置，矿山运输作业过程及作业环境等方面进行安全分析与评价。重点应针对车辆伤害进行安全评价。

5.4　采掘（剥）单元

地下矿山主要从采掘作业场所及环境，采掘方法、设备及作业过程，井巷支护、顶板管理和采空区处理等方面进行安全分析与评价。如果采用充填采矿方法，需从矿山充填系统、充填材料、充填工艺、充填情况检查及观测等方面进行安全分析与评价。重点应针对冒顶片帮、透水、放炮和火药爆炸等进行安全评价。

露天矿山主要从地质条件、采场境界及作业环境，采掘要素、采剥方法、设备及作业过程，边坡检查与维护管理等方面进行安全分析与评价。重点应针对坍塌、高处坠落、放炮和火药爆炸等进行安全评价。

应对地下矿山采场、巷道围岩、采空区，露天采场边坡进行稳定性分析与评价。

5.5　通风防尘单元

主要从通风防尘设备、设施，通风效果与质量，特殊作业点通风防尘要求等方面进行安全分析与评价。重点应针对通风系统可靠性及中毒窒息进行安全评价。

应对通风能力进行分析与评价。

5.6　矿山电气单元

主要从矿山电源及供配电方案、总降压变电所及配电站布置、电气设备装备等方面进行安全分析与评价。重点应针对供电电源可靠性进行安全评价。

5.7　防排水与防灭火单元

5.7.1　防排水子单元

地下矿山应结合矿山的水文地质条件和涌水量等基本情况，主要从地面防治水设施及措施、井下排水系统及排水能力、水泵硐室及水仓、井下防透水措施等方面进行安全分析与评价。重点应针对透水进行安全评价。

露天矿山应结合矿山的地形地貌、气象、水文地质条件和涌水量等基本情况，主要从露天采场的排水系统及排水能力、防洪措施等方面进行安全分析与评价。

应对防排水能力进行分析与评价。

5.7.2　防灭火子单元

主要从地下矿山井下或露天采场消防供水系统、灭火装置、消防器材配备、火灾信号设置，具有自燃倾向性矿山防灭火工程技术措施等方面进行安全分析与评价。

5.8 排土场单元

主要从排土场选址、排土场堆置要素、排土设备设施、排土作业方法及过程、排土场截洪防洪及排水设施、排土场防止泥石流设施、排土场安全防护设施、日常安全监测与检查等方面进行安全分析与评价。重点应针对坍塌和泥石流进行安全评价。

应对排土场进行边坡稳定性分析与评价。

5.9 其他单元

主要从安全管理、矿山自然环境因素、矿山压风与供水系统、公用辅助设施及土建工程等方面进行安全分析与评价。

6 安全对策措施建议

针对建设项目存在的危险、有害因素和安全分析与评价结果，依据国家相关安全法律、法规、标准和规范的要求，借鉴类似矿山的安全生产经验，分单元提出对应的安全对策措施建议。

7 评价结论

简要列出主要危险、有害因素，指出评价对象应重点防范的重大危险、有害因素；明确应重视的安全对策措施建议；明确评价对象潜在的危险、有害因素在采取安全对策措施后，能否得到控制以及受控的程度；给出评价对象从安全生产角度是否符合国家有关法律、法规、标准和规范的要求。

8 附件

建设项目建设的合法证明材料（包括建设项目立项文件、企业法人营业执照等）。

9 附图

金属非金属矿山安全预评价报告应附以下图纸，可根据实际情况进行调整。附图包括：

（1）矿区及周边区域地形图。

（2）总平面布置图。

（3）地下矿山开拓系统纵投影图。

（4）地下矿山典型采矿方法图。

（5）露天开采最终境界平面图。

（6）露天开采剖面图（选有代表性剖面）。

（7）露天开采基建终了平面图。

（8）通风系统图。

（9）排水系统图。

附录 5　金属非金属矿山建设项目
《安全验收评价报告》编写提纲

0　前言

简述项目基本情况、评价项目委托方及评价要求、评价工作过程等。

1　评价目的与依据

1.1　评价对象和范围

描述评价项目名称，根据项目立项批复文件、初步设计资料和有关法律法规等明确安全验收评价范围。安全验收评价范围一般从空间范围或生产系统组成进行说明，应说明不包括哪些方面（一般不包括选矿厂〈供配电除外〉、地面炸药库、危险化学品等）。

1.2　评价目的和内容

结合评价对象的特点，简述编制安全验收评价报告的目的和主要内容。

1.3　评价依据

1.3.1　法律法规

列出建设项目安全验收评价应遵循的安全生产法律、行政法规、司法解释、部门规章、地方性法规、地方政府规章和有关规范性文件。

1.3.2　标准规范

列出建设项目安全验收评价应遵循的国家标准、行业标准、地方标准和有关规范。

1.3.3　建设项目合法证明文件

列出建设项目安全验收评价所依据的合法证明文件（包括发文单位、日期和文件号等相关内容）。包括但不限于下列文件：

（1）建设项目立项审批、核准或备案文件。

（2）建设项目初步设计安全专篇批复文件及重大设计变更批复文件。

（3）建设项目安全验收评价委托书（任务书、合同书）。

1.3.4　建设项目技术资料

列出建设项目安全验收评价所依据的有关技术资料（包括文件名称、编制单位和日期等相关内容）。包括但不限于下列文件：

（1）建设项目初步设计安全专篇。

（2）建设项目施工图设计资料和设计变更。

（3）建设项目地质勘察报告、地质灾害危险性评估报告。

（4）建设项目施工记录（含隐蔽工程施工记录及中间验收记录）、竣工报告及竣工图。

（5）建设项目施工监理记录和施工监理报告。

1.3.5　其他评价依据

列出建设项目安全验收评价所依据的其他有关文件。

1.4　评价程序

简要介绍开展金属非金属矿山建设项目安全验收评价工作的主要步骤和内容。

2 建设项目概述

2.1 建设单位概况

简要介绍建设单位历史沿革、经济类型和隶属关系等基本情况，建设项目背景及立项情况。

简要介绍建设项目行政区划、地理位置及交通和矿区周边环境等。

2.2 自然环境概况

简要介绍区域地形地貌、气候（降雨量、风向、主导风向、气温、冻土深度、最高洪水位或山洪特征等）、地震烈度等。

2.3 地质概况

2.3.1 矿区地质概况

简要介绍矿区在大地构造中的位置、出露地层、脉岩和区域构造等区域地质情况，以及矿区地层、地质构造和岩石等矿区地质情况。

2.3.2 矿床地质特征

简要介绍矿体特征、矿石特征、夹石（层）分布规律及岩性特征、顶底板围岩等。

2.3.3 水文地质概况

简要介绍区域水文地质，矿区水文地质类型、条件及其特征，矿坑涌水量等。

2.3.4 工程地质概况

简要介绍矿区工程地质岩组、岩体结构特征、工程地质特征、工程地质条件复杂程度、可能出现的工程地质问题等。

2.4 建设概况

简要介绍矿山项目实际建设的主要内容，包括但不限于以下内容：

（1）矿山开采现状（改、扩建项目）。简要说明原有设计情况，扩建前开采情况、特点及存在的主要问题，利旧工程、与原系统的相互关系和影响，原有辅助设施等。

（2）建设规模及工作制度。简要介绍地质报告提交储量及范围、矿山开采储量、矿山生产规模、服务年限、产品方案、工作制度等。

（3）总图运输。简要介绍矿区区域概况、厂址、工程组成、总体布置、工业场地和总平面布置、企业内外部运输与矿区道路等。

（4）开采范围。简要介绍开采对象、开采范围、矿区开采顺序。联合开采时，论述露天、地下的界限和相互关系等。

（5）开拓运输系统。地下矿山简要介绍开拓方式，主要开拓工程的位置、结构形式、支护和装备，中段高度和标高；矿石、废石、人员、材料、设备的提升、运输方法和系统等。

露天矿山简要介绍开拓运输方式，说明露天采场各台阶与采矿工业场地、矿仓、排土场等的联系；简要介绍运输线路和设备，主要运输设施的位置、结构形式、支护和装备等。

（6）采矿工艺。地下矿山简要介绍采用的采矿方法、回采顺序、矿块构成要素、采准切割、矿房及矿柱回采、采空区处理等。对于采用充填采矿方法的矿山，应简要介绍充填材料、充填料制备及输送、充填供排水和排泥、充填系统计量和控制等。

露天矿山简要介绍露天采场境界、台阶参数、采剥方法、穿孔爆破与铲装作业等。

（7）通风防尘。地下矿山简要介绍通风方式、风量和风压计算、风流风量控制措施、局部通风和主要通风的防尘装置及设施等。

露天矿山简要介绍尘毒污染控制工程技术措施，胶带运输斜井和平硐溜井等井巷工程的通风防尘装置及设施等。

（8）矿山电气。简要介绍用电负荷、电源、供电系统、变（配）电所、输电线路、继电保护及自动装置、过电压保护及接地措施、电气照明等。

（9）防排水与防灭火。地下矿山简要介绍矿井涌水量、排水方式与系统、水仓容积、水仓和水泵房的布置、排水设备、突水预防等；井下消防供水系统、消防器材配置、火灾信号设置和具有自燃倾向性矿山防灭火工程技术措施等。

露天矿山简要介绍露天矿防排水条件、设计标准、允许淹没条件等；山坡露天开采防洪截水方式，截洪、导水沟的布置形式和主要技术规格等；凹陷露天开采的排水方式、排水系统布置和排水设备等；露天采场消防供水系统和消防器材配置等。

（10）排土场。简要介绍建设项目出坑岩石量、排土场位置、排土方式和作业过程、排土场堆置要素、排土场运输方式及线路布置、防洪排水设施和主要设备等。

（11）压风及供水系统。简要介绍压风设备及辅助设施，供水系统及设备等。

（12）地下矿山安全避险"六大系统"。简要介绍监测监控系统、人员定位系统、紧急避险系统、压风自救系统、供水施救系统和通信联络系统等。

（13）主要设备表。列表介绍实际主要生产设备名称、规格型号、数量和分布等。

（14）公用辅助设施及土建工程。简要介绍给排水，自动化仪表、通信，机、汽、电修设施，热工及暖风，土建工程等。

（15）企业安全管理。简要介绍企业安全组织机构设置、人员教育培训及取证、安全生产制度、操作规程、应急救援预案、现场管理、安全检查等安全管理情况。

（16）安全设施设备投入。简要说明项目投资决算和安全设施设备投资明细等。

（17）设计变更。简要说明建设项目设计修改变更。

（18）其他。简要介绍建设项目其他需要说明的内容。

2.5　施工及监理概况

简要介绍建设项目施工、监理单位基本情况，建设项目开工、竣工日期及其工程进度控制情况，重点分项工程、隐蔽工程施工组织、质量控制和交工验收等基本情况。

2.6　试运行概况

简要介绍建设项目试运行期间各生产系统运行状况、安全设施运行效果、出现的问题及解决情况、日常安全管理和安全生产事故等情况。

3　危险、有害因素辨识及分析

3.1　主要危险、有害因素辨识与分析

根据矿山地质资料、项目实际建设方案、企业安全管理和周边环境等，对建设项目存在的危险、有害因素进行辨识，确定主要存在场所或部位，对可能导致事故发生原因、危险特性、可能产生的后果予以分析。

地下矿山重点辨识与分析冒顶片帮、透水、中毒窒息、放炮、火药爆炸、高处坠落和火灾等危险、有害因素。

露天矿山重点辨识与分析坍塌、放炮、火药爆炸、车辆伤害和高处坠落等危险、有害

因素。

3.2　重大危险源辨识分析

依据有关法律、法规、标准和规范对建设项目存在的重大危险源进行辨识，对可能导致事故发生的原因、危险特性、可能产生的后果进行分析。

4　评价单元划分及评价方法选择

4.1　评价单元划分

简述划分评价单元的依据和原则，根据建设项目特点和评价单元划分原则确定评价单元。一般宜根据矿山生产系统和工艺过程划分为建设程序符合性、总平面布置、地下矿山开拓、提升和运输、采掘（剥）、通风防尘、矿山电气、防排水与防灭火、排土场、地下矿山安全避险"六大系统"、安全管理和其他等评价单元。

4.2　评价方法选择

简述评价方法选择的依据和原则，根据建设项目特点和评价方法选择原则确定评价方法，并分别介绍所选用的评价方法。一般宜选用但不局限于安全检查法、安全检查表法、作业条件危险性评价方法等定性评价方法。

5　定性定量评价

根据有关法律、法规、标准、规范和初步设计安全专篇等相关规定，结合现场实际检查、竣工验收资料、施工记录、监理记录和试运行记录等相关资料，针对建设项目实际建设方案，对每一单元应用所选用的评价方法进行定性、定量分析评价。主要检查安全设施、设备、装置、安全措施和管理等是否符合规定，分析评价其安全有效性。对每一单元进行评价总结。

5.1　建设程序符合性单元

根据有关法律、法规、标准和规范，主要检查矿山建设企业的合法证件，对项目立项、安全预评价、初步设计安全专篇及设计变更、施工及监理等建设程序和相关资质的合法性进行分析与评价。

5.2　总平面布置单元

主要检查矿山采矿工业场地（主、副井工业场地）、辅助工业场地（风井、充填井等工业场地）、相关建筑物及设施等的厂址、总体布置和相关的安全设备、设施及措施是否符合有关法律、法规、标准、规范和初步设计安全专篇的要求，分析与评价其安全有效性。

5.3　地下矿山开拓单元

主要从竖井、斜井、平硐、主要斜坡道、主溜井、井底车场、井下炸药库等开拓工程的位置、形式和装备，中段高度和标高，安全出口等方面进行符合性检查，分析与评价其安全有效性。

5.4　提升和运输单元

地下矿山主要从提升和运输系统的安全防护设备、设施及装置，检测检验及合格证书，电机车运输、无轨运输、胶带运输的设备、设施及运输线路，井下人车及运送人员，信号系统和安全标志等方面进行符合性检查，分析与评价其安全有效性。

露天矿山主要从开拓运输方式，运输系统安全防护设备、设施及装置，检测检验及合格证书，汽车、铁路、斜坡道、胶带机、平硐及溜井等运输设备、设施及运输线路，信号系统和安全标志等方面进行符合性检查，分析与评价其安全有效性。

5.5　采掘（剥）单元

地下矿山主要从采矿及顶板管理、井巷掘进及维护、凿岩爆破、回采出矿等方面进行安全评价：

（1）采矿及顶板管理。主要从采矿方法、回采顺序和矿块构成要素，采场顶板管理（主要包括支护形式、支护质量、最大暴露面积，采空区处理以及矿柱的回收和保护情况等）等方面进行符合性检查，分析与评价其安全有效性。对于采用充填采矿方法的矿山，还应从矿山充填系统（主要包括设备、设施、充填控制及调度等）、充填材料、充填工艺、充填情况检查及观测、充填效果等方面进行符合性检查，分析与评价其安全有效性。

（2）井巷掘进与维护。主要从井巷掘进、支护、维护和报废等方面进行符合性检查，分析与评价其安全有效性。

（3）凿岩爆破。主要从凿岩设备、作业过程、炮孔检查及处理，爆破作业、爆破安全距离、二次破碎处理、爆破器材种类及其运输、使用和清退等方面进行符合性检查，分析与评价其安全有效性。

（4）回采出矿。主要从出矿方式、出矿设备、出矿作业等方面进行符合性检查，分析与评价其安全有效性。

露天矿山主要从露天采场、穿孔爆破、铲装作业等方面进行安全评价：

（1）露天采场。主要从露天采场边坡稳定性观测及分析、日常维护，开采境界、采剥方法及要素、不良地质条件处理和安全标志等方面进行符合性检查，分析与评价其安全有效性。

（2）穿孔爆破。主要从穿孔设备、作业过程、炮孔检查及处理，爆破设计、爆破作业、临近边坡爆破方法、避炮设施、爆破安全距离、二次破碎与根底处理、爆破器材种类及其运输、使用和清退等方面进行符合性检查，分析与评价其安全有效性。

（3）铲装作业。主要从铲装作业方式、设备、作业以及作业面辅助作业（主要包括平场、清道、道路、采场洒水、爆堆堆积等）等方面进行符合性检查，分析与评价其安全有效性。

5.6　通风防尘单元

主要从通风方式、通风设备设施、通风效果与质量，采场通风、掘进通风，防尘措施、有毒有害气体检测和通风检测检验等方面进行符合性检查，分析与评价其安全有效性。

5.7　矿山电气单元

主要从矿山供配电系统（主要包括矿山供电电源、供电回路、供配电电压、负荷和系统接地等）、电气设备及保护（主要包括变压器规格型号及数量、过负荷保护、短路保护、漏电保护和避雷设施等）、电气线路（主要包括电缆规格型号和线路布设等）、变配电硐室（所）、照明、保护接地、日常维护及检修、矿山通讯和信号联络等方面进行符合性检查，分析与评价其安全有效性。

5.8　防排水与防灭火单元

5.8.1　防排水子单元

地下矿山主要从地面防治水（主要包括井口和地面工业广场位置、标高，防治水设施及措施等)、井下排水系统(主要包括井下水泵房的布置、排水设备的能力和数量、防水闸门、排水管道及水仓布置等)、井下防透水(主要包括矿井水文地质资料收集及水文地质图填绘、探放水设备配备情况、探放水措施制定及实施情况等)等方面进行符合性检查,分析与评价其安全有效性。

露天矿山主要从露天采场的截、排水系统设施与设备,总出入沟口、排水井口和工业场地防洪措施,矿床疏干作业,防排水水文地质资料和防排水机构等方面进行符合性检查,分析与评价其安全有效性。

5.8.2 防灭火子单元

主要从采场消防供水系统(主要包括水源、水池、管路、水量和灭火装置等),主要采(掘)剥设备、建构筑物、易燃易爆场所消防灭火器材配置及相关要求,火灾信号设置与管理等方面进行符合性检查,分析与评价其安全有效性。对于地下矿山,还应从井下的消防供水系统(主要包括井下消防管路、消防材料库和消防器材配备等)、具有自燃倾向性矿山防灭火系统等方面进行符合性检查,分析与评价其安全有效性。

5.9 排土场单元

主要从排土场选址勘察及地基处理,排土场堆置要素,排土场运输、作业方式、作业过程及其主要设备,排土场截洪防洪、排水及拦挡设施,排土场监测设施、设备及其记录,防止滑坡、塌方及泥石流产生的措施等方面进行符合性检查,分析与评价其安全有效性。

5.10 地下矿山安全避险"六大系统"单元

主要从监测监控系统、人员定位系统、紧急避险系统、压风自救系统、供水施救系统和通信联络系统的建设方案、设备、设施和日常维护等方面进行符合性检查,分析与评价其安全有效性。

5.11 安全管理单元

主要从安全组织机构及人员配备、安全教育及培训、特种作业人员持证情况、安全管理制度(含责任制和操作规程)、应急救援、职业安全健康监护、安全投入、现场管理及生产安全检查等方面进行符合性检查,分析与评价其安全有效性。

5.12 其他单元

主要从压风与供水、公用辅助设施及土建工程等方面进行符合性检查,分析与评价其安全有效性。

6 危险危害程度评价

针对所辨识出的主要危险、有害因素采用科学、合理、适用的评价方法对其引发事故的可能性及其严重程度进行评价,为矿山正式投入生产运行后的风险控制提供方法和依据。

7 安全对策措施建议

针对建设项目存在的危险、有害因素和安全分析与评价结果,依据国家相关安全法律、法规、标准和规范的要求,借鉴类似矿山的安全生产经验,分单元提出安全对策措施建议。

8 评价结论

简要列出评价对象运行后存在的危险、有害因素种类及其危险危害程度。简要说明评价对象安全设施、设备、装置及安全管理措施等与法律、法规、标准、规范和初步设计安全专篇的符合性及其安全有效性。明确评价结论，说明评价对象是否具备安全验收的条件。

9　附件

　　建设项目合法证明材料，包括（但不限于）建设项目立项审批、核准或备案文件、采矿许可证、建设项目初步设计安全专篇批复文件和其他企业生产合法证件等；各评价单元结论的主要证明材料，包括（但不限于）设计变更通知书、质量检验评定表、验收记录、检测检验证书、各类资格证书、安全检查记录和培训记录等。

10　附图

　　金属非金属矿山安全验收评价报告应附以下图纸，可根据实际情况进行调整。附图包括：

　　（1）地形地质图。

　　（2）总平面布置竣工图。

　　（3）地下矿山井上下对照图。

　　（4）地下矿山开拓系统坑内外平面复合竣工图。

　　（5）地下矿山开拓系统纵投影竣工图。

　　（6）地下矿山典型采矿方法图。

　　（7）地下矿山中段平面竣工图。

　　（8）地下矿山主、副井剖面竣工图。

　　（9）主要井巷断面竣工图。

　　（10）井底车场竣工图。

　　（11）提升系统竣工图。

　　（12）地下矿山安全避险"六大系统"竣工图。

　　（13）露天开采终了境界平面图。

　　（14）露天开采现状图。

　　（15）露天开采采剥方法图。

　　（16）露天开采开拓运输系统竣工图。

　　（17）排土场现状图、拦土坝竣工图。

　　（18）通风系统竣工图。

　　（19）排水系统竣工图。

　　（20）供电系统竣工图。

参 考 文 献

[1] 国家安全生产监督管理总局. 安全评价 [M]. 北京：煤炭工业出版社，2005.

[2] 魏新利，李惠萍，王自健. 工业生产过程安全评价 [M]. 北京：化学工业出版社，2005.

[3] 中国就业培训技术指导中心. 安全评价师 [M]. 北京：中国劳动社会保障出版社，2008.

[4] 柴建设，别凤喜，刘志敏. 安全评价技术·方法·实例 [M]. 北京：化学工业出版社，2008.

[5] 周波. 安全评价技术 [M]. 北京：国防工业出版社，2012.

[6] 夏建波，邱阳. 露天矿开采技术（第 2 版）[M]. 北京：冶金工业出版社，2015.

[7] 林友，王育军. 安全系统工程（第 2 版）[M]. 北京：冶金工业出版社，2016.

[8] 国家安全生产监督管理总局. 安全评价通则（AQ 8001—2007），2007.

[9] 国家安全生产监督管理总局. 安全预评价导则（AQ 8002—2007），2007.

[10] 国家安全生产监督管理总局. 安全验收评价导则（AQ 8003—2007）. 2007.

[11] 国家安全生产监督管理总局. 关于印发金属非金属矿山建设项目安全专篇编写提纲等文书格式的通知（安监总管一 [2012] 45 号）. 2012.